統計学への開かれた門

鵜飼保雄 著

養賢堂

はじめに

　世の中には不確実なことが多いものです．旅行に行く日が晴れるかどうかは間近までわかりません．宝くじを買っても当る当らないは運命の女神まかせです．科学実験では測定値にさまざまな原因で誤差が生じます．精密であるべき工業製品でもバラツキを免れることはむずかしいものです．誤差やバラツキのある条件の下で，客観的判断を下すには統計学の知識が必要です．

　この本は統計解析の入門書として，統計学とはどんなものかを知りたい人，統計手法の背景にある考えかたを知りたい人，日常生活でふれるいろいろな現象について統計解析をしてみたい人などを読者に想定しています．また大学ではじめて統計学の講義を受ける人，さまざまな分野で調査や実験に際しはじめて統計解析を利用する人にも役立つように全体の構成を考えました．

　解析手法の記述にあたっては，つぎの点をできるだけていねいに説明するよう留意しました．

1. 解析手法が必要とされる応用場面
2. 解析手法の理論的根拠
3. 計算の手順
4. 得られた計算結果の解釈
5. 解析手法を用いるに際しての注意点
6. 応用への理解に役立つための練習問題と解答

　コンピュータ技術の進展により，身近なパソコンを使って統計ソフトを選択してデータを打ち込みさえすれば，たちどころに結果が得られるようになりました．しかし便利な時代になるにつれて，かつては見られなかったことが起こりました．調査や実験で，自分のデータをどの統計手法で解析したらよいか分からない，結果は得られたがそれをどう解釈したらよいかわからない，実験はうまくいってデータが得られたのに，実験計画が不適切だったために結論が出ない，というようなことです．そもそも調査や実験にとりかかる前に，結果を得たときに用いるべき統計手法まで決めておくことが肝要です．解析手法の選択は，実施の後でなく企画段階から必要です．解析手法が違えば，調査や実験

の手順やデータのとりかたも異なってくるからです．いったん選択を誤るとあとからの修正はむずかしくなります．

　統計学の入門書は分かりにくい，洗濯機の使用マニュアルのように単純に書けないかという人がいます．しかし，そのような考えはまちがいです．洗濯機でも汚れ物をただ放り込んでスイッチを入れればよいというものではないでしょう．色物は別にするとか，汚れのひどいものは漂白や手もみをするとか，使い方に少しは配慮が必要です．統計解析用ソフトもただデータを放り込めばよいというものではありません．結果はすぐ出るでしょうが，それが果たして正しい手法だったかどうかはわかりません．手法は利用者が選択しなければなりません．そして解析手法の真の理解なくして，適切な選択や結果の正しい解釈はありえません．

　統計学という分野は，現実のさまざまな場面で応用されてこそ真価を発揮します．ぜひ身近ないろいろなことに注目してデータをとって，統計解析をしてみることをおすすめします．統計解析を身につけたいと思う人には，著者はつぎのことをおすすめします．

1. 自分でデータをとってみる．データをとるという行為によって，数字として整理されたデータを見ただけでは分からない問題に気づくことがあります．データを自分でとれる立場や状況にない場合には，できるだけ調査や実験の現場の状況を聞きとることが大切です．
2. データが得られたらまずグラフを描く．それもはじめの何回かは自分でグラフ用紙に1点1点書きこんでみる．
3. ごく簡単な問題を例として，可能なかぎり電卓程度を使った手計算で求めてみる．
4. できるだけ多くの練習問題を解く．
5. 解析手法の背景にある統計学的考え方の理解を少しずつ深める．
6. 以上のことをした上ではじめて，統計解析用のコンピュータ・ソフトを活用する．

　この本では，統計解析の基本的手法についてはのこらずとりあげるように構成しました．ただし頁数の関係から，多変量解析やベイズ統計学などは省きました．多重検定は簡単な説明だけにしました．また，解析手法の基本となる数

式はきちんと示すようにしましたが，その根拠となる証明は必ずしも示しておりません．入門書としてはできるかぎり解析手法の背景にある考えかたに重点をおいたためです．本書で扱わなかった統計解析手法や証明を省いた種々の数式については，本文中で示した文献を参照してください．

著者は，実験科学に携わる者として毎年種々のデータを解析する一方で，農林水産省での国や県の研究者への研修，国際協力機構（JICA）での海外からの留学生への研修，東京大学農学部での生物統計学の授業などで入門レベルの統計学を講義してきました．本書では，自分のデータの解析中に行き当たったかずかずの疑問や，研修会や講義で受けたさまざまな質問を参考にして，できるだけ日常用語にもとづいて統計学を語ることを目指しました．

岸野洋久（東京大学大学院），大澤　良（筑波大学大学院），林　武司（農業生物資源研究所），岩田洋佳（中央農業総合研究センター）の諸氏には，原稿全文を丁寧に読んで頂き種々の貴重なご指摘を頂きました．ここに深く感謝いたします．また歯科医師石田房江さん主催による統計学勉強会では，著者とは異なる分野の方々に著者の解説を聞いて頂く機会を与えられました．本書の出版に際しては，養賢堂の及川　清社長，編集部の佐藤武史氏には大変お世話になりました．御礼申し上げます．最後に執筆中種々の面で協力してくれた妻紀代子に感謝する．

2009年12月1日
鵜飼　保雄

目 次

第1章 データの記述と要約 ··· 1
  1.1 統計学とは ··· 1
  1.2 データの種類 ··· 2
  1.3 度数分布とヒストグラム ··· 5
    1.3.1 度数分布 ··· 5
    1.3.2 棒グラフ ··· 8
    1.3.3 ヒストグラム ··· 9
  1.4 分布の中心傾向を表す要約値 ······································· 11
    1.4.1 平　均 ··· 12
    1.4.2 中央値 ··· 13
    1.4.3 最頻値 ··· 14
  1.5 分布の散らばりを表す要約値 ······································· 15
    1.5.1 範　囲 ··· 15
    1.5.2 分　散 ··· 16
    1.5.3 標準偏差 ··· 18
    1.5.4 変動係数 ··· 18
  1.6 分布の特徴を表すその他の要約値 ··································· 19
    1.6.1 分布の対称性と歪度 ··· 19
    1.6.2 分布の尖度 ··· 21
  1.7 有効桁数 ··· 22
  1.8 分布の記述と要約についての問題 ··································· 23

第2章 確率と確率変数と確率分布 ··· 24
  2.1 不確定なことの規則性 ··· 24
  2.2 試　行 ··· 25
  2.3 集　合 ··· 26
    2.3.1 全集合 ··· 26
    2.3.2 空集合 ··· 26
    2.3.3 補集合 ··· 27
    2.3.4 部分集合 ··· 27
    2.3.5 和集合 ··· 28
    2.3.6 共通部分 ··· 29
    2.3.7 差集合 ··· 30
  2.4 標本点と事象 ··· 30

- 2.5 確率の定義 ································ 31
  - 2.5.1 先験的確率 ····························· 32
  - 2.5.2 経験的確率 ····························· 32
  - 2.5.3 主観的確率 ····························· 33
  - 2.5.4 コルモゴロフの公理 ······················ 34
- 2.6 条件つき確率と独立性 ······················· 35
  - 2.6.1 条件つき確率 ···························· 35
  - 2.6.2 事象の独立性 ···························· 36
  - 2.6.3 ベイズの定理 ···························· 36
- 2.7 確率変数と確率分布 ························· 37
  - 2.7.1 確率変数 ································ 37
  - 2.7.2 確率分布 ································ 38
  - 2.7.3 期待値 ·································· 40
- 2.8 確率に関する問題 ··························· 41

第3章 二項分布およびその他離散分布 ··········· 47
- 3.1 組合せの数 ································· 48
- 3.2 二項分布の定義 ····························· 50
- 3.3 二項分布に従う分布の例 ····················· 53
- 3.4 二項分布の性質 ····························· 54
- 3.5 二項分布と他の分布の関係 ··················· 56
  - 3.5.1 正規分布 ································ 56
  - 3.5.2 多項分布 ································ 56
  - 3.5.3 幾何分布 ································ 56
  - 3.5.4 超幾何分布 ······························ 58
  - 3.5.5 負の二項分布 ···························· 59
  - 3.5.6 ポアソン分布 ···························· 61
- 3.6 二項分布とその派生分布に関する問題 ········· 65

第4章 正規分布およびその他連続分布 ··········· 71
- 4.1 正規分布とは ······························· 71
- 4.2 正規分布の例 ······························· 72
- 4.3 正規分布の性質 ····························· 73
- 4.4 標準正規分布 ······························· 75
- 4.5 正規分布と他の分布との関係 ················· 79
  - 4.5.1 二項分布の正規近似 ······················ 79
  - 4.5.2 ポアソン分布の正規近似 ·················· 81

4.5.3　中心極限定理 ･･ 81
　4.6　正規分布以外の連続分布 ･･････････････････････････････････ 81
　　4.6.1　一様分布 ･･ 81
　　4.6.2　指数分布 ･･ 82
　4.7　正規分布および指数分布に関する問題 ･･････････････････････ 84

第5章　母集団の平均と分散の推定 ････････････････････････････ 88
　5.1　統計的推測 ･･ 88
　　5.1.1　記述から推測へ変革した統計学 ････････････････････････ 88
　　5.1.2　母集団と標本 ･･ 89
　　5.1.3　母数と統計量 ･･ 91
　5.2　点推定 ･･ 92
　　5.2.1　平均の点推定 ･･ 93
　　5.2.2　分散の点推定 ･･ 94
　　5.2.3　標準偏差の点推定 ････････････････････････････････････ 95
　　5.2.4　平均の分散と標準誤差 ････････････････････････････････ 95
　　5.2.5　歪度と尖度の点推定 ･･････････････････････････････････ 97
　　5.2.6　どんな点推定量がよいか ･･････････････････････････････ 97
　5.3　区間推定 ･･ 99
　　5.3.1　母平均の区間推定（母分散が既知の場合） ･･････････････ 99
　　5.3.2　母平均の区間推定（母分散が未知の場合） ････････････ 102
　　5.3.3　母平均の差の信頼区間（母分散が既知の場合） ････････ 105
　　5.3.4　母平均の差の信頼区間（母分散が未知の場合） ････････ 107
　　5.3.5　母分散の区間推定（母平均が未知の場合） ････････････ 109

第6章　母集団の平均と分散の検定 ･･････････････････････････ 112
　6.1　仮説検定の考えかた ････････････････････････････････････ 112
　　6.1.1　仮説検定とは ･･････････････････････････････････････ 112
　　6.1.2　帰無仮説 ･･ 113
　　6.1.3　対立仮説 ･･ 114
　　6.1.4　上側確率と下側確率 ････････････････････････････････ 114
　　6.1.5　有意水準 ･･ 117
　　6.1.6　棄却域と採択域 ････････････････････････････････････ 117
　　6.1.7　第一種の誤りと第二種の誤り ････････････････････････ 120
　　6.1.8　両側検定と片側検定 ････････････････････････････････ 123
　6.2　母平均の検定 ･･ 125
　　6.2.1　母平均の標準正規分布による検定（母分散が既知の場合） ･･････ 125

6.2.2　母平均の t 検定（母分散が未知の場合）
　　　　－母分散は標本から推定する ･････････････････････････127
　6.3　2標本の平均の差の検定 ･･････････････････････････････130
　　6.3.1　平均の差の正規分布による検定（母分散が既知の場合）･･････130
　　6.3.2．平均の差の t 検定（母分散が未知で等しい場合）･･････････132
　　6.3.3　平均の差のウェルチの検定（母分散が未知で異なる場合）･････135
　　6.3.4　対応のある2組の標本の平均の差の検定
　　　　（等分散かどうかは問わない）･････････････････････････138
　6.4　母分散の χ^2 検定（平均は問わない）･･････････････････････140
　6.5　2標本の分散比の F 検定 ･････････････････････････････142
　6.6　統計的検定に関する問題 ･････････････････････････････144

第7章　適合度検定および分割表の検定 ･･･････････････････146
　7.1　適合度の検定 ･･･････････････････････････････････････146
　　7.1.1　適合度検定とは ･･･････････････････････････････････146
　　7.1.2　理論分布から期待される確率 ･････････････････････････147
　　7.1.3　検定手順 ･･･149
　　7.1.4　適合度検定の例題の解析 ･････････････････････････････150
　　7.1.5　χ^2 分布の自由度 ･･･････････････････････････････････152
　7.2　独立性の検定 ･･･････････････････････････････････････152
　　7.2.1　分割表と独立性 ･･･････････････････････････････････152
　　7.2.2　検定手順 ･･･155
　　7.2.3　独立性の検定のための例題の解析 ･････････････････････156
　7.3　フィッシャーの直接確率検定 ･･････････････････････････157
　　7.3.1　直接確率検定とは ･････････････････････････････････157
　　7.3.2　検定手順 ･･･158
　　7.3.3　直接確率検定の例題の解析 ･･･････････････････････････159
　7.4　対称性の χ^2 検定 ･･････････････････････････････････160
　　7.4.1　分割表の対称性 ･･･････････････････････････････････160
　　7.4.2　検定手順 ･･･161
　7.5　適合度検定と分割表の検定に関する問題 ････････････････162

第8章　実験計画法：一因子実験 ････････････････････････165
　8.1　実験計画法 ･･･165
　　8.1.1　実験計画法とは ･･･････････････････････････････････165
　　8.1.2　誤　差 ･･･166
　　8.1.3　フィッシャーの3原則 ･････････････････････････････167

8.1.4　実験計画法の用語 ･････････････････････････････171
　　8.1.5　母数モデルと変量モデル ･･････････････････････172
　8.2　一因子実験の乱塊法 ････････････････････････････････172
　　8.2.1　乱塊法 ･･･173
　　8.2.2　分散分析 ･･･････････････････････････････････････173
　　8.2.3　乱塊法の統計モデル ････････････････････････････176
　　8.2.4　平均平方の期待値 ･･････････････････････････････178
　　8.2.5　実験配置と解析の手順 ･･････････････････････････178
　　8.2.6　データ変換 ･････････････････････････････････････181
　　8.2.7　一因子実験における乱塊法の例題の解析 ････････182
　8.3　一因子実験の完全無作為配置 ･･････････････････････186
　　8.3.1　完全無作為配置の統計モデル ････････････････････186
　　8.3.2　実験配置と解析手順 ････････････････････････････187
　　8.3.3　完全無作為配置の例題の解析 ････････････････････189
　8.4　対比較 ･･191
　　8.4.1　最小有意差 ･･････････････････････････････････････191
　　8.4.2　テューキーの多重比較 ･･････････････････････････192
　8.5　一因子実験に関する問題 ･･･････････････････････････194

第9章　実験計画法：二因子実験 ･･････････････････････198
　9.1　二因子実験とは ･････････････････････････････････････198
　　9.1.1.　要因実験 ･･198
　　9.1.2　二因子実験 ･････････････････････････････････････199
　　9.1.3　主効果と交互作用 ･････････････････････････････200
　9.2　二因子実験における乱塊法 ････････････････････････202
　　9.2.1　配　置 ･･202
　　9.2.2　乱塊法の統計モデル ････････････････････････････202
　　9.2.3　解析手順 ･･･203
　　9.2.4　二因子実験における乱塊法の例題の解析 ････････207
　　9.2.5　効果の推定 ･････････････････････････････････････208
　9.3　分割区法 ･･･209
　　9.3.1　配　置 ･･209
　　9.3.2　分割区法における統計モデル ･････････････････210
　　9.3.3　解析手順 ･･･211
　9.4　二因子実験に関する問題 ･･･････････････････････････216

第10章　回帰分析 ･･････････････････････････････219
- 10.1 回帰分析の歴史 ･････････････････････････････219
- 10.2 回帰モデル ･････････････････････････････････221
- 10.3 回帰直線の求めかた ･････････････････････････223
- 10.4 回帰係数の検定 ･････････････････････････････227
- 10.5 回帰係数の信頼区間 ･････････････････････････231
- 10.6 予測値の信頼区間 ･･･････････････････････････232
- 10.7 その他 ･････････････････････････････････････234
- 10.8 回帰分析の手順 ･････････････････････････････234
- 10.9 回帰に関する問題 ･･･････････････････････････235

第11章　相関分析 ･･････････････････････････････239
- 11.1 相関とは ･･･････････････････････････････････239
- 11.2 二変量正規分布 ･････････････････････････････241
- 11.3 相関係数の求め方 ･･･････････････････････････245
- 11.4 母相関係数の信頼区間 ･･･････････････････････246
  - （1） 標本サイズが小さいとき（$n<30$）･････････247
  - （2） 標本サイズが大きいとき（$n\geq30$）･･･････248
- 11.5 相関係数の検定 ･････････････････････････････250
- 11.6 解析手順 ･･･････････････････････････････････251
- 11.7 相関係数の例題の解析 ･･･････････････････････252
- 11.8 相関と回帰の関係 ･･･････････････････････････254
- 11.9 相関係数についての注意点 ･･･････････････････255
- 11.10 相関に関する問題 ･･･････････････････････････261

第12章　ノンパラメトリック検定 ･････････････････262
- 12.1 対応のない2組の標本の違いの検定 ･･･････････263
  - 12.1.1 ウイルコクソンの順位和検定 ･･･････････263
  - 12.1.2 ワルド・ウォルフォヴィッツの連検定 ･･･266
- 12.2 対応のある2組の標本の違いの検定 ･･･････････268
  - 12.2.1 ウイルコクソンの符号つき順位和検定 ･･･268
  - 12.2.2 符号検定 ･････････････････････････････271
- 12.3 3組以上の標本の違いの検定 ･････････････････273
  - 12.3.1 クルスカル・ウォリスの検定－対応のない3組以上の標本 ･･･273
  - 12.3.2 フリードマンの検定－対応のある3組以上の標本 ････････275
- 12.4 順位相関係数 ･･･････････････････････････････277
  - 12.4.1 スピアマンの順位相関係数 ･････････････277

12.4.2　ケンドールの順位相関係数·································280
　　12.5　まとめ···283

第13章　補遺：数式の解説 ··285
　13.1　二項分布からポアソン分布へ ·································285
　13.2　分布の平均と分散 ··286
　　13.2.1　二項分布の平均と分散 ·····································286
　　13.2.2　ポアソン分布の平均と分散 ································287
　　13.2.3　正規分布の平均と分散 ·····································288
　　13.2.4　一様分布の平均と分散 ·····································288
　　13.2.5　指数分布の平均と分散 ·····································288
　13.3　検定や推定で用いられる理論分布 ···························289
　　13.3.1　χ^2 分布 ···289
　　13.3.2　t 分布 ···291
　　13.3.3　F 分布 ··293
　13.4　標本分散の期待値 ··295
　13.5　一因子実験の乱塊法における処理の平均平方の期待値 ·········296

参考文献 ··297

付表 ···301

第1章 データの記述と要約

1.1 統計学とは

ある目的をもって，ある規定された集団について，集団内の各要素がもつ状態や特性を表わす数値を集めたものを**統計**（statistical data）といいます．たとえば，日本の高校男子1年生という条件にあてはまる集団を対象として，集団内の要素である各個人のもつ身長という特性の数値を集めたものはひとつの統計です．単独の事物についての数値は統計とはいえません．日本語の「統計」は，「統べ計る」ことを意味し，1874年箕作麟祥により用いられた訳語で，文豪森鴎外もこれに賛同しました．

統計学（statistics）とは統計を記述し，解析し，また統計に基づき予測する学問です．英語のstatistics（sは学を表し，複数形ではありません）はラテン語のstatus（英語のstate）に由来するとされ，もとは国家に関する国家のための数量的情報，つまり今の官庁統計を指しました．日本では統計学の意味で「統計」の語がしばしば用いられますが，混同を避けるため両者は区別しなければなりません．

同じ数学でも紀元前数世紀の古代ギリシャの時代にすでにあった幾何学や代数学などと違って，統計学はずっと新しい分野です．統計はエジプト，ギリシャ，中国の古代国家の時代からありましたが，それを要約するための「統計記述の術」としての統計学は，16世紀後半から17世紀にヨーロッパで生まれました．ドイツでは大学教授が国家の状況を把握するために大量データの文章による記述を，英国では商人が社会や経済を知るために数量的解析を始めました．教区ごとの牧師が集めた出生，死亡，結婚などのデータを整理する中で，一定の法則が見出され，ズュースミルヒ（Sussmilch, 1707-1767）はこれを「神の秩

序」と考えました．国王による徴税のために領民の収入を把握する必要から大量データの扱いかたが考察されました．また同じころ重要な理論分布として，当時発展してきた確率論（第1章）に基づいて二項分布（第3章）が，天体における準惑星の軌道の決定から正規分布（第4章）が提示されました．さらに親子間の身長の関係を解析する中で回帰（第10章）や相関（第11章）の概念が生まれました．

　20世紀初頭までの統計学は，対象とする集団について集めた多数の観測値を整理して，その集団がもつ特徴を明らかにすることを目的としていました．これを**記述統計学**（descriptive statistics）といいます．記述統計学は英国ロンドン大学教授のピアソン（Karl Pearson, 1857-1936）の精力的な研究によって発展しました．

　一方，英国のフィッシャー（R. A. Fisher, 1890-1962）により農業試験場で圃場という不均質な場を使って化学肥料の効果を検出するための方法として実験計画法（第8章，第9章）が案出されました．また大集団から少数の標本を無作為に抽出して，その標本の解析結果からもとの大集団の特徴を推測する方法がゴセット（William Sealy Gosset, 1876-1936）やフィッシャーにより開発されました（第5章）．近代統計学はこの時点から始まりました．この分野の統計学を**推測統計学**（inferential statistics）といいます．記述統計学が大量データのみを扱い，記述と要約を主眼としたのに対して，推測統計学では母集団と標本を峻別し，小標本をも解析可能としました．前者を観測の論理とすれば，後者は実験の論理です（芝村，2004）．統計学の歴史については，Walker (1929), 小杉 (1984), Stigler (1986) などを参照ください．

1.2　データの種類

　統計学を学ぶにはまず用語を覚えなければなりません．統計学はさまざまな調査や実験の結果の判断に用いられますが，それらを共通の言葉で表すために統計学用語が必要になります．これらの用語はきちんと定義されているので，いったん理解すれば便利に使えます．統計学ではある目的をもって観察や調査や実験を行うことを一言で**観測**（observation）といいます．物や事の集まりを

観測して，その集まりの構成単位（要素）について得た標識を**観測値**（observed value），複数の観測値をまとめたものを**データ**（data）と呼びます．1個しかない観測値はどんなに詳しくても統計学の対象にはなりません．データは最初から存在するものではありません．必ず何かの目的をもって集められたものです．

統計学で扱われるデータは多様ですが，以下の4種類に分類されます．種類によって適用される統計手法が異なります．

（質的データ）
1. **順序なしデータ**（non-ordered data）
    性別（男・女），職業的分類（会社員，公務員，自由業など）
    好きな車（カローラ・インプレッサ・ポルシェなど）
2. **順序ありデータ**（ordered data）
    嗜好（好き・どちらでもない・嫌い），成績（優・良・可・不可），
    被害程度（甚・多・中・少・微・無）

（量的データ）
3. **計数値データ**（count data）
    数えることで得られるデータ．
    離散的（discrete）な数（とくに整数）で表される．
    ある市の1日当たり火災件数，ある管区での月間交通事故件数，
    震度3以上の地震の年当たり回数，サイコロの1の目が出る回数
4. **計量値データ**（measured data）
    量ることで得られるデータ．
    連続的（continuous）な実数で表される．
    長さ，面積，容積，重さ，時間，温度，濃度，圧力など．
    人の身長，イネの草丈，マウスの体重，患者の体温，電球の耐用時間数

データの要素を評価するには，評価の基準としての**尺度**（scale）が必要です．尺度にはつぎの4種類があります．データ解析の前に自分が扱うデータがどの

ような種類で，その評価はどの尺度に属するかを考えることが大切です．

名義尺度（nominal scale）：要素を順序なしのカテゴリーに分類すること．順序なしの質的データが得られる．四則演算（足し算，引き算，掛け算，割り算）ができない．

順序尺度（ordinal scale）：要素を順序つきのカテゴリーに分類すること．順序ありの質的データが得られる．四則演算は適切でない．多くの場合に順序ありデータは整数で表されます．たとえば，成績の優，良，可，不可を1，2，3，4の数字で表現します．これを**スコア**（score）といいます．しかし，成績の優と可の平均は良とはいえないように，数字で表されても1と3の平均が2とはいえません．つまり順序尺度では，単位の一定性が保証されていません．

間隔尺度（interval scale）：間隔だけが意味をもつ基準．摂氏や華氏の温度，時刻，年次などの量的データ．単位の一定性があります．4時と6時の差は，6時と8時の差と等しいといえます．ただし，間隔尺度では数値が0の点（原点）がないか，任意に定められているので，数値の倍率で比べることは意味がありません．気温の30℃は10℃の3倍暑いとか，4時は1時より4倍遅いとはいえません．

比尺度（ratio scale）：数値に自然な0が存在し，差だけでなく，倍率でも比較できる基準．身長，体重，時間，価格，人数など．なお通常は間隔尺度である温度も絶対温度（＝摂氏温度＋273）を基準として測れば比尺度となります．時刻も宇宙誕生のビッグ・バンを基準とすると比尺度になるでしょう．比尺度では，単位の一定性が保証されているだけでなく，量が無であることを示す基準点としての原点が存在します．

本書の第5, 6, 8, 9, 10, 11章に示す統計学的手法は，量的データ（計数値データと計量値データ，間隔尺度と比尺度）にのみ適用されます．第7章の手法は主に質的データと計数値データに使われます．第12章は理論分布を仮定しない手法で主に順序ありデータに用いられます．

現代は情報の時代といわれます．さまざまなデータが収集され解析されてい

ます．学童の成長を管理するために身長，胸囲，体重などが定期的に計られます．教育効果の検討には毎年のテストの結果が参考にされます．国の経済の動向を知るには，会社や個人の所得や消費のデータとか産業別の生産状況とかのデータが重要です．会社は製品の企画のために消費者の嗜好や職業や年齢のデータを集めます．

　政府や自治体や会社と違って，個人の生活では大量のデータを得ることはあまりないので，統計学は無縁と思われるでしょう．しかし大量データばかりが統計学で扱われるわけではありません．スーパーで買う卵やリンゴの重さ，マイカーに要するガソリンの月々の消費量などもデータです．これらの日常的なデータについて，ひとつひとつ統計学的な計算をする必要はないでしょうが，統計学的な考えかたを知ることによって，データの意味するところを思い込みに惑わされず客観的に判断できるようになることが大切です．

　記述統計学では，大量のデータをとることによって真相に迫ることを主眼としています．大量データはそのままでは数字のかさに圧倒されてほとんど何も情報が得られないので，要約をする必要があります．本章ではまず，記述統計学に基づく大量データの要約方法について説明します．推測統計学については，第5章以降に述べることにします．

1.3 度数分布とヒストグラム

1.3.1 度数分布

　データのちらばりかたは表やグラフの上で目にみえる形で表現されるので**分布**（distribution）といいます．観測によって得られたデータの分布は**観測分布**（observed distribution）または**経験分布**（empirical distribution）と呼ばれます．なお数学的な考察から理論的に得られる分布は理論分布といいます．理論分布は第3章と第4章で扱います．

　大量の観測値の集まりをただ並べて眺めていてもそこから意味のある情報をとることはできません．データが得られたとき，つぎにやるべきことは，データを整理し要約して，観測値全体のようすを明らかにすることです．データの要約にまず用いられるのが度数分布表です．**度数分布表**（frequency distri-

第1章 データの記述と要約

表1.1 ある法案に対する賛否のアンケート結果

	法案に対する態度	度数
1	賛成	256
2	どちらかといえば賛成	103
3	どちらかといえば反対	56
4	反対	119

bution table）とは観測値を項目にしたがって区分けして，各区分に属する観測値の数を求め，それを表で示したものです．

表1.1は，ある法案に対する賛否を一般家庭への電話アンケートで聞いた結果です．このような表は新聞などでよく見かけるでしょう．表で各区分を**階級**（class）または**クラス**，各階級に含まれる観測値数を**度数**（frequency），度数の分布の状態を**度数分布**（frequency distribution）といいます．度数分布を表にしたものが度数分布表です．

表1.1ではアンケートの選択項目が階級になっているので，明確に分類できます．しかし，長さ，重さ，時間などで測られた量的データでは，観測値が連続的なのでなんらかの基準にしたがって観測値を区分けしなければ，階級が定まらず度数分布表は作れません．

[例題1.1] 下に示すのは，スーパーで買ったある品種のリンゴ 20個の重さ〔グラム（g）〕をひとつずつ計った結果です．ただし，小数点以下は切り捨てとします．このようなデータの特徴を簡単に表すにはどのようにしたらよいでしょうか？

311　297　305　298　300　325　291　293　296　316
280　299　302　307　296　288　311　296　292　294

これはリンゴの重さという量的データを扱っています．このデータでは観測値がたった20個で要約が必要なほど大きくはなく，記述統計学のデータとして適切ではありませんが，説明を簡単にするためにこれを例として度数分布表を

作ってみましょう．

　手順はつぎのとおりです．

　① 最大値と最小値を求め，データの範囲の広さ（最大値と最小値の差）を求めます．例題では，最大値は325，最小値は280で，その差は45となります．

　② データの範囲をいくつかの階級に区分けします．階級数をいくつにするかは，観測値の数とデータ解析の目的によります．階級数が少なすぎると，分布の特徴があっても現れにくくなります．また階級数が多すぎると，各階級の度数が小さくなり意味のない変動が表面に出て，分布全体の傾向がつかみにくくなります．ふつう階級数は10から20程度が適切といわれます．なお階級の間隔を先に決めて，データ範囲を階級の間隔で割ることにより階級数を決める方法もあります．例題では，間隔を5.0としましょう．間隔はどの階級でも原則として一定にします．

　③ データを区切る場合の，境界値を決めます．最小値が280で間隔が5なので，最初の階級を280から（285）として，以下5ずつ増やします．後者の括弧内の観測値はこの階級に含めません．階級の幅を「280以上285未満」のように記すこともあります．また観測値の最小桁を1/2だけずらす方法もあります．これはちょうど境界上にくる観測値がないようにするためです．この方法では例題の境界値は279.5，284.5，289.5，… となります．

　④ 階級を代表する値である**階級値**（class mark）を求めます．各階級内では観測値は一様に分布しているとして，階級の上限値と下限値の中間値を階級値とします．例題の観測値はグラム以下切捨てで表示されているので，たとえば最初の階級は詳しくは 280 から 284.999‥ の幅があったはずです．そこで階級値は $(280+284.999\cdots)/2=282.5$ となります．観測値がグラム以下を四捨五入して示されている場合には，境界を0.5だけずらして279.5から（284.5）の表現のほうが適切です．その場合には，階級値は $(279.5+284.499\cdots)/2=282.0$ となります．

　⑤ 境界で区切られた階級のどれに観測値が入るかを調べ，各階級の度数を求めます．

　⑥ 度数の相対的大きさを示すために，全度数で各階級の度数を割った**相対度数**（relative frequency）を求めます．全階級にわたる相対度数の合計は1にな

表 1.2 リンゴ果実重のデータ（例題1）についての度数分布表

クラス（cm）	クラスの中央値	度数	相対度数	累積度数	累積相対度数
270〜(285)	282.5	1	0.05	1	0.05
285〜(290)	287.5	1	0.05	2	0.10
290〜(295)	292.5	4	0.20	6	0.30
295〜(300)	297.5	6	0.30	12	0.60
300〜(305)	302.5	2	0.10	14	0.70
305〜(310)	307.5	2	0.10	16	0.80
310〜(315)	312.5	2	0.10	18	0.90
315〜(320)	317.5	1	0.05	19	0.95
320〜(325)	322.5	0	0.00	19	0.95
325〜(330)	327.5	1	0.05	20	1.00
計		20	1.00		

ることを確認します．なお度数または相対度数のことを**頻度**（frequency）と呼ぶことが多く，本書でも相対度数を頻度で表すことにします．

⑦ 必要であれば，各階級の度数を観測値の小さいほうから加えた**累積度数**（cumulative frequency）や**累積相対度数**（cumulative relative frequency）を求めます．例題2.1について求められた度数分布表は表1.2のとおりです．

1.3.2 棒グラフ

度数分布の全体の姿は表よりも図に描いたほうがわかりやすくなります．各階級値をヨコ軸に，度数をタテ軸にして，**棒グラフ**（bar graph）で表します．ちなみに棒グラフをはじめて用いたのは，近代的看護の道を開いた英国のナイ

表 1.3 東京都のある区における交通事故の1年間の死傷者数（一部改変）

年齢別階級	0〜19歳未成年	20歳代	30歳代	40歳代	50歳代	60〜64歳	65歳以上高齢者
人数	69	399	301	169	125	49	90

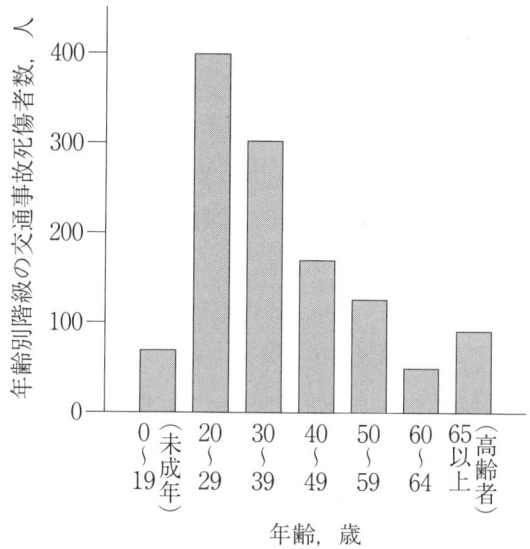

図1.1 棒グラフの例．表1.3のデータに基づく．

チンゲール (Florence Nightingale, 1820-1910) だということです．彼女は統計学の応用でも先駆者でした．

もうひとつの度数分布表を表1.3に示します．これは東京都のある区で1年間におきた交通事故の死傷者を年齢別に表したものです．

これを棒グラフで示すと，図1.1のとおりとなります．

棒グラフから分布の特徴を視覚的に読み取ります．分布の特徴はいろいろありますが，とくに，分布の中心がどこにあるか，分布がどの程度の散らばりをもつかが重要です．

1.3.3 ヒストグラム

棒グラフと似たものに**ヒストグラム** (histogram) があります (図1.2)．この2つはときどき混同されますが，つぎのように異なります．

① 度数を表すのは，棒グラフでは棒の「高さ」ですが，ヒストグラムでは，棒の高さにヨコ軸の長さを掛けた「面積」です．表1.3を見ると，階級に含まれる年齢幅がすべて同じになっていません．このような場合に両者の違いがはっ

きりします.

② ヒストグラムでは,ヨコ軸は測定した単位（またはその変換値）に対して等間隔でなければなりません.

③ ヒストグラムでは,棒と棒の間を空けずに連続的に示します.

表1.3を見ると,20歳代から50歳代までは各階級の年齢幅が10歳ごとに区切られているのに対して,未成年の階級では0歳から19歳までの20歳分,一方,右から2番目の階級では60歳から64歳までの5歳分が,高齢者では65歳以上がひとくくりになっています.このような区分けは行政上の理由で被害者を分類するのには有用ですが,階級の年齢幅が一定でないので,たとえば交通事故にあった人の年齢別傾向を見るには不適当です.棒グラフをうっかり見ると,60歳から64歳の人は未成年より交通事故にあうことが少ないと勘違いしないともかぎりません.そこでヨコ軸を年齢について等間隔なヒストグラムにすると,図1.2になります.タテ軸を年齢当たりの交通事故死傷者数に変えています.年齢当たりでは60歳から64歳の人のほうが未成年より多いことが分かります.高齢者については,表1.3に年齢の上限が明記されていないので,正確なヒストグラムが描けません.ここでは上限をかりに86歳として示しました.

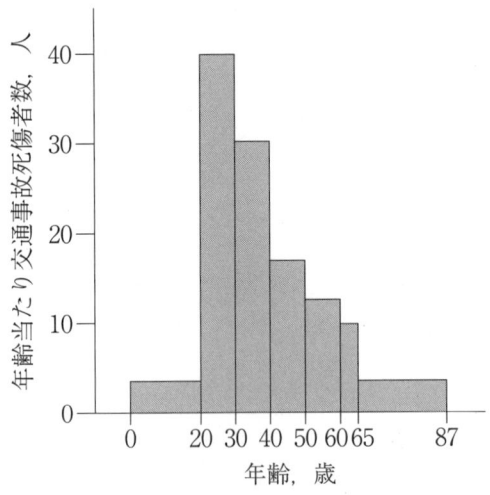

図1.2 ヒストグラムの例.表1.3のデータに基づく.境界の年齢の頻度は右側のカラムに含まれている.

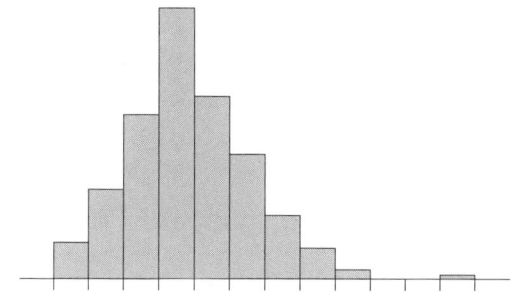

図1.3 外れ値のある分布. 右端にある極端に高い値は外れ値

つけ加えると, 図1.2でもどの年齢が交通事故にあいやすいかを正確に示すものではありません. それを示すには, 表の各階級の人数をその階級に属する人口で割らなければなりません. このように, 度数表, 度数分布, ヒストグラムは, 同じデータでもどのような目的で調査するかで表示のしかたが異なることに注意しましょう.

データによっては, 極端に低い値, 極端に高い値などが混じっている場合があります (図1.3). このような値を**外れ値** (outlier) と呼びます. 外れ値は, 計測や記録の際のミスで生じることが少なくありません. 外れ値があったら, その理由をよく考察することが必要です. 外れ値が単純なミスによるのなら, データ解析はそれを除いて行います. ただし外れ値であっても元データの一部ですから, 原帳から消し去ってはいけません.

1.4 分布の中心傾向を表す要約値

度数分布は分布の全体的な姿を知るのに有用ですが, 簡潔さに欠けます. そこで観測値から得られる少数の数値だけで分布の特徴を表すことが考えられました. 分布の特徴にはいろいろありますが, 分布の中心がどこにあるかという**中心傾向** (central tendency) と, 分布の広がりないし**散らばり** (spread, dispersion) の程度がとくに重要です.

分布の中心を表す要約値には平均, 中央値, 最頻値などがあります. これらの値は度数分布表に基づいて計算されることもありますが, コンピュータが手

元で使える現在では，もとのデータから直接計算されています．中心傾向を表す要約値は **代表値**（average）ともいいます．averageは英語圏で日常的につぎの算術平均の意味でも用いられますが，統計学的には適切ではありません．

1.4.1 平　均

中心を表す要約値として最もよく用いられるのは，**平均**（mean）です．古代ギリシャのピュタゴラスの時代から算術平均，幾何平均，調和平均という3種の平均が知られています．また現在では他にもいろいろな種類の平均があります．しかし，統計学で代表値としてふつう用いられるのは **算術平均**（arithemetic mean）です．以下では算術平均を単に平均と呼ぶことにします．代表値としての平均に最初に注目したのは，社会統計学者の祖といわれるベルギーのケトレー（Adolphe Quetelet, 1796-1874）です．彼は人の集団について身長・体重や知的・道徳的性質などを調べたとき，個人の間ではこれらの属性に大きな差があっても平均は年によってあまり変化せず安定していることを知りました．そこで彼は属性について集団の平均値に等しい値をもつ仮想的人間を「平均人」と名づけ，これを物体の重心になぞらえて重要視しました．

いま有限な集団で，N個の要素の値があるとき，平均は

$$\bar{x} = \frac{1}{N}(x_1 + x_2 + \cdots + x_N) = \frac{1}{N}\sum_{i=1}^{N} x_i \tag{1.1}$$

と定義されます．$\bar{x}$は，エックスバーと読み，xの平均を表します．また$\sum_{i=1}^{N} x_i$は，x_1からx_NまでのN個の観測値の和を簡潔に表すために用いられます．$\sum$は大文字のギリシャ文字でシグマと読みます．÷が割り算を示す記号であるように，$\sum$は総和を示す記号です．和を示す英語sumの頭文字Sに相当します．

平均の利点は以下のとおりです．

① 四則演算に適する．

② 平方和（後述）がほかのどのような要約値よりも小さくなる．

一方，欠点は，

① 量的データだけに適用でき，順序ありデータには適用できない．

② 外れ値の影響を受けやすい．

③ データが莫大なときには計算の手間がかかる．

式 (1.1) を例題 1.1 に適用すると，平均は
$$\bar{x} = (311 + 297 + \cdots + 294)/20 = 5997/20 = 299.85$$
となります．

1.4.2 中央値

中央値は，1816 年にドイツの数学者で物理学者のガウス (Carl Friedrich Gauss, 1777-1855) により誤差の平均値を算出する際の簡便法として初めて用いられました．

中央値（median）とは，大きさの順に並べたデータのちょうど中央にある値のことです．たとえば，101 人の身長の平均を求めるには，101 人すべての身長を測らなければなりませんが，中央値の場合には身長順に並べた人のちょうど真ん中に当たる 51 番目の人の身長だけを求めればよいので，非常に手間が省けます．人数が 101 人という奇数でなく，100 人という偶数の場合には，中央に当たる人がありませんので，中央の両側の 50 番目と 51 番目の人の身長を測り，その平均を中央値とします．例題では，まずリンゴの果実の重さの小さいものから大きいものへと順に並べると，

280　288　291　292　293　294　296　296　296　297

298　299　300　302　305　307　311　311　316　325

となります．個数は 20 という偶数ですから中央値はこの 10 番目と 11 番目の値の平均になり，$(297+298)/2 = 297.5$ となります．

ある統計学の教科書（脇本，1984）に中央値に関連した面白い例が載っていました．25 頭の象をもつ大サーカス団が海外興行のため港に着いたところ，船の積載重との関係で 25 頭全体の重さを量るよう求められました．それは大変な作業と思われましたが，知恵者の団員がいて，象を大きさの順に並ばせて 13 番目の象の重さを量り，それを 25 倍したものを総重量として申告し，検査を無事パスしたそうです．

中央値にはつぎの利点があります．
① 平均に比べて計算の手間が省ける．
② 外れ値がデータに混じっていても影響を受けにくい．
③ 量的データだけでなく，順序ありデータのスコアに対しても使える．

④ 度数分布表から容易に求められる．たとえば，ある市の広報で1日当たり火災件数別にある月の31日分を分類した結果が，0件11日，1件8日，2件7日，3件以上5日と発表されているとします．そのとき，平均は計算できませんが，中央値は16番目の観測値の示す「1日当たり1件」であることが分かります．

一方，欠点は，
① 四則演算に適さない．
② 観測値の数が増えると，大きさの順に並べ替える作業自体にとても手間がかかる．

度数分布が平均をはさんで左右対称に近い場合には，中央値は平均に近くなります．非対称の場合には，平均と中央値は異なり，受ける実感も違うことがあります．たとえば，個人所得の分布は，一部の高所得の人たちの値にひきずられて，低い値に頂点があり高い値の方向に裾をひいた形になります．この場合平均以下の所得の人が半分をはるかに超え，それらの人は自分は生活水準が低いと感じることになります．一方，中央値であれば，それより低い人も高い人も同数になり，格差感は薄らぐことになります．それがいいことかどうかは別として．

1.4.3 最頻値

観測値を度数分布表に整理したときに，最大の度数をもつ階級の代表値（中点）を**最頻値**（mode）といい，ピアソンにより1894年に提案されました．最頻値は最も出現しやすい値といえます．例題では，最頻値は3番目の階級の中点，すなわち $(295.0+299.999)/2 = 297.5$ となります．

最頻値も平均に比べて上述の中央値と同じ利点をもちます．一方，最頻値にはつぎの欠点があり，中央値よりも安定性が低いといえます．
① 四則演算に適さない．
② 観測値の数が少ないと不安定な値になりやすい．
③ 階級の分け方により影響を受ける．
④ 複数の階級の度数が同じ極大値をもつ場合には求められない．

以上のように中央値や最頻値は数理的に扱うには不都合なため，分布の中心的傾向を表す要約値としてはほとんどの場合に平均が用いられます．

1.5 分布の散らばりを表す要約値

分布は必ずしも中心のまわりに集中しているわけではありません．中心のまわりに大なり小なり散らばっています．したがって，分布の全体的傾向を把握するには中心の位置の情報だけでは不十分で，**散らばり**の程度を知ることも重要です．散らばりは**バラツキ**や**広がり**ともいわれます．

散らばりの程度が実際上大きな意味をもつ場合が少なくありません．たとえば規格に従った金属棒を大量に製造する場合に，平均は規格にあっていても製品間の散らばりが大きいと，規格外品が増えてメーカーとしては困ります．リンゴの産地で箱詰めにして出荷する場合に，平均の大きさは同じでも大小さまざまな場合には，大きさがそろったものより市場価値が下がります．毎日血圧を測ったとき，その平均は同じでも，日々の変動が大きくなったら健康状態が心配になるでしょう．

このような散らばりが生じる原因はさまざまです．多くの物理学実験では，測定上の誤差によって生じます．生物学的データでは，散らばりは測定誤差だけでなく，生育する場の環境条件の違いや集団の個体間の遺伝的多様性によって生じます．

分布の散らばりが計測や製造上の誤差によるのならば，計測や製造過程の改良である程度減らすことができます．しかし，サイコロをふったときの目の数，ある地域での1日当たり交通事故死者数，同一年齢の若者の身長や体重などでは，散らばりの程度はほぼ決まっていて容易に変えることはできません．

分布の散らばりの要約値には，範囲，分散，標準偏差，変動係数などがあります．

1.5.1 範囲

分布の散らばりの程度を表すのに最も簡単な方法は，観測値の最大値（Max）と最小値（Min）との差，つまり**範囲**（range）で表す方法です．範囲は通常 R で表します．

$$R = Max - Min \tag{1.2}$$

例題では最小値は280，最大値は325ですから，範囲は $R = 325 - 280 = 45$ と

なります.

しかし,範囲は,① 最大値と最小値だけで決まり,中間の値をもつ観測値がどのように分布しているかは一切考慮しない,② 極端に大きな,または極端に小さな値に左右されやすい,という欠点があります.このため範囲だけで分布の散らばりを示すことは少なく,標準偏差などの補助として用いられます.

なお範囲の中間点,つまり分布の最小値と最大値の平均を**ミッド・レンジ** (mid-range) といいます.

1.5.2 分　散

散らばりが小さいということは平均に近い値をもつ観測値が多いということです.そこで,各観測値が平均からどのくらい離れているかを散らばりの尺度とすることが考えられます.平均からの差を**偏差** (deviation) といいます.偏差は**偏り** (bias)(第5章)とは異なります.

観測値が平均より大きい場合は偏差は正,平均より小さい場合は偏差は負,たまたま平均と等しければ偏差は0となります.データ全体の観測値について偏差を足すと,個々の偏差の正負が相殺されて,総和はつねに0に等しくなります.つまり

$$\sum_{i=1}^{N}(x_i-\bar{x}) \equiv 0 \tag{1.3}$$

ここで $\equiv$ は「つねに等しい」ことを表す記号です.式 (1.3) は,平均は全データの中央に位置することを表しています.力学的には平均が全データの重心であることを示します.

このように偏差の総和は常に0なので,散らばりの程度を表すことができません.その不都合を避けるために,偏差ではなく,偏差の絶対値を足して,観測値の数で割った値を散らばりの尺度とする方法が考えられます.しかし絶対値は数学的に扱いにくいという欠点があります.

そこで,偏差の絶対値のかわりに偏差の2乗を考えます.すべての観測値についての偏差の2乗を足したものを**偏差平方和**または単に**平方和** (Sum of Squares) といい,本書では大文字の SS で表すことにします.

式で示すと,

1.5 分布の散らばりを表す要約値

$$SS = \sum_{i=1}^{N} (x_i - \bar{x})^2 \tag{1.4}$$

となります．

ただし，手計算の時代には平方和は計算しやすい下の形に従って求めていました．

$$SS = \sum_{i=1}^{N} (x_i - \bar{x})^2 = \sum_{i=1}^{N} (x_i^2 - 2x_i\bar{x} + \bar{x}^2) = \sum_{i=1}^{N} x_i^2 - \left(\sum_{i=1}^{N} x_i\right)^2 / N \tag{1.5}$$

平方和は現在では式 (1.4) の形で覚えたほうが定義に即していてよいでしょう．

例題2.1では平方和は

$$SS = (311 - 299.85)^2 + (297 - 299.85)^2 + \cdots + (294 - 299.85)^2$$
$$= (311^2 + 297^2 + \cdots + 294^2) - 5997^2/20$$
$$= 2036.55$$

となります．平方和そのものは散らばりの尺度になりません．観測値の数が多くなると，平方和の値は大きくなります．したがって大きな値の平方和が得られたときに，それが観測値数の多いことによるのか，散らばりが大きいことによるのか，あるいはその両方なのか，判断がつかないからです．

そこで，平方和と観測値の数を考慮した値を散らばりの尺度とし，これを**分散** (variance) とよびます．大量データの記述では，求めた平均の値に誤差はないとして，これを $\mu(=\bar{x})$ と表すことにすると，分散はつぎの形で書けます．

$$\sigma^2 = \frac{SS}{N} = \frac{1}{N} \sum_{i=1}^{N} (x_i - \mu)^2 \tag{1.6}$$

例題では $\sigma^2 = 2036.55/20 = 101.83$ となります．

統計学の参考書をみると，分散の定義として，平方和を N ではなく $N-1$ で割った形をよく見かけるでしょう．それは標本から母集団の分散を推定する場合の推定量です (第5章)．ここではあくまで集団を記述する要約値としての分散を示しています．

分散は近代統計学の開祖といわれる英国のフィッシャーが集団遺伝学の有名な論文 (1918年) の中で最初に提唱しました．それ以来，平均とともに統計学における最も重要な要約値として使われてきました．

分散はすべての観測値が等しいとき0，それ以外のときは正の値となります．分散が大きいほど平均値のまわりの散らばりの程度が大きいことを示します．分散の単位はもとの観測値の単位の平方で表されます．もとの観測値がグラム（g）で表されれば，分散はグラムの平方（g^2）で表されます．

1.5.3 標準偏差

以下に示すように，分散の正の平方根を**標準偏差**（standard deviation）といいます．

$$\sigma = \sqrt{\sigma^2} = \sqrt{\frac{1}{N}\sum_{i=1}^{n}(x_i - \mu)^2} \tag{1.7}$$

標準偏差とは，観測値ごとの偏差を標準化した値という意味です．標準偏差は分散より先に英国で最初の優れた統計学者ピアソンによって1893年に導入されました．

例題2.1では標準偏差は $\sigma = \sqrt{101.83} = 10.09$ となります．

標準偏差は分散と違って観測値と同じ次元，同じ単位で表されます．観測値がグラム単位ならば標準偏差もグラム単位で，メートル単位ならば標準偏差もメートル単位で表されます．

ただし，標準偏差は数学的に扱いやすくありません．そのため統計学では標準偏差よりも分散のほうが重要となっています．

1.5.4 変動係数

現実のデータでは集団の平均と散らばりはたがいに独立でない場合が少なくありません．ふつう平均が大きい集団では散らばりも大きくなる傾向があります．したがって，たとえばマウスとゾウの体重比較のように，平均が異なる集団間で分散や標準偏差で散らばりを比較するだけでは充分ではありません．平均に左右されない散らばりの比較も必要です．さらに，マウスの体長と体重のように，次元が異なる観察値の間では，分散や標準偏差による散らばりの比較はまったく意味がありません．

このような場合に散らばりを比較する方法として，ピアソンにより**変動係数**（coefficient of variation，略号 C.V.）が考案されました．変動係数は式（1.8）

が示すとおり，標準偏差の平均に対する比で，平均に対する相対的な散らばりの大きさを表します．ただし，観測値がすべて正の値をもつ場合に使われます．

$$\text{変動係数 (C.V.)} = \frac{\sigma}{\bar{x}} \tag{1.8}$$

平均と標準偏差はつねに同じ次元の同じ単位で表されるので，もとの観測値がどのような次元のなんの単位で表されていても，変動係数は単位をもたない数となります．したがって，変動係数は長さと重さのように次元の異なる観測値の間でも比較できます．また観測値がどのような単位で表されても同じです．たとえば長さでいえば m, cm, mm，重さでいえばトン，kg, mg などのどの単位で表しても変わりません．

なお変動係数は一般に小さい値なので，比を 100 倍して％で表すこともあります．例題 2.1 では，変動係数は 10.09 / 299.85 = 0.0337（3.37％）となります．

1.6 分布の特徴を表すその他の要約値

1.6.1 分布の対称性と歪度

分布が平均値のまわりに左右対称であるとき**対称分布**（symmetrical distribution）といいます（図 1.4）．非対称な分布では，平均，中央値，最頻値は一致

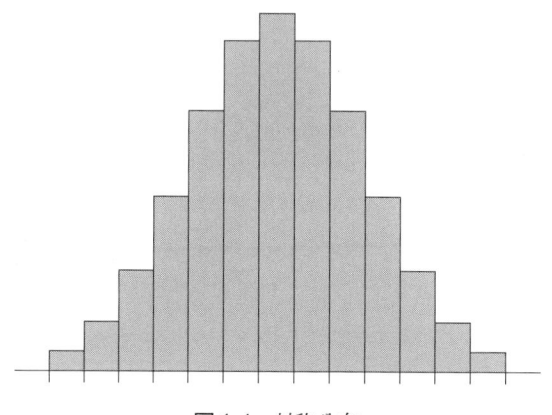

図 1.4 対称分布

しません．著しく非対称な分布では，平均は分布の位置を表すのに不適当な場合が少なくありません．

n 個の観測値があるとき，非対称性は次式で定義される**歪度**(skewness)または**ゆがみ**と呼ばれる指標で表されます．ただし標本から母集団の歪度を推定する場合の推定量の式はこれとは異なります (第5章)．

$$a_3 = \frac{1}{N} \sum_{i=1}^{n} \left(\frac{x_i - \mu}{\sigma} \right)^3 \tag{1.9}$$

ここで，μ は母集団の平均，σ は標準偏差です．対称な分布では歪度は0になります．しかし逆は真ならずで，歪度が0であっても必ずしも対称分布であるとはいえません．図 1.5 a の分布は，右に裾を引いた分布，右にゆがんだ分布 (常識的ないい方と逆なので，この表現は使わないほうがよいでしょう)，または正方向にゆがんだ分布といいます．このような分布では歪度は正となります．反対に，図 1.5 b のように左に裾を引いた分布では歪度は負になります．

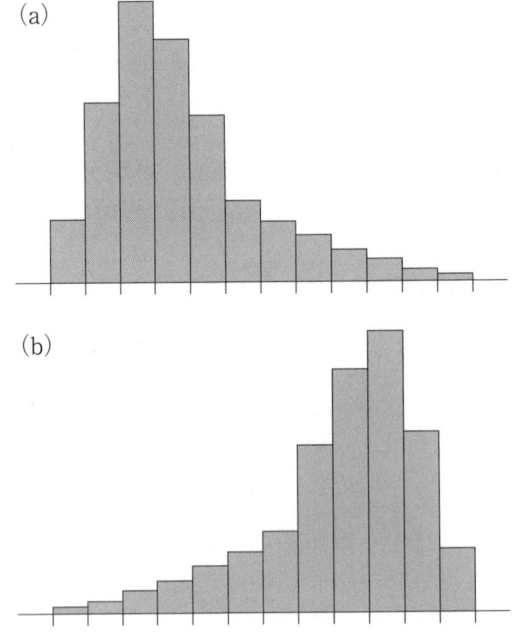

図 1.5　(a) 右に裾をひいた非対称分布　(b) 左に裾を引いた非対称分布

分布がゆがんでいる場合には，平均，中央値，最頻値は一致しません．右に裾を引いた分布では，一般に平均＞中央値＞最頻値の順になり，左に裾を引いた分布では逆の順になります．

1.6.2 分布の尖度

分布には中央部分でとがり，裾にいくに従いゆっくりと頻度が小さくなる分布（図1.6）と，全体に平たい感じの分布（図1.7）とがあります．分布のとがり具合を示すには，歪度と似たつぎの指標が使われています．これを**尖度**

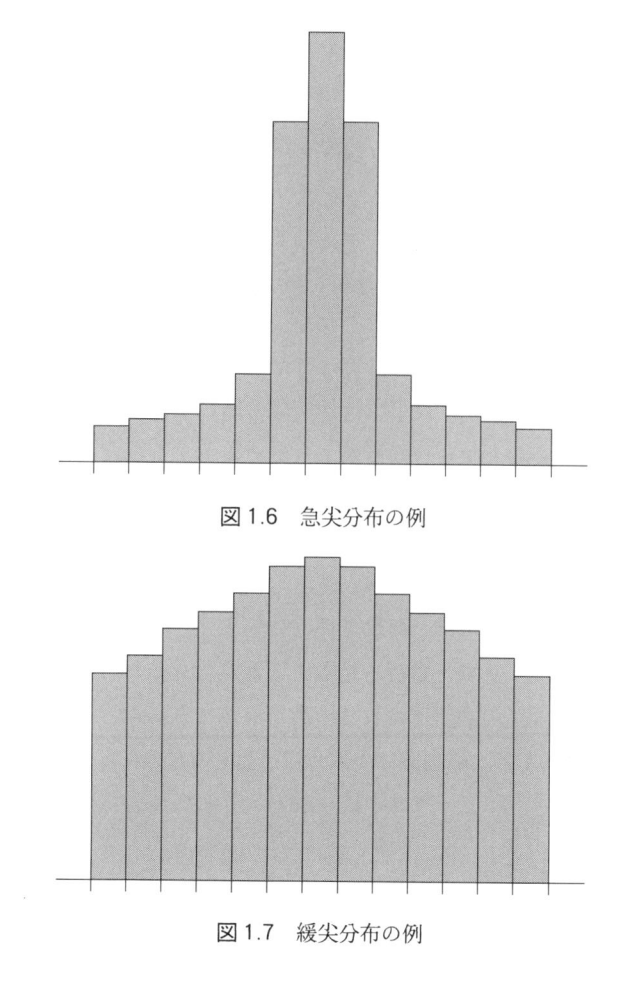

図1.6 急尖分布の例

図1.7 緩尖分布の例

(kurtosis) または**とがり**といいます．ただし標本から母集団の尖度を推定する場合の推定量の式はこれとは異なります（第5章）．

$$a_4 = \frac{1}{N} \sum_{i=1}^{n} \left(\frac{x_i - \mu}{\sigma} \right)^4 - 3 \tag{1.10}$$

ここで，μ は母集団の平均，σ は標準偏差です．第4章で述べる正規分布では尖度は0に等しくなります．正規分布よりとがった（**急尖**，leptokurtic）分布では尖度は正に，正規分布より平たい（**緩尖**，platykurtic）分布では尖度は負になります．

1.7 有効桁数

観測値の精度からみて意味のある数字を**有効数字**（effective figure），その数を**有効桁数**といいます．コンピュータ・ソフトを用いて分散などを計算すると，小数点以下にたくさんの桁が表示されます．報告書などに書く際にこれをそのまま写して提示するのは適切ではありません．観測値の精度を大きく超えた桁数を表示するのは，無駄なだけでなく読む人に過剰な精度があるかのような誤解を与えます．ただし途中の計算はけた落ちや丸めの誤差を防ぐために桁数を多めにとって行います．以下に有効桁数の簡単な目安を示します．ただし本書では，説明の必要上から有効桁数より多く表示する場合もあります．

（1）平均：桁数は，観測値の1桁下まで表示するようにします．観測値の数 N が100以上ならば，2桁下まで表示します．平均すると精度は高くなり，元の観測値の精度のほぼ倍になる，いいかえると変動が $1/\sqrt{N}$ になるためです．

（2）標準偏差：表示桁数は，平均と同じにします．

（3）平方和：分散が必要とされる桁数まで計算できるだけの桁とします．

（4）分散：標準偏差の必要とされる桁数が計算できるだけの桁とします．

たとえば例題1.1では，観測値は小数点以下は0桁なので，平均と標準偏差は小数点以下1桁，平方和と分散は小数点以下2桁まで表示するのが適切です．

1.8 分布の記述と要約についての問題

[問題 1.1] つぎのデータは東京都23区の2008年現在での人口です（単位千人，百以下は切り捨て）．この23区の人口のデータを要約して記述するために，その平均，平方和，分散，標準偏差，変動係数を求めなさい．

43, 106, 208, 310, 195, 168, 239, 438, 356, 267, 675, 857,
204, 312, 536, 257, 331, 195, 529, 703, 632, 428, 663

(解答1.1)

平均：$(43+106+\cdots+663)/23 = 376.2$

平方和：$\{(43-376.2)^2+(106-376.2)^2\cdots+(663-376.2)\} = 1037223$

分散：$1037223/23 = 45096.67$

標準偏差：$\sqrt{45096.67} = 212.36$

変動係数：$212.36/376.2 = 0.564$

歪み：$\{(43-376.2)^3\cdots+(663-376.2)^3\}/(212.36)^3)/23 = 0.578$

尖り：$\{(43-376.2)^4\cdots+(663-376.2)^4\}/(212.36)^4)/23-3 = -0.665$

[問題 1.2] n 個の観測値 $\{x_1, x_2, \cdots, x_n\}$ の平方和は，$S=\sum_{i=1}^{n}(x_i-\bar{x})^2$ で求められます．それでは各観測値を a 倍して b を足した n 個の観測値 $\{ax_1+b, ax_2+b, \cdots, ax_n+b\}$ の平方和 S'（S プライムと読みます．S ダッシュではありません）は S とどのような関係になるでしょうか？

(解答1.2)

$$S' = \sum_{i=1}^{n}(ax_i+b-a\bar{x}-b)^2 = \sum_{i=1}^{n}(ax_i-a\bar{x})^2 = \sum_{i=1}^{n}\{a(x_i-\bar{x})\}^2$$

$$= a^2\sum_{i=1}^{n}(x_i-\bar{x})^2 = a^2 S \tag{1.11}$$

つまり，S' は S の a^2 倍となります．定数 b は S' に影響しません．

第2章 確率と確率変数と確率分布

2.1 不確定なことの規則性

1気圧の下で水を100℃に熱すれば沸騰するとか,ワイングラスを硬い床面に落とせば割れるとか,世の中の多くのことでは,同じ原因には同じ結果が伴います.これらは誰がいつ行っても同じ結果になるので,確定事象といいます.一方,世の中には,夫婦の最初の赤ちゃんが男の子か女の子か,1粒の播いた種子が芽生えるかどうか,わが子の身長が将来いくらになるか,など結果が不確実なことも少なくありません.これを不確定事象といいます.典型的な例はサイコロふりの場合でしょう.サイコロをふったときにどの目が出るかは,ふった本人にも分かりません.「平家物語」によれば権勢をふるった白河法皇も天下の三不如意(意のままにならない3つのこと)のひとつに双六の賽(サイコロ)をあげています.しかし,このような確定的でないことも,多数回反復するとある一定の傾向や規則性が認められることがあります.たとえばサイコロを600回ふれば,1の目が100回程度出るだろうということは直感的にも分かると思います.

結果が確定的でないことを解析するうえで役立つのが**確率**(probability)についての知識です.確率を理解したからといって,つぎにふるサイコロの目の数を当てられるわけではありませんが,多数回ふったときの法則を知ることができます.確率の定義については後節で述べましょう.統計学を理解するには,その基礎として確率について知る必要があります.

確率についての考察は,サイコロ賭博から始まりました.サイコロを使った

ゲームは今から4,500年前のメソポタミア文明ですでに行われ，ローマ時代にも盛んでした．一攫千金を夢見た欧州の貿易商らが遠くアジアまで行くようになった16世紀の大航海時代に，天候不良で船が港に足止めになると，船員たちはサイコロやカードの賭博で時間をつぶしました．彼らは賭けに勝つ方法や勝負を中断したときの賭け金の公平な分配方法を，身近にいる数学に堪能な人にたずねました．確率論はこのようなきっかけで始まり，イタリアのカルダーノ (Girolamo Cardano, 1501-1576)，ガリレオ (Galileo Galilei, 1564-1642)，フランスのフェルマー (Pierre de Fermat, 1607-1665)，パスカル (Blaise Pascal, 1623-1662) などが発展させました (安藤, 2007)．カルダーノは発疹チフスの発見や虚数の導入で，ガリレオは木星の衛星の発見や地動説で，フェルマーは後世の数学者に遺した難問「フェルマーの最終定理」で，パスカルは円錐曲線の定理や計算機の発明や随想録「パンセ」により，歴史上有名です．

2.2 試　行

　確率を語るには，確率に関連した専門用語を知らなければなりません．これらの専門用語は日常用語とみかけは似ていますが，日常用語よりずっと厳密に定義されています．用語は定義に則して正確に理解して使わなければなりません．

　いま，サイコロを1回ふって，どの目が出るかを見るとします．このような場合に，「サイコロをふる」という行為を**試行** (trial) と呼びます．広辞苑を引くと，試行とは「ためしに行うこと」とあります．もちろん統計学の試行はサイコロふりの場合だけをいうわけではありません．コインを投げて表と裏のどちらが出るかを見る場合は，「コインを投げること」が試行となります．100粒の種子を1粒ずつ播いてそのうち何粒が発芽するかを調べるときは，「1粒の種子を播くこと」が試行です．一般的にいえば，同一条件で何回もくりかえされる観察や実験において，1回ずつの行為を試行と呼びます．

2.3 集　合

　ここで寄り道をして，集合のことを説明しましょう．試行の結果を扱うのに，集合についての知識が必要だからです．

　明確に定義された物や事の集まりを**集合** (set) といいます．サイコロの偶数の目，自然数の全体，3年B組の男子全員，戦後日本を襲ったすべての台風，などはみな集合です．ただし，集める基準がはっきりと定まっていなければなりません．おいしい料理の集まりなどは，どのような料理を「おいしい」とするかが明確でないので，**ファジー集合** (fuzzy set) と呼ばれ，通常の集合とは違う集合として扱われます．

　集合は通常ひとつの大文字の英文字，たとえば A や B で表します．集合の構成単位を**要素** (element) または元といいます．集合 A の中に，a という要素が入っているとき，「a は A の要素である」といいます．また「a は A に属する」，「a は A に含まれる」，「A は a を含む」といういいかたもします．

　要素 a, b, c からなる集合を中括弧でくくって $\{a, b, c\}$ と表します．たとえば，サイコロの偶数の目の集合は $\{2, 4, 6\}$，自然数全体の集合は，$\{1, 2, 3 \cdots\}$ と記します．集合では同じ要素が重複してはいけません．中括弧の中の要素は通常どのような順序に並べてもかまいません．要素の和が有限の場合を**有限集合** (finite set)，無限の場合を**無限集合** (infinte set) といいます．サイコロのすべての目は有限集合，自然数の全体や実数の全体は無限集合です．

2.3.1　全集合

　すべての要素の集合をひとつの集合と考え，これを**全集合** (space, universe) といい，大文字のギリシャ文字 Ω (オメガ) で表します．サイコロの目でいえば，集合 $\{1, 2, 3, 4, 5, 6\}$ は全集合です．

2.3.2　空集合

　集合は物や事の集まりと述べましたが，集まりの意味を拡げて要素が1個しかない場合 $\{a\}$ も集合と呼ぶことにします．さらに，要素をひとつも含まない

集合を考え，これを**空集合**（empty set）と名づけ，小文字のデンマーク文字 $\emptyset$（ォエ）または { } で表します．ギリシャ文字 ϕ（ファイ）ではありません．集合に空集合を含めるのは，数といえば自然数 $1, 2, 3, \cdots$ しか扱わなかった人類が 0 という数を発明したのと同様です．

2.3.3 補集合

集合 A に属さない要素の集合を A の**補集合**（complement of A）といい，A^c で表します．A の上肩に小さく書かれた c の文字は，補足（complementary）を表します．たとえばサイコロの偶数の目の集合 $\{2, 4, 6\}$ を A とすれば，その補集合 A^c は集合 $\{1, 3, 5\}$，すなわち奇数の目の集合と同一です．

図2.1のように集合 A を円で示すと，補集合は図2.2のように円の外側の部分（塗りつぶされた部分）に該当します．ここで円を囲む四角形は全集合を表します．このような図を英国の論理学者ヴェン（John Venn, 1834-1923）にちなみヴェン図（Venn diagram）といいます．

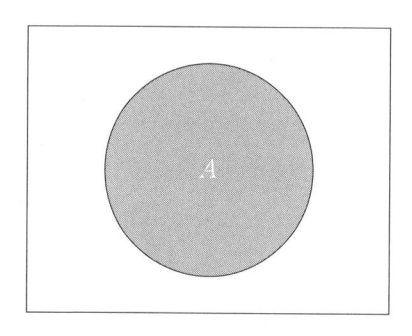

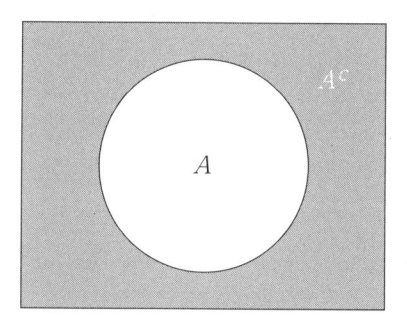

図2.1 集合 A　　　　図2.2 集合 A の補集合 A^c

2.3.4 部分集合

2つの集合 A（大円）と B（小円）の関係は，図2.3 a, b, c に示すように3通りあります．

（a）のように，集合 B のすべての要素が集合 A の要素でもあるとき，B を A の**部分集合**（subset）といい，$B \subseteq A$ または $A \supseteq B$ と記します．これを「B は A につつまれる」，または「A は B をつつむ」ともいいます．なお A はそれ自身

の部分集合でもあります.
(b)では,集合BはAの部分集合ではありませんが,たがいに共通部分をもちます.
(c)では集合AとBに共通部分がありません.このような場合に,AとBは「**たがいに素である**」(disjoint, mutually exclusive)といいます.

2.3.5 和集合

2つの集合AとBがあるとき,少なくともどちらかに属する要素の全体からなる集合をAとBの**和集合**(union)といいます.これを$A \cup B$と表します.$A \cup B$はAカップBと読みます.図2.4の塗りつぶされた部分に該当します.

たとえばサイコロの偶数の目を集合A,3の倍数の目を集合Bとすれば,AとBの和集合は4つの目を含む集合$\{2, 3, 4, 6\}$となります.集合の数が3つ以上になっても同様で,A, B, Cの和集合は$A \cup B \cup C$と表されます.

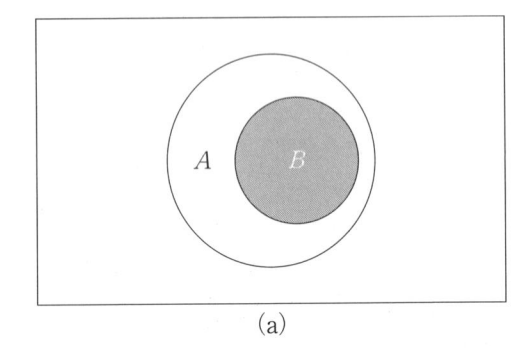

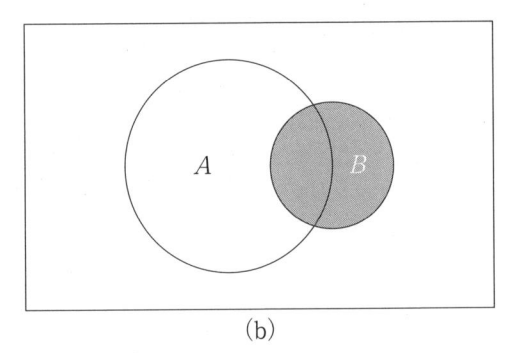

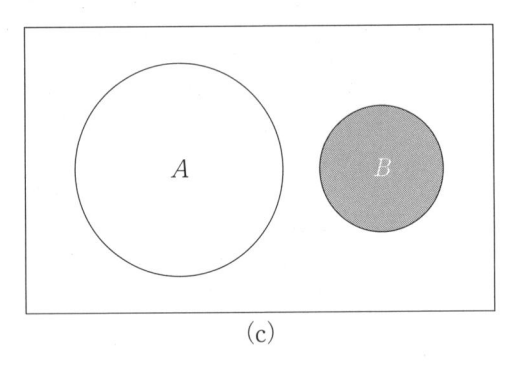

図2.3 2つの集合A(大円)とB(小円)の関係. (a)BはAの部分集合, (b)BはAと共通部分をもつ, (c)BはAと共通部分がなく,AとBはたがいに素である.

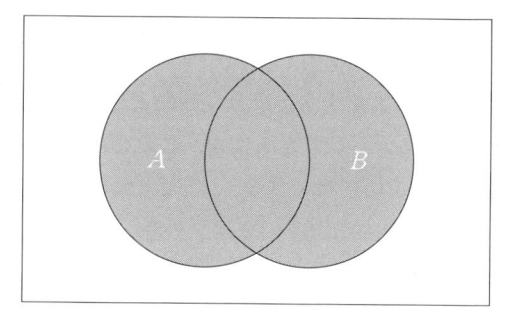

図 2.4　2つの集合 A と B の和集合 $A \cup B$

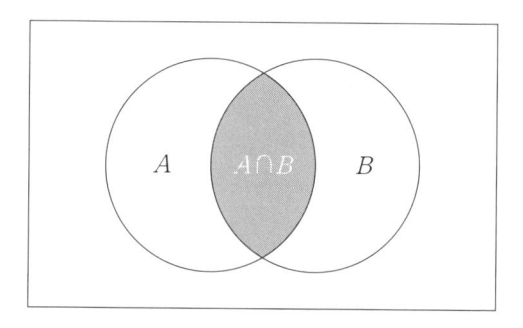

図 2.5　2つの集合 A と B の共通部分 $A \cap B$

2.3.6　共通部分

2つの集合 A と B があるとき，どちらにも属する共通の要素の全体からなる集合を A と B の**共通部分** (intersection) といいます．これを $A \cap B$ と表します．$A \cap B$ は A キャップ B と読みます．∪ はカップ（茶わん），∩ はキャップ（帽子）と記号の形から覚えてください．ヴェン図で示すと図 2.5 のように，2つの円 A と B が重なった部分（塗りつぶされた部分）に該当します．たとえばサイコロの偶数の目を集合 A，3の倍数の目を集合 B とすれば，A と B の共通部分は6の目だけを含む集合 $\{6\}$ となります．集合の数が3つ以上になっても同様で，A, B, C の共通部分は $A \cap B \cap C$ と表されます．A と B がたがいに素である場合には，$A \cap B = \emptyset$ となります．

なお，「共通部分」は積集合とはいわないことに注意してください．集合論では積は別の意味をもちます．

2.3.7 差集合

2つの集合AとBがあり，AはBに含まれない要素を少なくともひとつ含んでいるとき，AからBの要素をすべてひきさったときに残る要素の集合を**差集合**（set difference）といい，$A-B$で表します．たとえばサイコロの目でAを偶数の集合$\{2,4,6\}$，Bを3の倍数の集合$\{3,6\}$とすると，差集合は$\{2,4\}$となります．これを$\{2,4,6\}-\{3,6\}=\{2,4\}$と表します．

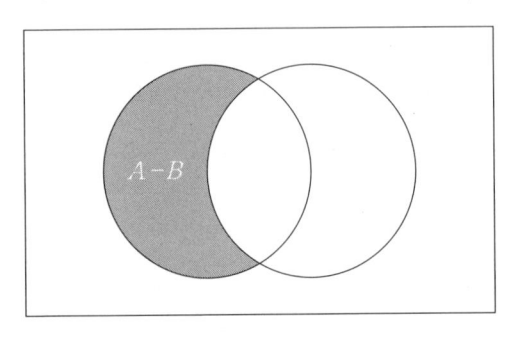

図 2.6　集合A（左円）とB（右円）の差集合$A-B$

2.4 標本点と事象

試行によって得られる可能な結果のひとつひとつを**標本点**（sample point）とよびωで表します．たとえば，正六面体のサイコロを1回ふれば，1から6までの数字のどれかが出ることになります．この場合，1, 2, 3, 4, 5, 6の目のどれかが出ることを標本点といいます．

標本点の集合を**事象**（event）といいます．たとえば，1から6までの目のうち，偶数の目（2, 4, 6）の集合はひとつの事象です．同様に奇数の目（1, 3, 5）の集合ももうひとつの事象です．3の倍数の目（3, 6）の集合もさらに別の事象です．各標本点は集まりではありませんが，これも事象に含めて**基本事象**（elementary event）と呼びます．標本点$\omega_1, \omega_2, \cdots \omega_n$から構成される事象$A$を中括弧{ }を用いて，$A=\{\omega_1, \omega_2, \cdots \omega_n\}$という形で表します．

事象は集合のひとつですので，集合に対応した事象の用語があります．

(1) 全事象Ω：すべての標本点の集合を**標本空間**（sample space）または**全**

事象 (whole event) といい，Ω で表します．空間という言い方にはちょっと違和感があるかもしれませんが，統計学ではよく用いられます．コイン投げで，表を1，裏を0で表すと，コインを1回投げたときの標本空間は $Q=\{0,1\}$ で，事象は $\{0,1\}$，$\{1\}$，$\{0\}$，∅ の4つがあります．サイコロを1回投げたときの標本空間は，$Q=\{1,2,3,4,5,6\}$ です．

(2) 空事象 ∅：標本点をひとつも含まない事象を**空事象** (null event) といい，∅ で表します．

(3) 補事象 A^c：事象 A に属さない標本点の集合（A の補集合）を **補事象** (complementary event) または **余事象** といいます．

(4) 和事象：事象 A と B の少なくとも一方に属する標本点全体の集合を **和事象** (union of events) といいます．

(5) 積事象：事象 A と B のどちらにも属する標本点全体の集合を A と B の **積事象** (intersection of events) といいます．

(6) 差事象：事象 A の標本点から事象 B に属する標本点を引いた標本点の集合を **差事象** (difference of events) $A-B$ といいます．

(7) 排反事象：事象 A と事象 B とが共通部分をもたない場合，一方が起きれば他方は決して起こらないことになります．このとき A と B はたがいに **排反事象** (disjoint events) であるといいます．たとえばサイコロをふったとき偶数の目が出る事象を A，奇数の目が出る事象を B とすると，A と B は排反事象です．

2.5　確率の定義

事象の起こりやすさを定量的に示したものを確率といいます．事象 A の確率は通常 $P\{A\}$ と表します．P は probability の頭文字です．

確率とは何かについては，以下のようにいくつかの考えがあり，フランスの数学者で天文学者のラプラス（Pierre Simon Laplace, 1749-1827）の時代から今日まで議論が続いています．確率の解釈だけをテーマにして厚い本が書かれているほどです（ギリース，2004）．

2.5.1 先験的確率

1番目は,ラプラスによる定義です.ある試行において起こりうる基本事象が全部で n 個あり,n 個のどれが起こることも「同程度に確からしい」とき,事象 A に属する基本事象の数を r とすると,事象 A の確率 $P\{A\}$ は

$$P\{A\}=r/n \tag{2.1}$$

と定義されます.たとえばサイコロを1回ふったときに偶数の目がでる確率を考えます.6個の基本事象である1から6までの目のどれが起こるかは同程度に確からしいといえます.偶数の目の集合に属する基本事象はこのうち3個 $\{2,4,6\}$ ですので,$n=6$,$r=3$ となり,$P\{A\}=3/6=1/2$ となります.この定義による確率は,「どの目の起こりやすさも同程度に確からしいサイコロ」つまり「正しいサイコロ」ならば,実際にサイコロをふってみるまでもなく理論的に計算できます.そこで**先験的確率**(a priori probability)といいます.

2.5.2 経験的確率

実際のサイコロにはひずみがあります.ふったとき1から6の目のどれがでるかが正確に同程度とはかぎりません.さらに「ある人が金曜日に交通事故に遭う確率」を考える場合には,「曜日別の交通事故」という基本事象が「同程度に確からしい」とはいえません.あるロットから無作為にとった1個の製品が良品か不良品かを調べる試行で,良品と不良品という2個の基本事象が同程度に確からしいとはいえません.

そこで,n 回の試行中で事象 A が起きた回数を r とし,試行回数を無限にふやすときに,相対頻度 r/n がある一定値 θ に収束するならば,つまり

$$r/n \to \theta \quad (n \to \infty) \tag{2.2}$$

ならば,確率を $P\{A\}=\theta$ と定義する考えが出されました.その確率を**経験的確率**(empirical probability),その考えを**頻度説**(frequency theory)といいます.

図2.7は,著者がコインを1,000回投げたときに,表の出た割合がどのように変化したかを示す一例です.このようにコイン投げの回数が増えるにつれて割合が0.5にしだいに近づいて安定します.なおピアソンはコイン投げを24,000回もやってみた結果,表の出た頻度は最終的に0.501であったと報告していま

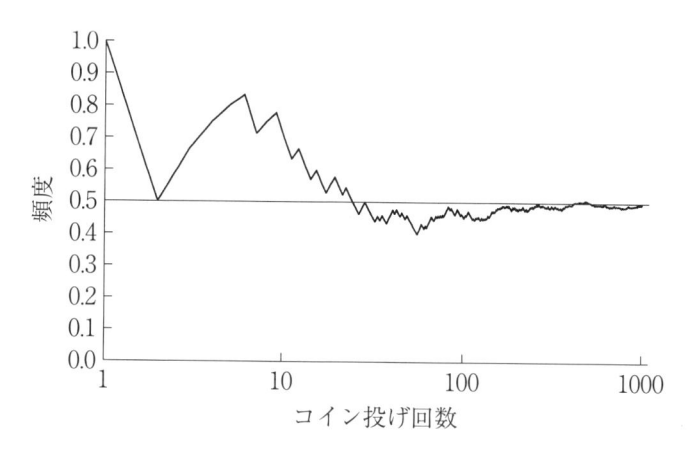

図 2.7 コインを 1,000 回投げたときに表が出た割合の推移の一例

す．統計学の教科書ではこの頻度説の解釈が多く採用されています．

2.5.3 主観的確率

現在では確率という用語はずっと広く使われます．たとえば今後 100 年の間に富士山が噴火する確率，次回の世界陸上選手権で 100 メートル競走の世界記録が更新される確率，新製品が市場で想定した販売成績を示す確率，A さんが次回の同窓会に出席する確率などのように．ここで扱われる事象は 1 回かぎりの事象なので，理論に基づいて正確に算出したり，試行を多数回くりかえして決めることはできません．この場合に確率は個人がもつ情報ないし確信の度合いによって決まります．たとえば，「A さんが今年の同窓会に出席する確率」の場合に，ある友人は，これまでの A さんが 6 回の同窓会中で 3 回出席したので，今年出席する確率は 0.5 とするでしょう．図 2.7 のコイン投げ実験の結果からみて，6 回程度の結果ではそれほど確かな根拠にはなりませんが．別の友人は，A さんが最近交通の便がわるい地域に引越したことを知って確率を 0.5 より低く見積るでしょう．さらに別の友人は，A さんが退院したばかりだと知ったので，もっと低い確率を提案するでしょう．人が違えばもつ情報も違うので，同じ事象でも人により確率が異なります．このような確率を**主観的確率**（subjective probability）といいます．それに対して先験的確率や経験的確率は，誰が考え

ても同じ値となるので**客観的確率**（objective probability）と呼ばれます．本書では客観的確率だけを扱います．

2.5.4 コルモゴロフの公理

確率の意味はこのように多様なので，意味を問題にするのはやめて，確率が満たすべき条件としてつぎの3公理が旧ソ連の数学者コルモゴロフ（Andrey Nikolaevich Kolmogorov, 1903-1987）により提案されました．これを**コルモゴロフの公理**（Kolmogorov axiom）といいます．公理とは，簡単にいえば，証明はできないが自明で無条件に認められる命題のことで，ほかのすべての定理が生み出される起点となるものです．どのように定義されるにしても，この3公理のすべてが満たされなければ確率とはいえません．

（公理1） $P\{A\}$ は0から1までの範囲にある．すなわちどのような事象の確率も負にならず，また1を超えることはない．式で表せば

$$0 \leq P\{A\} \leq 1 \tag{2.3a}$$

（公理2） 全事象の確率は1である．式で書くと

$$P\{\Omega\} = 1 \tag{2.3b}$$

（公理3） A と B が排反事象ならば，A または B が起こる確率は A が起こる確率と B が起こる確率の和に等しい．つまり

$$P\{A \cup B\} = P\{A\} + P\{B\} \tag{2.3c}$$

注1） 日常生活では気象庁の降水確率などのように，確率が％で表現されることがあります．しかしこれはあくまで便宜上で，正確には確率は必ず0から1までの数値で表します．

注2） A と B が排反事象でない場合には式（2.3c）の代わりに

$$P\{A \cup B\} = P\{A\} + P\{B\} - P\{A \cap B\} \tag{2.4}$$

となります（図2.4と図2.5）．式（2.4）を確率の**加法定理**（addition theorem）といいます．式（2.3c）は式（2.4）において $P\{A \cap B\} = 0$ である特別な場合の加法定理です．ここで $P\{A \cap B\}$ は，事象 A と B がともに起こる確率を示し，**同時確率**（joint probability）または**結合確率**といいます．

注3） 事象 A とその補事象 A^c とは排反事象で，その和事象は全事象となるので，$P\{A\} + P\{A^c\} = 1$ が成り立ちます．

2.6 条件つき確率と独立性

2.6.1 条件つき確率

A, B が確率事象で，$P\{A\} \neq 0$ のとき，

$$P\{B|A\} = \frac{P\{A \cap B\}}{P\{A\}} \tag{2.5}$$

で定義される $P\{B|A\}$ を，事象 A の下で事象 B が起こる**条件つき確率**（conditional probability）といいます．$P\{B|A\}$ は「確率 B given A」と読みます．$P\{A\} = 0$ のときには条件つき確率は定義されません．条件つき確率をヴェン図で表すと図2.8のとおりになります．

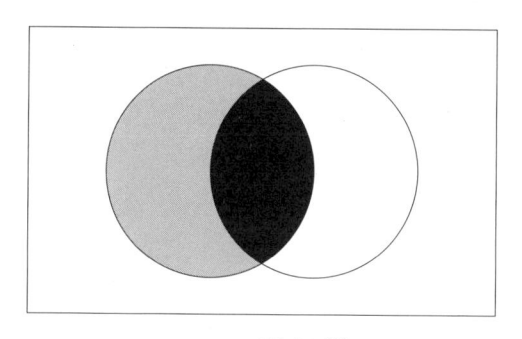

図 2.8 条件つき確率 $P\{B|A\} = \dfrac{P\{A \cap B\}}{P\{A\}}$ は，左円 $P\{A\}$ 中に占める両円共通部分 $P\{A \cap B\}$ の割合で表されます．

ある種の病気の検査において，実際に検査で陽性と判定された（事象 A とする）という条件下で実際にその病気に罹っている（事象 B とする）確率は，条件つき確率 $P\{B|A\}$ で表されます．その確率は，無作為に選んだ人が，検査で陽性と判定されしかも病気に罹っている同時確率 $P\{A \cap B\}$ を，検査で陽性と判定される確率 $P\{A\}$ で割ったものに等しくなります．

式 (2.5) を変形すると，

$$P\{A \cap B\} = P\{B|A\}P\{A\} = P\{A|B\}P\{B\} \tag{2.6}$$

となります．

2.6.2 事象の独立性

ある事象 A が起こる確率が，もうひとつの事象 B が起こるかどうかによって影響されないとき，事象 A と B は**独立**（independent）であるといいます．これを式で表すと

$$P\{A\} = P\{A|B\} \qquad (P(B) \neq 0) \tag{2.7 a}$$

$$P\{B\} = P\{B|A\} \qquad (P(A) \neq 0) \tag{2.7 b}$$

と表せます．いいかえると，A と B が独立ならば，事象 B における A の条件つき確率は A の確率に等しくなります．同様に事象 A における B の条件つき確率は B の確率に等しくなります．式 (2.7 b) を式 (2.5) に代入すると，

$$P\{A \cap B\} = P\{A\}P\{B\} \tag{2.8}$$

が成り立ちます．

$P\{A\} \neq 0$ と $P\{B\} \neq 0$ がともに成り立つという条件下で $P\{A \cap B\} = 0$ のとき，事象 A と B は排反事象になります．したがって式 (2.6) より

$$P\{A|B\} = 0$$

$$P\{B|A\} = 0$$

となります．いいかえると，事象 B が起こるという条件下で A が起こる確率は 0，また事象 A が起こる条件下で B が起こる確率は 0 といえます．

2.6.3 ベイズの定理

式 (2.5) と式 (2.6) から

$$P\{B|A\} = \frac{P\{A|B\}P\{B\}}{P\{A\}} \tag{2.9}$$

となります．これを**ベイズの定理**（Bayes' theorem）といいます．ここで $P\{B|A\}$ つまり A が真であるという条件の下に B が真である確率を B の**事後確率**（posterior probability），$P\{B\}$ を**事前確率**（prior probability）と呼びます．事後確率とは，「A が真である」という情報を考慮したときの B の確率という意味です．

いま事象 B を k 個の事象 $B_1, B_2, \cdots, B_k$ に分割したとき，$B_1, B_2, \cdots, B_k$ がたがいに排反であり，かつ事象 B を網羅しているとすると，

$$P\{A\} = P\{A \cap B_1\} + P\{A \cap B_2\} + \cdots + P\{A \cap B_k\}$$
$$= P\{A|B_1\}P\{B_1\} + P\{A|B_2\}P\{B_2\} + \cdots + P\{A|B_k\}P\{B_k\} \quad (2.10)$$

となります．式 (2.9) と式 (2.10) からベイズの定理のもうひとつの形として

$$P\{B_i|A\} = \frac{P\{B_i \cap A\}}{P\{A\}}$$

$$= \frac{P\{A|B_i\}P\{B_i\}}{P\{A|B_1\}P\{B_1\} + P\{A|B_2\}P\{B_2\} + \cdots + P\{A|B_k\}P\{B_k\}} \quad (2.11)$$

が導かれます．この式を用いると，$P\{A\}$ が直接求められない場合でも $P\{B_i|A\}$ が得られます．ベイズの定理について詳しくは繁桝 (1985) や中妻 (2007) を参照して下さい．またベイズの定理の理解を助けるために問2.9に応用問題を示しました．

2.7 確率変数と確率分布

2.7.1 確率変数

中学の数学の時間に「変数」の話を聞いたと思います．あの x や y のことです．このような数を代表する文字がいろいろな値をとる可能性をもつとき，それを**変数** (variable) といいます．一般的な数を文字で表す方法は，16世紀のフランスで始まったといわれています．変数を使うとツルカメ算などがコロリと解けたという経験はありませんか．確率を考えるときにもこの変数が使われます．

たとえばサイコロを4回投げるとき，「1の目が出る回数」を変数 X とおくと，X は0から4までの5通りの値をとります．5通りのどれが実際に起こるかは不確実ですが，それぞれの場合が起こる確率は決まっています．「1の目が出る回数」という不確実な事象を，X という変数に置き換えて簡潔に表せます．

このように変数 X のすべてのとりうる値に対して，その値をとる確率が示されているとき，その変数をとくに**確率変数** (random variable) といいます．ただの変数ではなく「確率」の文字がつくのは，ふつうの変数と違って，ある値をとるのにつねに確率をともなうからです．たとえばサイコロを4回ふったときの「1の目が出る回数」を X と表せば，$X=0$ となるのは確率0.4823，$X=3$ と

なるのは確率0.0154で起こります（第3章参照）．確率変数は確率論や統計学の基礎となる概念です．なお英語の random variable の random（無作為）は適切な表現ではないといわれています．また確率変数としばしば混同して用いられる用語に**変量**（variate）があります．変量は，特定の試行に関係なく，一定の確率法則に従う確率変数の集合を指します．

確率変数は大文字の英文字（X, Y など）で表します．また確率変数がとった特定の値（観測値）は小文字（x, y など）で表し，確率変数と区別します．特定の値 x が観察されたときには，$X=x$ のように表現します．また10回のサイコロふりで「1の目が出る回数」が4回であった場合は $X=4$ と表すことができます．その確率は $P\{X=4\}$ と書きます．

確率変数には2種類あります．「1の目が出る回数」のように，確率変数がとれる値がとびとび（不連続）の数である場合を**離散的確率変数**（discrete random variable）といいます．ここで，とびとびの数とは通常0を含む自然数です．なお，サイコロを1回ふったときに「1の目が出るか出ないか」とか，コインなげで「表が出るか裏が出るか」など，二者択一の事象に対しても，「1の目が出る」，または「表が出る」という成功の場合を $X=1$，失敗の場合を $X=0$ とおけば，成功か失敗かを簡単な確率変数で表すことができます．ただし，天気の晴れ，曇り，雨，雪のように3つ以上の順序のない事象に対し，それぞれを $X=0, 1, 2, 3$ のように順序のある数値で表すことは適切ではありません．

もうひとつの確率変数は**連続的確率変数**（continuous random variable）です．長さ，重さ，時間などの次元で表される確率変数は一般に連続的確率変数になります．ある学級でランダムに選んだある生徒の身長，入荷した箱からとったあるリンゴの重さ，生産ラインからぬきだしたある1個の電球が切れるまでの時間などがその例です．

2.7.2 確率分布

確率変数 X とそれに対応する確率との対応関係を**確率分布**（probability distribution）といいます．対応関係をグラフで描くと空間的な広がりとして捉えられるので分布の名がついています．いいかえると確率分布は，確率事象について確率変数の値とそれが起る確率を記述します．確率分布は試行で起りう

るすべての結果について記述できなければなりません．たとえばサイコロふりの1回の試行で「1の目が出る」という事象 ($X=1$) の確率は1/6，出ない事象 ($X=0$) の確率は5/6ですが，この2つの値 ($X=1$, $X=0$) と2つの確率 (1/6と5/6) で1回のサイコロふりという試行で起こりうるすべての結果が記述されます．確率分布という用語だけでは具体的なイメージが湧かないと思いますが，代表的な確率分布の例を第3章以下で述べますので，ここでは定義だけを示します．確率変数が離散的か連続的かに対応して確率分布は離散型と連続型に分かれます．

（1）離散型の確率分布

確率変数 X が値 x_k をもつ確率 $P\{X=x_k\}$ が $f(x_k)$ という関数で表されるとき，つまり

$$P\{X=x_k\}=f(x_k) \quad (k=1, 2, \cdots) \tag{2.12}$$

のとき，X は **離散型**（discrete type）の確率分布（略して **離散分布**）に従うといいます．$f(x_k)$ を **確率関数**（probability function）といいます．ここで

$$f(x_k) \geq 0 \quad (k=1, 2, \cdots) \quad \text{かつ} \quad \sum_{k=1}^{\infty} f(x_k) = 1 \tag{2.13}$$

とします．

（2）連続型の確率分布

確率変数 X がとる値が a と b の間にある確率 $P\{a \leq X \leq b\}$ が関数 $f(x)$ によって

$$P\{a \leq X \leq b\} = \int_a^b f(x)dx \tag{2.14}$$

と表されるとき，X は **連続型**（continuous type）の確率分布（略して **連続分布**）に従うといいます．ただし $f(x)$ について，

$$\text{すべての } x \text{ に対して } f(x) \geq 0 \text{ で，かつ} \int_{-\infty}^{\infty} f(x)dx = 1 \tag{2.15}$$

という条件が成り立つとします．$f(x)$ を **確率密度関数**（probability density function）と呼びます．連続的確率変数ではとりうる値は無限にあります．そのため連続的確率変数は特定の値ではなく，値がとりうる範囲と関数 $f(x)$ であらわされる曲線の下の面積によって定義されます．

連続型では $X=a$ での確率を $f(a)$ で表すことはできません．式 (2.14) で

$a=b$ とおくと,$P\{X=a\}=0$ となってしまいます.つまり,離散型確率変数とちがって連続的確率変数の場合には,変数がある特定の値をとる確率は0となります.たとえばある学級でランダムに選んだある生徒の身長 X が正確に 175.000 cm の値をとる確率は0です.しかし X が 174.999 cm と 175.000 cm の間にある確率は0ではありません.

式 (2.14) で a と b がきわめて近い場合には,$a=x$,$b=x+\Delta x$ とおくと,

$$P\{x \leq X \leq x+\Delta x\} = \int_{x}^{x+\Delta x} f(x)dx \approx f(x) \cdot \Delta x \tag{2.16}$$

となります.つまり X の微小な区間での確率は,その区間の幅 Δx と関数 $f(x)$ の高さの積で近似できます.$f(x)$ は x により微小区間の確率が変化するようすを表すといえます.$f(x)$ を $X=x$ における確率密度と呼びます.

確率分布にはさまざまな種類があり,それらは多くの場合たがいに深い関連をもっています.離散分布には,二項分布,幾何分布,超幾何分布,ポアソン分布(以上第3章),などが,連続分布には,正規分布,指数分布,一様分布(以上第4章),t 分布(第13章),カイ2乗分布(第13章),F分布(第13章)などがあります.これらの分布は理論的に導かれたもので,データから得られる経験的な観測分布に対して**理論分布**(theoretical distribution)といいます.

2.7.3 期待値

確率変数 X またはその関数 $g(X)$ の生じうる実現値に対して,その値が生じる確率を重みとして乗じた積の総和を確率変数の**期待値**(expected value, expectation)といいます.X の期待値は記号 $E(X)$ で,$g(X)$ の期待値は $E(g(X))$ で表します.ここで,$E(X)$ は関数を表すものではないことに注意してください.

X が離散型変数で $x_1, x_2, \cdots$ の値をとり,その値をとる確率が $f(x_i)$ であるとき,$E(g(X))$ はつぎのとおりに定義されます.

$$E(g(X)) = \sum_{i=1} g(x_i)f(x_i), \quad i=1, 2, \cdots \tag{2.17}$$

i は有限のときも無限のときもあります.$g(x_i)=x_i$ のときには,$f(x_i)$ を母集団において $X=x_i$ となる相対頻度とみなせば,期待値は確率変数 X の平均に等しくなります.

また X が連続型変数で $g(X)$ が連続関数のときには，

$$E(g(X)) = \int_{-\infty}^{\infty} g(x) f(x) dx \tag{2.18}$$

と定義されます．

期待値は統計学における重要な概念ですが，もとはギャンブルにおける賞金の平均的な獲得量を表していました．1654年にパスカルがそれに数学的定義を与えました．

離散型変数の例でいいますと，偏りのないサイコロを1回ふったときに出る目 X の期待値は，1から6までどの目も出る確率は1/6なので，

$$E(X) = 1 \cdot \frac{1}{6} + 2 \cdot \frac{1}{6} + 3 \cdot \frac{1}{6} + 4 \cdot \frac{1}{6} + 5 \cdot \frac{1}{6} + 6 \cdot \frac{1}{6} = \frac{21}{6} = 3.5$$

となります．この値は，サイコロを多数回ふったときに1回あたり出る目の平均に相当します．この場合には $g(x) = x$ です．「期待」という語が使われていますが，期待値は待ち望まれている値というわけではありません．また，この例の期待値3.5という目は存在しないように，実在しない値であることもあります．

サイコロの目が x のとき，$100x^2$ 円が賞金として支払われる賭けがあるとき，その賞金の期待値は

$$E(g(X)) = 100 \cdot \frac{1}{6} + 400 \cdot \frac{1}{6} + 900 \cdot \frac{1}{6} + 1600 \cdot \frac{1}{6}$$

$$+ 2500 \cdot \frac{1}{6} + 3600 \cdot \frac{1}{6} = 1516.66 \text{（円）}$$

となります．この例では $g(x) = 100x^2$ です．

2.8 確率に関する問題

[問題2.1] サイコロを4回ふったときの，つぎの確率を求めなさい．
① 4回つづけて1が出る確率
② 最初の3回は1以外の目が出て，4回目ではじめて1の目が出る確率
③ 4回中に1回だけ1の目が出る確率

④ 4回中で少なくとも1回，1の目が出る確率

（解答2.1）

① 1の目が出る確率は1/6で，毎回の試行の結果は独立ですから，式(2.8)から，つづけて1の目が出る確率は $1/6 \times 1/6 \times 1/6 \times 1/6 = (1/6)^4 = 1/1296$

② 1以外の目が出る確率は $1 - 1/6 = 5/6$ です．3回つづけて1以外の目が出る確率は $5/6 \times 5/6 \times 5/6 = (5/6)^3 = 125/216$ です．したがって4回目ではじめて1の目が出る確率は $(5/6)^3 \times 1/6 = 125/1296$．

③ 4回中に1回だけ1の目が出ることは，1番目から4番目までの4通りあります．それぞれの場合の確率は $1/6 \times 5/6 \times 5/6 \times 5/6 = 125/1296$ なので，4回中に1回だけ1の目が出る確率は $(125/1296) \times 4 = 500/1296 = 125/324$

④ 4回中少なくとも1回，1の目が出る場合は，つぎの4とおりにわかれます．ここで○は1の目，●はほかの目とします．また左から右へ1から4番目の結果とします．

1回1の目が出る　○●●●，●○●●，●●○●，●●●○

2回1の目が出る　○○●●，○●○●，○●●○，●○○●，●○●○，

　　　　　　　　●●○○

3回1の目が出る　○○○●，○○●○，○●○○，●○○○

4回1の目が出る　○○○○

1回だけ1の目が出る確率は③で求めたように500/1296です．2回だけ1の目が出る確率は $1/6 \times 1/6 \times 5/6 \times 5/6 \times 6 = 150/1296$ です．3回だけ1の目が出る確率は $1/6 \times 1/6 \times 1/6 \times 5/6 \times 4 = 20/1296 (= 0.0154)$ です．4回とも1の目である確率は $(1/6)^4 = 1/1296$ です．よって，これらの確率の和は671/1296です．

実は，この問題はもっと簡単に解けます．「少なくとも1回1の目が出る」という事象 A の補事象 A^c は，「1回も1の目が出ない」という事象です．この確率は $5/6 \times 5/6 \times 5/6 \times 5/6 \times = (5/6)^4 = 625/1296 (= 0.4823)$ です．$P\{A^c\} = 1 - P\{A\}$ の関係（2.5.4 注(3)）から，求むべき確率は $1 - (5/6)^4 = 671/1296$ となります．

なおイタリアの医者で数学者のカルダーノは，1個のサイコロをふったときにある特定の目（たとえば1の目）が出る確率は1/6であるので，3個のサイコ

ロをふったときに1の目が少なくとも1個出る確率は0.5だと考えました．$3 \times 1/6 = 0.5$ と考えたようです（安藤, 2007）．しかし，この確率は実際には $1 - (5/6)^3 = 91/216 = 0.421$ となり，0.5より小さくなります．カルダーノの考えは誤りでした．

[問題2.2] 2つのサイコロを決まった回数だけふるとき，そのうち少なくとも1回は2つとも6の目が出る（これを (6, 6) と書くことにします）ことがあれば勝ちとする賭けがあるとき，何回ふることにすれば勝つ見込みがあるでしょうか．

（解答2.2）サイコロを1回ふったときに (6, 6) となる確率は，$(1/6)^2 = 1/36$，(6, 6) 以外になる確率は $1 - 1/36 = 35/36$ です．したがって，サイコロをn回ふったときに，n回とも (6, 6) 以外になる確率は $(35/36)^n$ となります．n回ふったときに少なくとも1回 (6, 6) が出る事象は，すべての回で (6, 6) 以外となる事象の補事象ですから，その確率は $1 - (35/36)^n$ となります．この確率が$1/2$以上になれば勝つ見込みが負ける見込みを上回るので，

$$1 - \left(\frac{35}{36}\right)^n > \frac{1}{2}$$

より，不等式を解くと，

$$n > \frac{\log 2}{\log 36 - \log 35} = 24.6$$

となります．nは整数でなければなりませんから，25回以上サイコロをふれば勝つ見込みが負ける見込みを上回ります．これは確率論の始まりとなった有名な問題で，パスカルがパリ南西のポール・ロワイヤル修道院に入る直前に解いたものです．

[問題2.3] くじ引きをする際に，くじを引く順番もくじ引きにしなければ不公平になるという人がいます．いま当たりがm本，外れがn本あるくじがあるとき，A, Bの2人がそれぞれ1本だけくじを引くとします．引いたくじは戻さないとします．くじを最初に引くのと後から引くのとではどちらが有利でしょうか？

（解答2.3）Aさんが最初にくじを引くとするとき，当たる確率 $P\{A\}$ は

$P\{A\} = \dfrac{m}{m+n}$, 外れる確率は $\dfrac{n}{m+n}$ となります.

それに対してBさんの当たる場合には，2通りあります.

(1) Aさんが当たった場合：Bさんの引こうとするくじには，$m+n-1$ 本中当たりは $m-1$ 本ある．「Aさんが当たった」という条件のもとにBさんが当たる確率を $P(B|A)$ と表すと，Bさんが当たる確率は，$P\{A\}$ と $P\{B|A\}$ の積となります．よって

$$\frac{m}{m+n} \cdot \frac{m-1}{m+n-1}$$

(2) Aさんが外れた場合：Bさんの引こうとするくじには，$m+n-1$ 本中当たりは m 本あります．したがって，Bさんが当たる確率は

$$\frac{n}{m+n} \cdot \frac{m}{m+n-1}$$

となります．

この2通りの場合はたがいに排反事象ですから，Bさんが当たる確率は，

$$P\{B\} = \frac{m}{m+n} \cdot \frac{m-1}{m+n-1} + \frac{n}{m+n} \cdot \frac{m}{m+n-1} = \frac{m(m-1)+mn}{(m+n)(m+n-1)} = \frac{m}{m+n}$$

つまり，くじを先に引いても後から引いても，有利さは変わらないといえます．この答えはあなたの直感（？）どおりだったでしょうか？

[問題2.4] コイン投げで，初めて表が出るまで投げつづけ，表がでたときに賞金をもらえるとします．賞金の額はつぎのように決めます．1回目に表がでたら1円，2回目に表が出たら2円，3回目に表が出たら4円，以下倍々に増えます．この賭けでは，いくら賭けたら得になるでしょうか．

（解答2.4）賭けた金額が賞金の期待値より小さければ，運不運はありますが平均して得になると考えられます．r 回目に初めて表が出る確率は，$(1/2)^r$ です．一方そのときの賞金は 2^{r-1} です．したがって期待値を E とすると，

$$E = \sum_{r=1}^{\infty} \left(\frac{1}{2^r} \cdot 2^{r-1} \right) = \frac{1}{2} + \frac{1}{2} + \frac{1}{2} + \frac{1}{2} + \cdots = \infty$$

つまり期待値は無限大ですので，全財産を賭けても得になる「はず」です．でも，もし1回目に表が出てしまえば，賞金はたったの1円，2回目に表が出れ

ば2円です．10回目に表が出たら512円です．遅くとも10回目までに表が出てしまう確率は，

$1/2 + 1/4 + 1/8 + \cdots + 1/1024 = (1/2 - 1/2048)/(1 - 1/2) > 0.9990234$

です．これでも全財産を賭けるでしょうか．これは「サンクトペテルブルクのパラドックス」と呼ばれている問題です．

[問題2.5]（ベイズの定理）ある病院では，胃ガンの早期発見のためのX線検査で，ガンの検出率つまり実際にガンである人が検査でもガンと診断される率が90％（偽陰性率10％），ガンではなくガン以外の病気（たとえば胃潰瘍）なのに誤ってガンと判定されてしまう率（擬陽性率）が5％であるとします．また本当は健康なのにガンと判定されてしまう率が0.5％であるとします．いま，ある人が検査を受けたら結果は陽性と告げられました．このとき本当にガンである確率はどの程度でしょうか．

（解答2.5）ガンである状態を E_1，ガン以外の病気である状態を E_2，健康である状態を E_3，検査の陽性反応を A とすると，条件つき確率 $P\{A|E_1\} = 0.9$，$P\{A|E_2\} = 0.05$，$P\{A|E_3\} = 0.005$ と書けます．検査結果が陽性のときにガンである確率は

$$P\{E_1|A\} = \frac{P\{A|E_1\}P\{E_1\}}{P\{A|E_1\}P\{E_1\} + P\{A|E_2\}P\{E_2\} + P\{A|E_3\}P\{E_3\}}$$

$$= \frac{0.900\, P\{E_1\}}{0.900\, P\{E_1\} + 0.050\, P\{E_2\} + 0.005\, P\{E_3\}}$$

と表せます．検査を受けた人がたまたま病院を訪れて受けたのだとすると，確率 $P\{E_1\}$, $P\{E_2\}$, $P\{E_3\}$ はそれぞれ日本人全体における，ガンの発症者，ガン以外の病気の人，健康人の割合に等しいとみなせるので，かりに $P\{E_1\} = 0.004$, $P\{E_2\} = 0.008$, $P\{E_3\} = 0.988$ とすると，確率 $P\{E_1|A\}$ は

$$P\{E_1|A\} = \frac{0.900 \times 0.004}{0.900 \times 0.004 + 0.050 \times 0.008 + 0.005 \times 0.988} = 0.403$$

となります．ガンである確率は検査によるガンの検出率0.9よりずっと低いことが注目されます．

もし検査を受けた人がなにかの自覚症状があって自発的に病院に来たのであれば，確率 $P\{E_1\}$, $P\{E_2\}$, $P\{E_3\}$ はそのような自覚症状のある人中のガン発

症者，ガン以外の病気の人，健康人の割合としなければなりません．かりに，$P\{E_1\}=1/3$，$P\{E_2\}=1/3$，$P\{E_3\}=1/3$ とすると，確率 $P\{E_1|A\}$ は

$$P\{E_1|A\}=\frac{0.900\times(1/3)}{0.900\times(1/3)+0.050\times(1/3)+0.005\times(1/3)}=0.942$$

となって，陽性と診断されたときにガンである確率は非常に高いことになります．どのような集団を対象とするかで $P\{E_1|A\}$ はこのように大きく変化します．

第3章 二項分布および
その他離散分布

　第1章では観測分布の記述の話を述べましたが，第3章と第4章では統計学でよく登場する**理論分布**(theoretical distribution)について説明します．理論分布はある原理または仮定に基づいて数学的に導かれ定義された分布で，観測分布と同様に平均や分散などの要約値が計算できます．それだけでなく，分布を表す式中に含まれる少数の固有の値（母数）がわかれば，分布全体が決まり，確率変数のどのような値に対しても事象が起こる確率を簡単に求められます．これが観測分布にはない大きな利点です．観測データがどれかひとつの理論分布に適合することがわかれば，理論分布に基づいたさまざまな統計解析手法を適用できます．理論分布なくして統計学は成り立ちません．

　第3章では離散分布の二項分布，第4章では連続分布の正規分布を中心に説明します．これらは統計学を学ぶうえで基本となる理論分布です．離散分布では事象が起る回数が，連続分布では事象の大きさ（計量値）が確率変数となります．

　二項分布はスイスのバーゼル大学教授ベルヌーイ（Jacob Bernoulli, 1654-1705）により1700年頃に発見されました．彼の死後に出版された著書は，確率理論を扱った世界最初の本として高く評価されています．二項分布は，最初に確立された理論分布で，ほかのいろいろな分布とも関連が深く，分布全体を理解するうえで最も基本的なものです（竹内・藤野，1981）．また実際に二項分布に従う現象も少なくありません．

3.1 組合せの数

[例題3.1] サイコロを4回ふって1の目が何回出るかを調べる実験を200回行い，以下の結果を得ました．このような観察頻度はどのような理論分布に適合するかを考えます．

1の目が出た数	0	1	2	3	4
観察頻度	98	73	26	3	0

本章の二項分布の説明では，最も簡単な実験として「サイコロふり」を例に用いましょう．最初に基礎として，高校で習う**組合せ** (combination) について説明しましょう．

いまサイコロを4回ふったときに，1の目が2回出る場合を考えます．そのような場合はつぎの6通りあります．ここで1の目が出た場合を成功，ほかの目が出た場合を失敗と呼び，○で成功，●で失敗を表すことにします．

(1) ○○●●
(2) ○●○●
(3) ○●●○
(4) ●○○●
(5) ●○●○
(6) ●●○○

1番目の並べかた(1)は，1回目と2回目の試行で成功，3回目と4回目で失敗した場合を示します．一般的に，n回の試行でr回成功する場合の数は，n個からr個を選ぶときの選び方の数で表せます．これを${}_nC_r$または$\binom{n}{r}$と書きます．${}_nC_r$はnチューズ (choose) rと読みます．nコンビネーションrと読む人もいます．ここで$n!=n(n-1)(n-2)\cdots3\cdot2\cdot1$とするとき，

$$\,_nC_r = \frac{n!}{(n-r)!r!} \tag{3.1}$$

です．たとえば例題の4回のうち1の目が2回出る場合には，式(3.1)で，$n=4$, $r=2$とすると，${}_4C_2 = \dfrac{4}{(4-2)!2!} = \dfrac{4\cdot3\cdot2\cdot1}{2\cdot1\cdot2\cdot1} = 6$となります．

この式はつぎのとおりに理解されます．いま n 個の玉があるとき，それを 1 から n 番まで 1 列に並べるやりかたの数を考えます．1 番目にどの玉を置くかは n 通りあります．つぎに 2 番目にどの玉を置くかは，残りの $n-1$ 個の数だけやりかたがあります．1 番目にどの玉を置いても，それぞれの場合に 2 番目の玉の置きかたは $n-1$ 通りあるので，1 番目と 2 番目の玉の置きかたは，$n(n-1)$ 通りあることになります．同様な考えかたで，1 番目から 3 番目までの玉の置きかたは $n(n-1)(n-2)$ 通りになります．さらに 1 番目から n 番目までの玉の置きかた，つまり全部の玉の並べかたは $n(n-1)(n-2)\cdots 3\cdot 2\cdot 1$ になります．これを簡単のために $n!$ と書き，n の **階乗** (factorial) といいます．たとえば $5! = 5\cdot 4\cdot 3\cdot 2\cdot 1 = 120$ です．なお 0 の階乗については $0! = 1$ と定義されています．0 ではありません．

n 個の玉から r 個の玉をある特定の選び方（たとえば上述の (1) のやりかた）で選んだとき，選ばれた r 個の並べかたは上にならって $r!$ 通り，選ばれなかった $n-r$ 個の並べかたは $(n-r)!$ 通りとなります．したがって特定の選びかたのもとでは，$r!(n-r)!$ 通りの玉の並べかたがあることになります．n 個すべての並べかたは，n 個から r 個をさまざまなしかたで選んで，それぞれの場合に r 個と $n-r$ 個とを並べたやりかたと等しいと考えられます．したがって n 個の玉から r 個の玉を選ぶやりかたの数を ${}_nC_r$ と書くと，

$$n! = r!(n-r)!\,{}_nC_r \tag{3.2}$$

の関係が成り立ちます．この両辺を $r!(n-r)!$ で割れば，式 (3.1) となります．

各回の試行で成功となるか失敗となるかは，たがいの回で無関係（独立）で一定とします．成功の確率を p，失敗の確率を $q(=1-p)$ とすると，4 回の試行で，結果が●●○○となる確率は，$q\cdot q\cdot p\cdot p = q^2 p^2$ となります．同様に 2 回成功で 2 回失敗する確率は，成功と失敗の順番がどのようであっても $p^2 q^2$ になります．

もっと一般的に，n 回の試行において r 回成功し $n-r$ 回失敗する確率は，ある特定の並びかたについては，$p^r q^{n-r}$ となります．このような並びかたの種類は ${}_nC_r$ 通りあるので，n 回の試行において r 回成功し $n-r$ 回失敗する確率は，${}_nC_r p^r q^{n-r}$ となります．

3.2 二項分布の定義

1回の試行で,ある特定の事象Aが生じるか生じないかを観察する場合を考えます.生じたときに試行は成功,そうでなければ失敗と呼ぶことにします.成功の確率をp,失敗の確率をqとします.$p+q=1$とします.pの値が定まれば,qも決まります.

試行の結果がランダムで,成功か失敗の2つの結果のうちのどちらかであるような試行を**ベルヌーイ試行**(Bernoulli trials)と呼びます.コインをなげて表が出るか裏が出るかとか,つぎに生まれる子が男か女かとか,種子を1粒播いたときに発芽するかいなかとかの試行などが,ベルヌーイ試行になります.成功か失敗かの事象は排反でなければなりません.

サイコロをn回ふったとき,そのうち1の目が出る回数がr回となる確率は,つぎの式で表されます.

$$P\{X=r\}=B(n,p)={}_nC_r p^r q^{n-r} \quad (r=0,1,2,\cdots,n) \tag{3.3}$$

このように離散的確率変数Xのとりうる値が,$0, 1, 2, \cdots, n$の$n+1$個で,その確率分布が式(3.3)で表されるとき,**二項分布**(binomial distribution)に従うといいます.ここで,pは任意の1回当たりの成功の確率です.p, qは正の定数で,$p+q=1$とします.${}_nC_r$は代数学で**二項係数**(binomial coefficient)と呼ばれています.

二項分布にはつぎの4条件があります.
① 試行回数(n)は,あらかじめ決まっている.
② 各回の試行結果は,2つの排反事象(成功か失敗)のどちらかである.
③ 各回の試行結果は,たがいに独立である.
④ n回の試行を通して,成功の確率pは一定である.

サイコロふりなどではこの条件が満たされています.一方,弓道での初級者が矢を射る練習でのn回中の成功回数などは二項分布に従わないかもしれません.試行回数がふえるとたぶん練習の効果がでて的を射やすくなるからです.

二項分布はnとpが与えられれば決まるので,$B(n,p)$と書くこともあります.Bはbinomialの頭文字です.この場合,nとpのように分布の特性を表す

3.2 二項分布の定義

数値をフィッシャーに従い**母数**(parameter)または**パラメータ**と呼びます. p は**割合**(proportion)または**二項確率**(binomial probability)といいます.

例題3.1では，サイコロをふる回数が $n(=4)$，1の目が出る回数が $r(=0, 1, 2, 3, 4)$ になります．また $p=1/6$ ($q=5/6$) ですから，その分布は $B(4, 1/6)$ に従うと書けます．ちょうど2回1の目が出る確率は，

$$_4C_2 \left(\frac{1}{6}\right)^2 \left(\frac{5}{6}\right)^{4-2} = \frac{4!}{2!2!} \cdot \frac{25}{1296} = \frac{25}{216} = 0.1157\cdots$$

となります．

二項分布の名は，

$$(p+q)^n = {}_nC_0 p^0 q^n + {}_nC_1 p^1 q^{n-1} + {}_nC_2 p^2 q^{n-2} + \cdots + {}_nC_n p^n q^0$$

$$= \sum_{r=0}^{n} {}_nC_r p^r q^{n-r} \tag{3.4}$$

のように，式(3.3)の確率が $(p+q)^n$ を二項展開したときの各項に対応しているからです．ここで $\sum_{r=0}^{n}$ の記号は，r が0から n までの ${}_nC_r p^r q^{n-r}$ の値の和を示します．$p+q=1$ なので，式(3.4)から $\sum_{r=0}^{n} {}_nC_r p^r q^{n-r}$ の値は1に等しくなります．つまりすべての事象の和は1に等しいという確率の条件を満たしていることがわかります．なお，$n=1, 2, 3, 4$ の場合には，式(3.4)は以下のとおりになります．

$(p+q)^1 = p+q$ $\qquad (n=1)$
$(p+q)^2 = p^2 + 2pq + q^2$ $\qquad (n=2)$
$(p+q)^3 = p^3 + 3p^2 q + 3pq^2 + q^3$ $\qquad (n=3)$
$(p+q)^4 = p^4 + 4p^3 q + 6p^2 q^2 + 4pq^3 + q^4$ $\qquad (n=4)$

例題3.1に二項分布を適用してみましょう．試行回数は4回なので $n=4$，各試行で1の目が出る(=成功)確率は $1/6$ ですから，4回中 r 回で1の目がでる確率は $P\{X=r\} = {}_4C_r (1/6)^r (5/6)^{4-r}$ となります．$r=0, 1, 2, 3, 4$ とおいたときの確率は以下のとおりです．またグラフで示すと図3.1のとおりとなります．200回実験をくりかえしたときの期待頻度は，確率に200を乗じて得られます．期待頻度は観察頻度とよく合っていることが認められます．

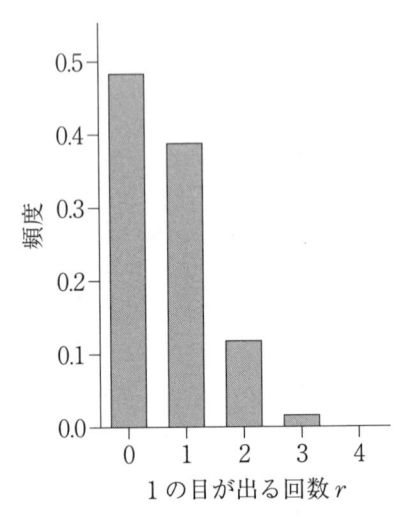

第3章 二項分布およびその他離散分布

図3.1 サイコロふりで4回中 r 回に1の目が出る確率
($p=1/6$, $r=0,1,2,3,4$)

1の目が出た数	確率	期待頻度	観察頻度
0	$_4C_0\left(\dfrac{1}{6}\right)^0\left(\dfrac{5}{6}\right)^4 = 1\cdot 1\dfrac{625}{1296} = \dfrac{625}{1296} = 0.4823$	96.46	98
1	$_4C_1\left(\dfrac{1}{6}\right)^1\left(\dfrac{5}{6}\right)^3 = 4\cdot\dfrac{1}{6}\cdot\dfrac{125}{216} = \dfrac{500}{1296} = 0.3858$	77.16	73
2	$_4C_2\left(\dfrac{1}{6}\right)^2\left(\dfrac{5}{6}\right)^2 = 6\cdot\dfrac{1}{36}\cdot\dfrac{25}{36} = \dfrac{150}{1296} = 0.1157$	23.14	26
3	$_4C_3\left(\dfrac{1}{6}\right)^3\left(\dfrac{5}{6}\right)^1 = 4\cdot\dfrac{1}{216}\cdot\dfrac{5}{6} = \dfrac{20}{1296} = 0.0154$	3.08	3
4	$_4C_4\left(\dfrac{1}{6}\right)^4\left(\dfrac{5}{6}\right)^0 = 1\cdot\dfrac{1}{1296}\cdot 1 = \dfrac{1}{1296} = 0.0008$	0.16	0

3.3 二項分布に従う分布の例

サイコロふりのほかにもつぎのような場合が二項分布となります.

① 赤玉が p, 白玉が $q(=1-p)$ の割合で入った壷から無作為に n 個の玉をとり出すことを考えます. これを略して「壷モデル」と呼びます. この場合に玉の取り出し方に2通りあります. 1番目は, 玉を取り出すたびに赤玉と白玉のどちらであったかを記録し, すぐに玉を壷に戻します. 2番目は, ひとつずつ取り出した玉は二度と壷に戻さず壷の外に置きます. あるいは n 個を同時に取り出しても同じです. 1番目の場合のやりかたを**復元抽出**（sampling with replacement）, 2番目のやりかたを**非復元抽出**（sampling without replacement）, といいます. 壷モデルでの復元抽出をおこなうと, n 個の玉のうち r 個が赤玉である確率は二項分布となります.

② コインを n 回なげたときに表が出る回数.

③ 大量の種子から一定数を取り出して播いたときの発芽種子数.

④ 一定数の子供をもつ家族における女子の数.

⑤ 一定数の害虫をシャーレにいれて試験用殺虫剤を加えたときの生存個体数

⑥ エンドウの赤花品種と白花品種を交配した2代目（F_2）では, 赤花と白花の個体が分離します. その理論比は3：1です. この場合の n 個体中に観察される白花個体数.

ただし, つぎのような場合は, 二項分布になりません.

① 壷モデルで, 非復元抽出をした場合. この場合は超幾何分布（下記）になります.

② 同じ枚数の葉のついた小枝において, 病斑をもつ葉の数. 病気はひとつの葉に発生すると近くの葉にも伝染するので, 病斑が生じる確率 p が一定でなくなります. この場合は負の二項分布になります.

③ 二項分布は発芽率など割合で示される場合に適用されることが多いのですが, だからといって割合で示されるものがすべて二項分布になるわけではありません. たとえば, 人の座高/身長比などは二項分布と関係ありません.

3.4 二項分布の性質

(1) 二項分布の形は，p が0.5に等しい場合には左右対称となります．p が0.5でない場合には非対称になり，0.5から遠いほど非対称の程度も大きくなり

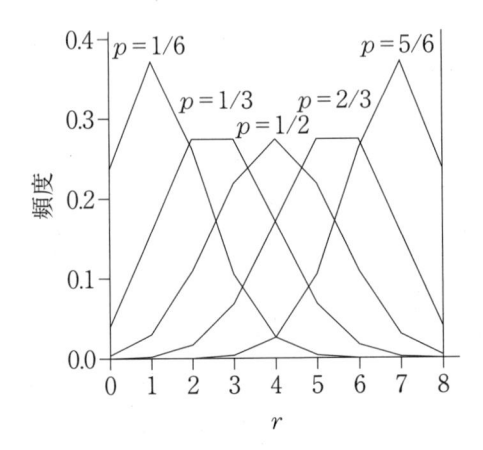

図3.2 二項分布における分布の対称性
折れ線グラフの左より，$p=1/6, 1/3, 1/2, 2/3, 5/6$ の場合の二項分布の例．$n=8$, ${}_8C_r p^r q^{8-r}$.

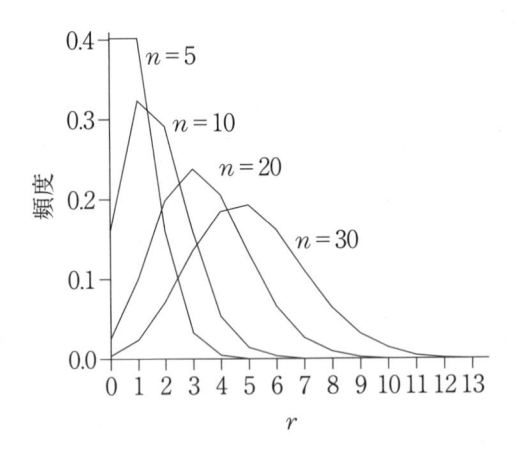

図3.3 二項分布における試行回数 n による分布の形の変化．
折れ線グラフの左より $n=5, 10, 20, 30$, $p=1/6$ の場合

ます．$p=1/6$ や $p=1/3$ では右に裾をひいた分布に，$p=5/6$ や $p=2/3$ では左に裾をひいた分布になります（図3.2）．$p=1/6$ の分布と $p=5/6$ の分布は，（図の場合は $r=4$）を軸として左右を折り返したような形となります．

(2) p が0.5に等しくない場合でも，n が大きくなると分布の形は左右対称に近くなります（図3.3）．

(3) 離散確率分布では，$X=x_i$ となる確率が $f(x_i)$ であるとき，平均と分散は次式で表されます．

$$\mu = E(X) = \sum_{i=1} x_i f(x_i), \ i=1,2,\cdots \tag{3.5}$$

$$\sigma^2 = E((X-\mu)^2) = \sum_{i=1}(x_i-\mu)^2 f(x_i), \ i=1,2,\cdots \tag{3.6}$$

i は有限のときも無限のときもあります．つまり平均は X の期待値に，分散は偏差平方 $(X-\mu)^2$ の期待値に等しくなります．μ（ミュー）は，英語のmに相当し，平均を表すのによく用いられます．

二項分布の平均は np，分散は npq となります（第13章参照）．q は1より小さいので，$np > npq$ から，平均のほうが分散より大きいことがわかります．同じ n に対しては $p=0.5$ のときに分散が最大になり，p が0または1に近いほど分散は小さくなります．

(4) 二項分布は n や p の条件によって，後述のポアソン分布や正規分布など他の分布で近似されます．また幾何分布，超幾何分布などとも関連があります（3.5節参照）．

(5) サイコロふりでの1の目が出る回数やコイン投げでの表が出る回数などでは，事象の生起確率 p はそれぞれ1/6と1/2で試行以前に決まっていますが，上記の例の③大量の種子から抽出した一定数の種子を播いたときの発芽数の分布のような場合では，p をデータから推定しないと分布が決められません．n は播いた種子数で既知ですので，発芽数の平均 $\bar{x}=np$ より $p=\bar{x}/n$ として p を求めます．

3.5 二項分布と他の分布の関係

3.5.1 正規分布

二項分布における試行回数 n が大きくなると，連続分布である正規分布に近づきます．とくに $p=0.5$ またはその近くでは，$n=10$ でも差は $\pm 0.5\%$ 以内になります．一般に，$np \geq 5$, $n(1-p) \geq 5$ の両方がともになりたつとき，二項分布は正規分布で近似できます（第4章参照）．

3.5.2 多項分布

二項分布では成功か失敗かという2通りの事象しか考えませんが，それに対して起こりうる事象が3通り以上ある場合の分布を，**多項分布**（multinomial distribution）といいます．たとえば，三項の場合は次式で表されます．

$$P\{X_1=r, X_2=s, X_3=t\} = T(n, p_1, p_2) = \frac{n!}{r!s!t!} p_1^r p_2^s p_3^t$$

$$(r=0, 1, 2, \cdots, n; s=0, 1, 2, \cdots, n; r+s+t=n) \tag{3.7}$$

ここで，p_1, p_2, p_3 は正の定数で，また $p_1+p_2+p_3=1$ です．式の右辺は $(p_1+p_2+p_3)^n$ を展開したときの一般項になります．たとえば，赤玉が p_1，白玉が p_2，青玉が p_3 の割合で入った壺から1個ずつ玉をとり出しながら玉の色を記録して壺に戻すとき，赤玉が r 個，白玉が s 個，青玉が t 個（$r+s+t=n$）取り出される確率は式 (3.7) で示される三項分布となります．遺伝的にヘテロ接合 Aa の個体の次代には3種類の遺伝子型 AA, Aa, aa がメンデルの法則に従って $1/4:2/4:1/4$ の割合で分離します．AA, Aa, aa がそれぞれ8, 14, 10個分離する（計32個体）確率は，

$$T(32, 1/4, 1/2) = \frac{32!}{8!14!10!} \left(\frac{1}{4}\right)^8 \left(\frac{1}{2}\right)^{14} \left(\frac{1}{4}\right)^{10}$$

となります．

3.5.3 幾何分布

二項分布のように n 回の試行のうち r 回成功する確率ではなく，0回から $r-1$ 回目までは成功がつづき，r 回目の試行ではじめて失敗する確率を考えま

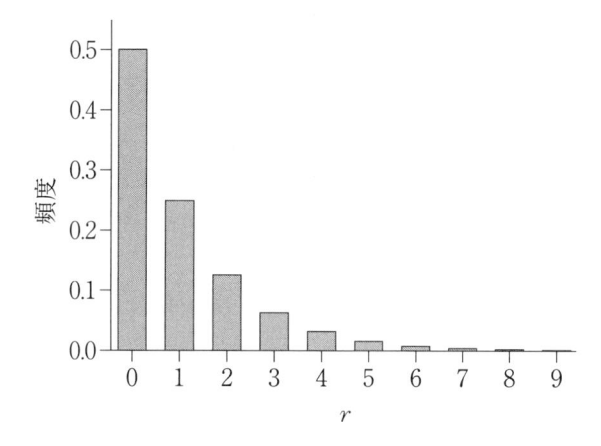

図3.4 幾何分布. $p=1/2, q=1/2$ の場合.

す.試行回数は固定せず,初めて失敗するまで何回もつづけます.各回での成功の確率は一定で p とすると,$r-1$ 回目まで成功がつづく確率は p^{r-1},r 回目に失敗する確率は $q(=1-p)$ ですから,その確率は,

$$P\{X=r\}=G(p)=p^{r-1}q \quad (r=1,2,\cdots) \tag{3.8}$$

となります.p だけがパラメータです.$r=1$ のときの確率は,第1回目から失敗する確率です.成功と失敗の並びかたは1通りしかないので,二項分布の場合と違って $_nC_r$ は不要です.式(3.8)の右辺をみると初項が q,公比が p の幾何数列になっていることから,この分布を**幾何分布**(geometric distribution)といいます.幾何分布は「離散的待ち時間分布」とも呼ばれます.図3.4に幾何分布の一例を示します.

つぎのような分布が幾何分布になります.

(1) 壺モデルでいえば,赤玉が p,白玉が q の率で入った壺から1個ずつ玉を取り出してはもとに戻すときに,$r-1$ 回赤玉がつづいた後で,r 回目ではじめて白玉が出る確率.

(2) ある製品がつぎつぎと生産されるとき,不良品が初めて出るまでに $r-1$ 個の製品が作り出される確率.

(3) 電球やスイッチ類の寿命時間の分布.

(4) ある夫婦の間で r 人目に初めて女の子が生まれる確率.
(5) ある会社における勤続日数. ただし勤続日数が幾何分布に従うということは，社員がいつの日でも一定の確率で退職する可能性があるということを示すので，あまり会社の状況がよくないのかもしれません.
(6) 左から右に1列に並んだ雌花の左端にある雄花の花粉を運んできたハチが右端に向かってひとつずつ花を通過するとき，左から何番目の花に受粉するかという分布.

幾何分布の平均は $1/q$，分散は p/q^2 です．幾何分布の特徴として注意する点があります．それは $r-1$ 回成功したときにつぎに失敗する確率も，1回目に失敗する確率も同じだということです．$r-1$ 回成功したことがわかったのちに，つぎの r 回目に失敗する条件つき確率は，$p^{r-1}q/p^{r-1}=q$ で，これは1回目の失敗確率と同じです．3人も男の子が続けて生まれると，つぎは女の子だろうと期待する人が少なくありませんが，やはり確率は0.5で変わりありません．コインの裏表を賭けるときに，何回も表が続いたからつぎは裏に賭けようという考えも無駄な考えです．

3.5.4 超幾何分布

N 個の玉のうち M 個が赤玉，$N-M$ 個が白玉である壷から，非復元抽出で n 個の玉を無作為に選んだとき（図3.5），そのうち r 個が赤玉である確率は，

$$P\{X=r\}=H(N,M,n)=\frac{{}_M C_r {}_{N-M} C_{n-r}}{{}_N C_n} \tag{3.9}$$

となります（壷モデル）．N, M, n がパラメータです．これを**超幾何分布**（hypergeometric distribution）といいます．名称は，この分布から導かれるある関

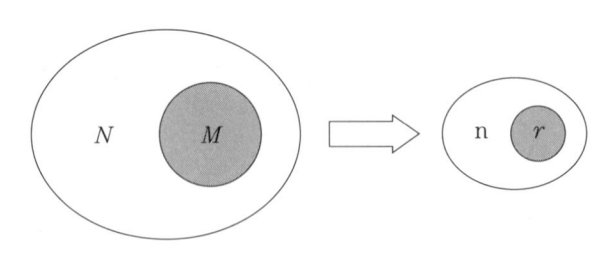

図3.5 超幾何分布

数がガウスの超幾何級数の形をしていることに由来しています．$p=M/N$ とすると，平均は np，分散は $npq(N-n)/(N-1)$ です．N が大きくなるにつれて超幾何分布は二項分布に近づきます．

つぎのような分布が超幾何分布になります．

① トランプをランダムに 10 枚とり出したときに含まれているスペードの枚数．

② 男性 20 人，女性 20 人のグループからランダムに 16 人を選んだときに，6 人が男性である確率．

③ ある種の魚が池に N 匹いるときに，そこからランダムに M 匹をとり，小さなラベルをつけてから池に放ち，期間を置いて再び n 匹を捕獲したときに，その中の r 匹にラベルがついている確率（問題 3.5 参照）．

3.5.5 負の二項分布

二項分布のときに示したベルヌーイ試行で，k 番目の成功を得るまでに何回の試行が必要かという問題を考えてみます．k 番目の成功をみる直前までに r 回失敗したとします．つまりそれまでの試行回数は $k+r-1$ 回となります．$k+r-1$ 回の試行中で $k-1$ 回成功し r 回失敗したのちに，$k+r$ 回目は成功となる確率は，p を成功，$q(=1-p)$ を失敗の確率とすると，

$$P\{X=r\} = (_{r+k-1}C_{k-1} p^{k-1} q^{(r+k-1)-(k-1)}) p = \frac{(r+k-1)!}{r!(k-1)!} p^k q^r \quad (3.10)$$

となります．

二項分布 $(p+q)^n$ では，n が正の整数でしたが，n が負の場合にも拡張してみます．$k>0$ として $_{-k}C_r$ を，通常の $_nC_r$（式 3.1）と同様に考えて，

$$_{-k}C_r = (-k)(-k-1)(-k-2)\cdots(-k-r+1)/r! = (-1)^r \frac{(k+r-1)!}{r!(k-1)!}$$

(3.11)

と定義すると，式 (3.10) は

$$p\{X=r\} = {_{-k}C_r} p^k (-q)^r \quad (r=1,2,3,\cdots) \quad (3.12)$$

となります．これを**負の二項分布**（negative binomial distribution）といい，$NB(k,p)$ と書きます．なお，二項分布の場合の n と異なり，k は整数でなくて

もかまいません。また二項分布と違って，rの範囲には上限はありません．

負の二項分布の名は，二項分布 $(p+q)^n$ において p も n も負になった場合に相当することから名づけられました．すなわち，p' と k は正数で，$q'=1+p'$ とすると，式 (3.4) は $(q'-p')^{-k}$ と書くことができ，これを展開すると，

$$(q'-p')^{-k} = q'^{-k}(1-p'/q')^{-k}$$

$$= q'^{-k}\left[1 + {}_{-k}C_1\left(-\frac{p'}{q'}\right) + {}_{-k}C_2\left(-\frac{p'}{q'}\right)^2 + {}_{-k}C_3\left(-\frac{p'}{q'}\right)^3 + \cdots\right] \quad (3.13)$$

となります．ここで $p'/q'=q$, $q'=1/p$ と置き換えると，$p+q=1/q'+p'/q'=(1+p')/q'=1$ となり，また式 (3.13) の各項は式 (3.12) に一致します．

なお，式 (3.11) で $k=1$ とおくと，${}_{-1}C_r = (-1)^r \dfrac{(1+r-1)!}{r!(1-1)!} = (-1)^r$ となることから，負の二項分布の式 (3.12) で $k=1$ とおいて，また成功と失敗を入れ替える（p と q を交換する）と式 (3.8) で r 回成功したのち $r+1$ 回目で失敗する場合の確率が得られます．つまり幾何分布は負の二項分布の特定の場合です．

負の二項分布は1714年にフランスの数学者モンモル（Pierre Rémond de Montmort）により初めて報告されました．極めてまれにしか起こらない事象で，しかも以前の事象がつぎにおこる事象に影響する場合にあてはまります．伝染病の発生のように，一人の患者の発生が，周辺につぎの患者が発生する確率を増すというような場合などに使われます．具体的にはつぎのような分布が負の二項分布にあてはまります．

(1) ゴセット（第13章）は1907年に，血球板上の酵母細胞の分布を調べていたとき，多くの標本は二項分布に適合するのに，2つの標本では n も p も推定値が負になること，しかも負でありながら期待値が観測値によく適合することを見出しました．

(2) n 個の玉が入った壺中に a 個の白玉と $n-a$ の赤玉があるとします．壺から玉を1個取り出し，それが白玉ならこれに別の白玉を d 個加えて壺に戻し，赤玉ならば赤玉 d 個を加えて壺に戻す．この操作を N 回くりかえすときに，r 回だけ白玉が出る確率の分布は，n と N を無限に大きくすると，負の二項分布に従います（壺モデル）．

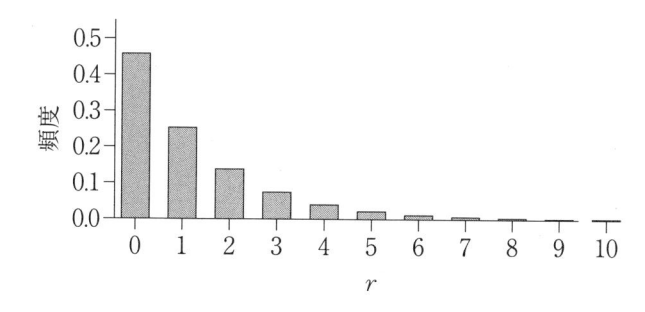

図 3.6 負の二項分布の例.
$p = 1.1466, k = 1.0246, p/q = p(1+p) = 1.1466/2.1466 = 0.53416$ の場合.

(3) 植物の枝についている害虫の枝当たりの数.

(4) 土壌菌を血球板上の薄層に培養したときの培地当たりの菌の総数（コロニー数×コロニー当たり菌数）．ただし，コロニー数は一般にポアソン分布に従う．

(5) 工場における工員が受ける一人当たり事故数.

(6) 東京都一日当たり交通事故の負傷者数. ただし交通事故死数はポアソン分布に従う.

負の二項分布の平均は kq/p, 分散は kq/p^2 となります. p は1より小さいので，二項分布と違って，分散は平均より大きくなります．図3.6に負の二項分布の一例を示します．

3.5.6 ポアソン分布

ポアソン分布は非常にまれな現象を表すのに有効な分布です. n が非常に大きく, p がそれに対応して小さい場合には，ポアソン分布になります．ポアソン分布はフランスの数学者ド・モアヴル（Abraham de Moivre, 1667-1754）により1718年に発見された分布です．この分布は本当ならド・モアヴルの分布と呼ぶべきですが，1837年にフランスの数学者ポアソン（Siméon Denis Poisson, 1781-1840）が負の二項分布の極限分布としてこの分布を示したことから，ポアソン分布と呼ばれています．

離散的確率変数 X がとりうる値が無限個の数 $0, 1, 2, \cdots$ で，その確率分布

が

$$P\{X=k\}=Po(\lambda)=e^{-\lambda}\frac{\lambda^k}{k!} \quad (k=0, 1, 2, \cdots) \tag{3.14}$$

であるとき，この確率分布を**ポアソン分布**（Poisson distribution）といいます．ただし，λ は正の実数で，ポアソン分布の平均を表します．e は数学定数のひとつで $e=2.7182818\cdots$ です．e は自然対数の底としても使われます．スコットランド生まれの男爵で対数の研究に貢献したネイピア（John Napier, 1550-1617）にちなみ「ネイピアの e」と呼ばれています．$e^{-\lambda}$ は電卓があれば計算できます．

なおポアソン分布のすべての項の和は

$$\sum_{k=0}^{\infty} e^{-\lambda}\frac{\lambda^k}{k!}=e^{-\lambda}\left(1+\frac{\lambda}{1!}+\frac{\lambda^2}{2!}+\frac{\lambda^3}{3!}+\cdots\right) \tag{3.15}$$

となりますが，括弧内は e^λ に等しい（テイラー展開）ので，右辺は $e^{-\lambda}e^\lambda=1$ となります．

ポアソン分布に従う事象は身の回りにたくさんあります．

(1) 一定管区内の1日当たり交通事故死の数（問題4.1参照）．これは例題3.2の現代版です．なお交通事故の負傷者数は負の二項分布に従います．

(2) 第二次大戦におけるドイツのミサイルによるロンドン市爆撃での，1日当たり着弾回数（フェラー，1965）．

(3) ある人がタイプした書類の1頁当たりのタイプミスの数．

(4) 1分間当たりに到着するメールの数．事務所での1分間当たりにかかってくる電話の数．

(5) 草原を一定面積の小区画（コドラート）に区分けしたときの，コドラート当たりに含まれるある特定草種の草の数．

(6) ある球団の1試合当たりのホームランの数．

(7) 客の到着がランダムなときの，単位時間当たりに窓口にやってくる客の数．これを「ポアソン到着の待ち行列」といいます．なお1時間内にやってくる客の数を λ とすると，t 時間内に k 人がやってくる確率は $e^{-\lambda t}(\lambda t)^k/k!$ となります．

3.5 二項分布と他の分布の関係

[例題3.2] 以下に示すのは，ベルリン大学のボルトキェヴィッチ（Ladislaus von Bortkiewicz）が1875年から20年間にわたり，延べ200軍団で馬に蹴られて死んだ1年当たり軍団当たりの兵士の数を調べた結果です．

軍団当たり死亡者数	0	1	2	3	4	5人以上	計
観察頻度	109	65	22	3	1	0	200
期待頻度	108.67	66.29	20.22	4.11	0.63	0.08	200.0

この例題にポアソン分布を当てはめてみます．平均は $(0\times 109+1\times 65+2\times 22+3\times 3+4\times 1)/200=122/200=0.610$ となるので，$e^{-0.610}\lambda^k/k!$ で $k=1,2,\cdots$ とおいて順次計算すれば確率が求められます．確率に総数200を乗じれば期待頻度が得られます．たとえば死亡者数が2の場合の確率は $P=e^{-0.61}(0.61)^2/2!=0.10109$ となるので，これに200をかけて期待頻度20.22が得られます．観察頻度は期待頻度によく合っているのがわかるでしょう．

ポアソン分布の性質はつぎのとおりです．

(1) ポアソン分布は，歴史的には負の二項分布の極限として求められたものですが，現在では二項分布の極限として説明されています．すなわち，二項分布

$$p\{X=r\}={}_nC_r p^r q^{n-r}$$

において，平均生起回数 $np=\lambda$ を一定に保ちながら，n を限りなく大きく $(n\to\infty)$，それに応じて p を限りなく小さくしたとき，二項分布はポアソン分布になります（第13章）．二項分布において $np\le 5$ で $n\ge 50$ であれば，二項分布をポアソン分布で近似したときの確率の差は1％以内に収まります．np が5よりずっと小さければ，n が50より小さくても良い近似が成り立ちます．

(2) 二項分布では n と p の2個のパラメータがありますが，ポアソン分布ではパラメータは λ の1個だけです．ポアソン分布では，生起回数だけが問題とされ，生起確率 p や試行回数 n は表に出ません．逆にいえば試行回数や生起確率が不明でも，生起回数だけで分布の性質を調べられるのがポアソン分布の大

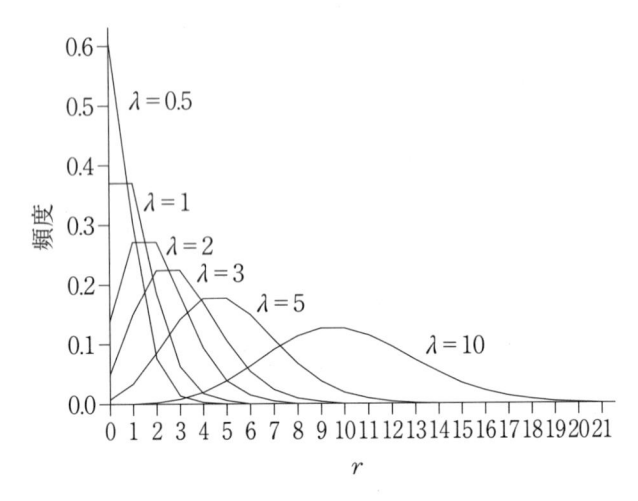

図3.7 ポアソン分布の平均による分布形の変化．
左より $\lambda = 0.5, 1, 2, 3, 5, 10$ の場合．

きな特徴です．たとえば交通事故死の例でいえば，事故死のきっかけとなることの総数が試行回数に相当しますが，きっかけの数は莫大で知ることは現実的に不可能です．きっかけ1回当たりの事故死の確率も不明です．しかし，事故死数の分布はポアソン分布で近似できます．

 (3) ポアソン分布の平均は λ，分散も λ です (第13章)．つまりポアソン分布では平均と分散が等しいという特徴があります．二項分布では平均は分散より大きく，負の二項分布では平均は分散より小さいことを思い出してください．平均と分散の関係からこれら3分布を識別できます．

 (4) λ が5以上になると，平均 λ で，分散が λ の正規分布で近似できます．ちなみに $\lambda = 5$ の場合でも正規分布で近似したときの誤差は3％未満でしかありません．図3.7に λ の値を0.5から10まで変化させたときのポアソン分布の形状を示します．

3.6 二項分布とその派生分布に関する問題

[問題3.1]（二項分布・幾何分布） サイコロふりの場合に，つぎの確率はいくらでしょうか？

(1) サイコロを6回ふるとき，少なくとも1回は1の目が出る確率 $P\{A_1\}$

(2) サイコロを6回ふるとき，1回だけ1の目が出る確率 $P\{A_2\}$

(3) 5回目までは1以外の目が出て，最後の6回目にはじめて1の目が出る確率 $P\{A_3\}$

(4) 5回目まで1以外の目が出たときに，つぎの1回に成功を賭けるとします．6回目のサイコロをふったときに首尾よく1の目が出る確率 $P\{A_4\}$

（解答3.1）

(1)「少なくとも1回出る」という事象の補事象は，6回とも1の目以外がでるという事象です．そこで補事象の確率を求めて，それを全事象の確率1から引けば求める事象の確率が得られます（問題2.1参照）．

$$P\{A_1\} = 1 - \left(\frac{5}{6}\right)^6 = 0.6651$$

となります．

(2) これは二項分布で成功回数が1，失敗回数が5の場合ですから，

$$P\{A_2\} = {}_6C_1 \left(\frac{1}{6}\right)^1 \left(\frac{5}{6}\right)^5 = 0.4019$$

となります．

(3) 幾何分布の問題です．「1の目が出る」ことを成功とするとき，式(3.6)で成功の確率 p と失敗の確率 q を入れかえて，$r=5$ とすれば，

$$P\{A_3\} = \left(\frac{5}{6}\right)^5 \left(\frac{1}{6}\right) = 0.0670$$

となります．

(4) 5回目までは失敗という条件のもとに6回目の成功確率を考えるので，条件確率の求めかたに従い，

$$P\{A_4\} = \left(\frac{5}{6}\right)^5 \left(\frac{1}{6}\right) / \left(\frac{5}{6}\right)^5 = \frac{1}{6} = 0.1667$$

となります．5回まで失敗しても，つぎの6回目に成功する確率は，1回目にはじめてサイコロをふるときに成功する確率と同じであることに注目しましょう．

[問題3.2]（二項分布）　シックハウス症候群に関連するある化学物質のにおいを嗅ぎ分けられるパネリストを選ぶために，ある薄めた濃度の化学物質を含む容器と入っていない容器を与え，どちらの容器に入っているかを当てさせました．テストを12回くりかえしたところ，10回は正しく，2回間違えました．この人は識別能力があるといえるでしょうか？10回やって8回正解した場合はどうでしょうか？

（解答3.2）　「パネリストは識別能力がない」と仮定すると，マグレで正解する確率は1/2となります．またn回くりかえしてr回マグレで正しく正解する確率は二項分布（式（3.3））に従うとみなせます．したがって12回くりかえして10回以上正解する確率は，r回正解する確率を$P\{r\}$で表わすと，

$$P\{10\}+P\{11\}+P\{12\}=\left(\frac{12!}{10!2!}+\frac{12!}{11!1!}+\frac{12!}{12!0!}\right)\left(\frac{1}{2}\right)^{12}$$

$$=(66+12+1)/4096=0.0193$$

また10回やって8回以上正解する確率は，

$$P\{8\}+P\{9\}+P\{10\}=\left(\frac{10!}{8!2!}+\frac{10!}{9!1!}+\frac{10!}{10!0!}\right)\left(\frac{1}{2}\right)^{10}$$

$$=(45+10+1)/1024=0.0547$$

確率が非常に小さい場合には，マグレにしては正解率が多すぎると考えるでしょう．つまり，「パネリストは識別能力がない」という仮定がじつはまちがっていて，パネリストの識別能力があると判定したほうがよさそうです．どのくらい確率が低ければ仮定を疑うかが問題ですが，統計学では慣習的に0.05と決めています．ここでは，12回中10回正解する確率は0.0193で0.05より小さいので，パネリストは識別能力があると判定します．10回中8回正解する確率は0.0547で0.05より大きいので，この程度の結果では識別能力があるとはいえません．このような検定の問題は第6章で説明します．

3.6 二項分布とその派生分布に関する問題

[**問題 3.3**]（二項分布）　英国の研究所では 10 時と 3 時になると，休憩して必ずミルクティーを入れます．ビスケットは自前です．そして政治と宗教以外のさまざまな話題について談論します．その中で，美味しいミルクティーを作るには，紅茶を先にミルクを後にいれるか（方法 A），はたまたミルクを先に紅茶を後にすべきか（方法 B）という議論ほど，昔から決着がつかないものはありません．そこでそもそも方法 A と B でミルクティーの味に違いがあるかどうかを検定したいと思います．どちらが美味しいかは問わないことにします．方法 A と B による紅茶をそれぞれ 2 杯と 1 杯入れて，ランダムにテーブル上にならべ，12 人のパネリストに「3 杯の紅茶のうちどれか 1 杯は，他の 2 杯とは異なる味です」と告げて，それがどれかを当ててもらいました．その結果 10 人が正解で，2 人が不正解でした．入れ方によって紅茶の味に違いがあるといえるでしょうか．

（解答 3.3）　方法 A と B で紅茶に差がないという仮説を立てます．その仮説が正しいとすると，B をマグレで正解する確率は 1/3, 誤る確率は 2/3 となります．したがって，12 人をテストしてそのうち 10 人以上が正解する確率 P は，

$$P = \frac{12!}{10!2!}\left(\frac{1}{3}\right)^{10}\left(\frac{2}{3}\right)^{2} + \frac{12!}{11!1!}\left(\frac{1}{3}\right)^{11}\left(\frac{2}{3}\right)^{1} + \frac{12!}{12!0!}\left(\frac{1}{3}\right)^{12}\left(\frac{2}{3}\right)^{0}$$

$$= \frac{264 + 24 + 1}{531441} = 0.00054$$

となります．P は 0.05 よりずっと小さいので，「方法 A と B により紅茶の味に差がある」と判断されます．

[**問題 3.4**]（二項分布）　ある野菜の種子は 5% が不発芽であることが分かっています．いま 10 粒ずつ袋に入れて売るとき，発芽率 80% 以上を保証すると袋に明記したいとします．このとき発芽率が実際には 80% 未満になってしまう確率はいくらでしょうか？

（解答 3.4）　発芽率 80% 以上を保証するためには，10 粒中 8 粒以上は発芽しなければなりません．発芽率は 0.95, 不発芽率は 0.05 ですから，10 粒中 8 粒以上が発芽する確率 P は

$$P = \frac{10!}{8!2!}(0.95)^8(0.05)^2 + \frac{10!}{9!1!}(0.95)^9(0.05)^1$$
$$+ \frac{10!}{10!0!}(0.95)^{10}(0.05)^0 = 0.9885$$

したがって，発芽率が80％未満（7粒以下）になる確率は $1-P=0.011$ となります．

[問題3.5]（超幾何分布）　いま池にいる200匹の魚を捕らえて，これにラベルをつけて池に放し，のちに100匹を再び捕らえたところ，24匹にラベルがついていました．池にいる魚の数はいくらでしょうか？ただし，ラベルをつけて放してから再捕獲までの間に魚が生まれたり死んだりはしないとします．

（解答3.5）　N 匹いる池から M 匹を捕まえてラベルをつけて放し，n 匹を再捕獲したときその中の r 匹にラベルがついている確率を N の関数として $P\{N\}$ で表わすと，超幾何分布（式(3.9)）によって，

$$P\{N\} = \frac{{}_MC_r \cdot {}_{N-M}C_{n-r}}{{}_NC_n}$$

となります．$P\{N\}$ を最大にする N を求めれば，それが推定値になります．そのような N を $\hat{N}$ とすると，

$$\frac{P\{\hat{N}\}}{P\{\hat{N}-1\}} \geq 1 \text{ でかつ } \frac{P\{\hat{N}+1\}}{P\{\hat{N}\}} \leq 1 \tag{3.16}$$

となるはずです．（式3.16）に（式3.9）を代入すると，

$$\frac{(\hat{N}-M)(\hat{N}-n)}{(\hat{N}-M-n+r)\hat{N}} \geq 1 \text{ でかつ } \frac{(\hat{N}+1-M)(\hat{N}+1-n)}{(\hat{N}+1-M-n+r)(\hat{N}+1)} \leq 1$$

これを変形すると，$\hat{N} = \left[\dfrac{Mn}{r}\right]$ となります．ただし $[\ ]$ はガウス記号といい，括弧内の数を超えない最大の整数を表します．ここで，$M=200$，$n=100$，$r=24$ ですから，

$$\hat{N} = \left[\frac{200 \cdot 100}{24}\right] = [833.3] = 833$$

が推定値となります．

なおこの方法は生態学で「標識再捕のPetersen法」と呼ばれています.

[問題3.6]（ポアソン分布）　茨城県における2001年の1日当たり交通事故死亡者数の分布を示します．この分布がポアソン分布に従うとしたときの期待頻度を求めなさい．

表3.1

1日当たり死亡者数	0	1	2	3	4	5
日数	142	131	64	23	4	1

（茨城新聞より集計）

（解答3.6）　総計は349であるので，平均は349/365 = 0.956となります．したがって $e^{-0.956} 0.956^k / k!$ ($k = 0, 1, 2, 3, \cdots$) を計算すると，期待度数はつぎのとおりとなります．

　　　($k = 0$) 140.3, (1) 134.1, (2) 64.1, (3) 20.4, (4) 4.9, (5以上) 1.2

[問題3.7]（ポアソン分布）　ある航空会社では予約の取り消しが平均して3％あります．会社側としては空席をできるだけつくらないようにするため，航空機の座席数より少し多目に予約券を販売したいと考えています．しかし万一予約取り消しが少ないと，オーバーブッキングになり客に迷惑がかかります．いま定員が197人の航空機について200枚の予約券を発行するとき，予約券を持って空港に来たのに乗れない人が出る確率はいくらでしょうか？

（解答3.7）　200人に予約券を販売したとき，平均してその3％である6人が予約取り消しをすると期待されます．したがって，予約取り消しの人数は平均が6のポアソン分布になると考えられます．ここで取り消しが2人以下であると座席数より客数が多くなり困ったことになります．その確率は

$$e^{-6}\left(1 + \frac{6}{1!} + \frac{6^2}{2!}\right) = 0.002478(1 + 6 + 36/2) = 0.0620$$

つまり客に迷惑をかけることが16回に1回程度あることになります．

[問題3.8]（ポアソン分布）　ある培養液に1 mlにつき平均1個の割合で細胞が含まれているとします．この培養液を2 mlずつ5本の試験管に取り分ける

とき，5本全部の試験管に細胞が1個以上入る確率を求めなさい．また3本以上の試験管に細胞が入る確率はいくらでしょうか？ただし，一定量の培養液中の細胞の個数はポアソン分布に従うとします．

（解答3.8） 1本の試験管に入る細胞の数は，平均が2のポアソン分布 $Po(2)$ に従います．ある特定の1本の試験管に細胞がたまたま入らない確率は，ポアソン分布 $Po(2)$ における $x=0$ の場合の期待頻度として得られます．それは $e^{-2}=0.135335$ です．少なくとも1個の細胞が入る確率は $1-e^{-2}=0.864665$ となります．ゆえに5本の試験管すべてに細胞が1個以上入る確率は，$(1-e^{-2})^5 = 0.483325$ となります．また5本中少なくとも3本の試験管に細胞が1個以上入る確率は，試行回数を5，$1-e^{-2}$ を生起確率とする二項分布において成功回数が3以上の場合の確率の和として求められます．すなわち

$$\sum_{r=3}^{5} {}_5C_r (1-e^{-2})^r (e^{-2})^{5-r} = 0.11840 + 0.37824 + 0.48332 = 0.9800$$

となります．

第4章 正規分布および その他連続分布

正規分布 (normal distribution) は，統計学で最も重要で根幹となる理論分布です (柴田，1985)．ド・モアヴルが著書「偶然論」(1718) の中で，二項分布の極限として初めて示しました．ガウスも準惑星ケレスの軌道を計算する際に「最小二乗誤差」という理論を発見しましたが，それを発展させて1809年に正規分布を導きました．そのため正規分布はガウス分布とも呼ばれます．normal distributionと名づけたのはゴールトン（第10章）です．ポアソン分布も正規分布も最初に示したのはド・モアブルなのに，どちらも他の人の名前がつけられたのは不運なことです．フィッシャーは，「研究者のための統計的方法」(1925) の中で，二項分布，ポアソン分布，正規分布を3大基本分布と呼んでいます．

4.1 正規分布とは

連続的確率変数 X の確率密度関数が

$$f(X) = \frac{1}{\sqrt{2\pi}\,\sigma} e^{-\frac{(X-\mu)^2}{2\sigma^2}} \tag{4.1}$$

であるとき，X は正規分布に従うといいます．ここで μ と σ^2 は定数で $\sigma>0$ とします．μ は平均，σ^2 は分散を表します．また分散の平方根 σ が標準偏差です．π は円周率，e はネイピアのe（第3章）です．正規分布をはじめてこの形で記したのはフィッシャー (1920) です．

式 (4.1) は μ と σ^2 に対応して形が異なる1群の分布を表します．平均 μ と

分散 σ^2 が定まれば分布のすべてが決まるので，正規分布を $N(\mu, \sigma^2)$ の形で表します．たとえば $N(30, 2.4^2)$ または $(30, 5.76)$ は平均が30で標準偏差が2.4（分散が5.76）であるひとつの正規分布を示します．N は normal の頭文字です．第3章の二項分布やポアソン分布は離散分布ですが，正規分布は重さ，長さ，時間など量的で連続的な値を対象とする連続分布です．式 (4.1) がどのようにして得られるかは蓑谷 (1994) などを参照ください．

表4.1に正規分布に適合する例として，1846年にケトレーが解析した5,732名のスコットランド兵士の胸囲のデータを示します．

表 4.1

	スコットランド兵士の胸囲（インチ）															
	33	34	35	36	37	38	39	40	41	42	43	44	45	46	47	48
観察頻度	3	19	81	189	409	753	1062	1082	935	646	313	168	50	18	3	1

出典：Edinburgh Medical and Surgical Journal (1817)

4.2 正規分布の例

正規分布で近似できる特性は，上の例のほかにも多数あります．
① ある国における同一年齢の男子または女子の身長，胸囲，血圧
② ある田で栽培されるイネのある1品種の個体ごとの草丈
③ ある地域にいるある1種に属する蛾の個体ごとの大きさ
④ ある地域における各年のある特定月の平均気圧
⑤ 管理された工程で生産される工業部品の長さや重さ
⑥ 多くの実験における測定誤差

さまざまな特性が正規分布に適合するので，19世紀末まで「すべての分布は正規分布にしたがう」と考えられていたほどです．このように適合例が多いのは，たがいに独立に働く多数の要因があり，各要因の効果が微小であるとき，それらすべての要因の効果の総和は正規分布にしたがうからです．多くの特性はまさにこの条件にあてはまります．たとえば人の身長を決めているのは，多数の

遺伝子の働きと，多数の環境要因です．何かを測定したときの誤差も，多数の未知の要因が関与します．また本来は二項分布やポアソン分布に従う事象でも，試行回数が多くなると正規分布に近づきます．

4.3 正規分布の性質

式 (4.1) で X を負の低い値から正の高い値まで変えていくと，正規分布は単峰の曲線を描きます．このような曲線を**正規曲線**（normal curve）といいます（図 4.1）．この形は教会の塔にある釣り鐘に似ているので，西欧の人はベル・カーブ（bell curve）と呼びました．

正規分布にはつぎの性質があります．うち①，②，③はガウスが指摘したものです．

① $X = x$ のときの正規曲線の高さが正規分布の確率密度となります．正規分布の確率密度は，X が平均に等しいとき最大となります．

② 正規分布の確率密度は，絶対値が等しい正の偏差と負の偏差とで等しくなります．つまり正規曲線は平均を通る垂直方向の直線を軸として線対称です．

③ 正規分布の確率密度は，X が平均からはなれるほど小さくなり，0 に近づきます．

④ 分布曲線上で勾配が増加から減少へ（左側），あるいは減少から増加へ（右側）と変わる変曲点が2つあります（図 4.1）．中心から変曲点までの距離が標

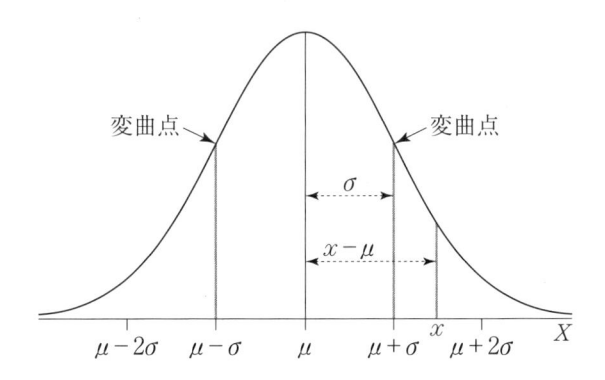

図 4.1 正規分布に従う確率変数 X の値が x であるときの偏差 $x - \mu$，標準偏差 σ および変曲点．

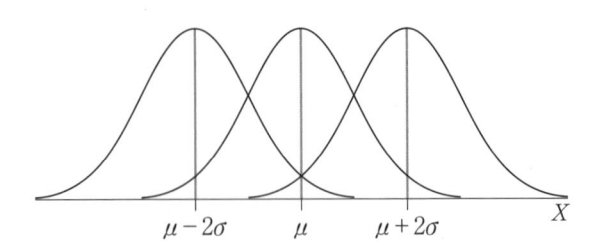

図 4.2　左から平均が $\mu-2\sigma$, μ, $\mu+2\sigma$ で，分散がたがいに等しい正規分布

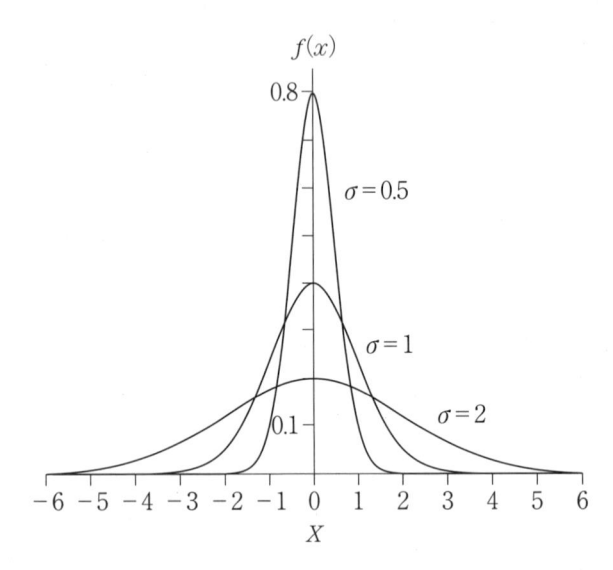

図 4.3　平均が μ，標準偏差が $\sigma=2, 1, 0.5$ の場合の正規曲線.
曲線の頂点の高さはそれぞれ 0.1995, 0.3989, 0.7979.

準偏差 σ に相当します．

⑤ 平均 μ が変化すると，正規分布の形はそのままで，位置が変わります（図4.2）．

⑥ 標準偏差 σ が変わると，正規分布の中心の位置はそのままで，形が変わります．標準偏差が小さいほど，急峻な尖った曲線となります（図4.3）．

⑦ 確率変数 X_1 と X_2 がたがいに独立で，それぞれ平均が μ_1, μ_2, 分散が σ_1^2, σ_2^2 の正規分布に従うとき，$a_1X_1+a_2X_2+b$ は，平均が $a_1\mu_1+a_2\mu_2+b$ で，分散が $a_1^2\sigma_1^2+a_2^2\sigma_2^2$ の正規分布に従います．分散には b が関係しないこ

とに注意してください.

同様に,確率変数 $X_1, X_2, \cdots, X_n$ がたがいに独立で,それぞれ平均が μ_1, $\mu_2, \cdots, \mu_n$,分散が $\sigma_1^2, \sigma_2^2, \cdots, \sigma_n^2$ の正規分布に従うとき,$a_1X_1 + a_2X_2 + \cdots + a_nX_n + b$ は,平均が $a_1\mu_1 + a_2\mu_2 + \cdots + a_n\mu_n + b$ で分散が $a_1^2\sigma_1^2 + a_2^2\sigma_2^2 + \cdots + a_n^2\sigma_n^2$ の正規分布に従います.つまり正規分布に従う複数の確率変数がそれぞれ異なる平均と分散をもっていても,その和は再び正規分布となります.これを正規分布の**再生性**(reproductive property)といいます.なお再生性は,二項分布,ポアソン分布,χ^2 分布(第13章)にもあります.

4.4 標準正規分布

実際の応用に際しては,式 (4.1) の確率密度よりは,X がある値の範囲にある確率のほうが重要になります.そこで確率積分

$$P\{a<X<b\} = \int_a^b \frac{1}{\sqrt{2\pi}\,\sigma} e^{-\frac{(x-\mu)^2}{2\sigma^2}} dx \tag{4.2}$$

を考えます.これは,平均が μ,分散 σ^2 の正規分布に従う確率変数 X が,a から b までの間の値をとる確率を表します(図4.4).正規分布と横軸に挟まれた全面積は,全確率の1に等しくなります.

X について平均を中心に,両側に標準偏差の1倍の範囲をとると,その範囲の正規曲線の下側面積は0.683となります.つまり,平均からの偏差が標準偏

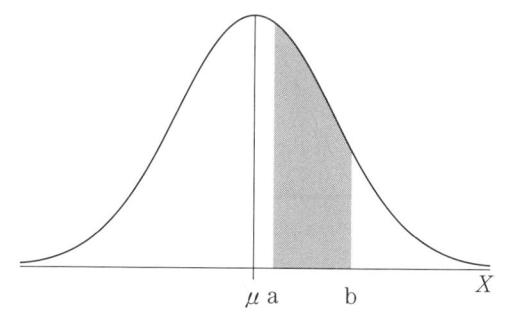

図4.4 正規曲線より下の影の面積が,確率変数 X が a から b までの範囲の値をとる確率を表します.

差以下になるのは全体の68.3%であるといえます．これを初めて計算したのはド・モアヴルです．同様に2倍の範囲をとると95.4%，3倍の範囲では99.7%となります．また，平均より両側に1.960σの幅をとると全体の95%が，また2.576σの幅をとると99%が入ります．見方を変えると，平均より1.960σ以上離れた値は全体の5%しか，また2.576σ以上離れた値は1%しか生じないことになります．この1.960と2.576という数字は重要なので覚えておいて下さい．

式(4.2)の積分の値のうち，とくに重要なのは $b \to \infty$ あるいは $a \to -\infty$ とした場合です．これらの場合の確率をそれぞれ $X=a$ の **上側確率**（upper-tail probability）および $X=b$ の **下側確率**（lower-tail probability）といい，確率変数 X が a 以上である確率および確率変数 X が b 以下である確率を表します．すなわち

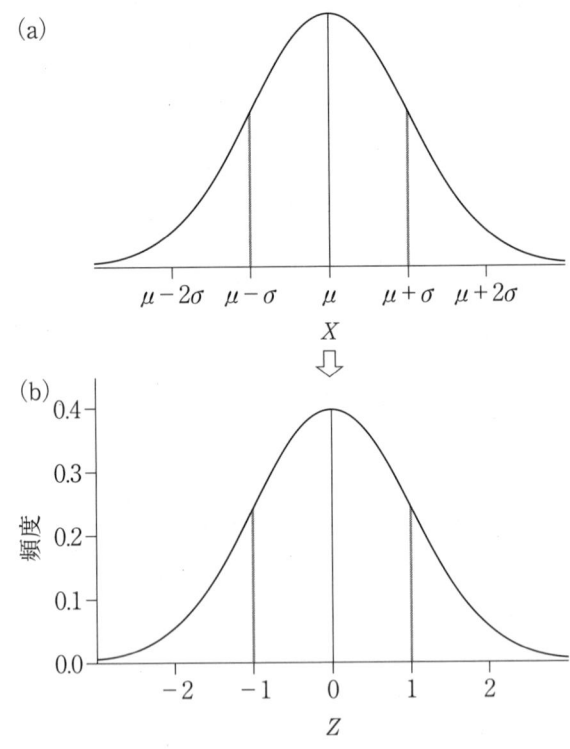

図4.5 通常の正規分布 $N(\mu, \sigma^2)$ (a) から標準正規分布 $N(0, 1^2)$ (b) への変換．$Z=0$ の点が平均，$Z=1$ および $Z=-1$ の点が平均から標準偏差だけ離れた点

4.4 標準正規分布

$$\text{上側確率}: P\{a<X\} = \int_a^\infty \frac{1}{\sqrt{2\pi}\,\sigma} e^{-\frac{(x-\mu)^2}{2\sigma^2}} dx \quad (4.3\,\text{a})$$

$$\text{下側確率}: P\{X<b\} = \int_{-\infty}^b \frac{1}{\sqrt{2\pi}\,\sigma} e^{-\frac{(x-\mu)^2}{2\sigma^2}} dx \quad (4.3\,\text{b})$$

です.これを利用すると,たとえば正規分布に従う確率変数 X が $1.960\,\sigma$ より高い値となる確率は,式 (4.3 a) で $a = \mu + 1.960\,\sigma$ とおけば求められます.しかし,式 (4.2) の積分の値は,実は初等積分では求められません.また数表を作成して利用するとしても,平均 μ または分散 σ^2 が違うと数表も異なるので,すべての場合に対応しきれません.

そこで

$$Z = \frac{X-\mu}{\sigma}$$

と変換します.するとどのような平均や分散をもつ正規分布もすべて平均0,分散1の正規分布に変換されます (13.2.3 参照).これを**標準正規分布**(standardized normal distribution) といいます (図 4.5).

これにより,式 (4.2) の積分は

$$P\{u_1 < Z < u_2\} = \int_{u_1}^{u_2} \frac{1}{\sqrt{2\pi}} e^{-\frac{z^2}{2}} dz \quad (4.4)$$

となります.ただし積分範囲 a と b は変換されて,$u_1 = \dfrac{a-\mu}{\sigma}$,$u_2 = \dfrac{b-\mu}{\sigma}$ となります.標準正規分布を使えば (4.2) の確率積分を求めるのにたった1つの数表で済みます.その数表はオーストラリア生まれで英国で活躍した数学者シェパード (William Fleetwood Sheppard, 1863–1936) により 1899 年に初めて作成されました.

巻末の付表1に Z が $u\,(u \geq 0)$ 以上の領域の確率 $Q(u)$

$$Z = u\ \text{の上側確率}\ (u \geq 0): P\{Z \geq u\} = Q(u) = \int_u^\infty \frac{1}{\sqrt{2\pi}} e^{-\frac{z^2}{2}} dz \quad (4.5)$$

の表を載せています.この表から下記のとおり $u<0$ の上側確率や $v<0$ および $v \geq 0$ の下側確率も容易に求められます.

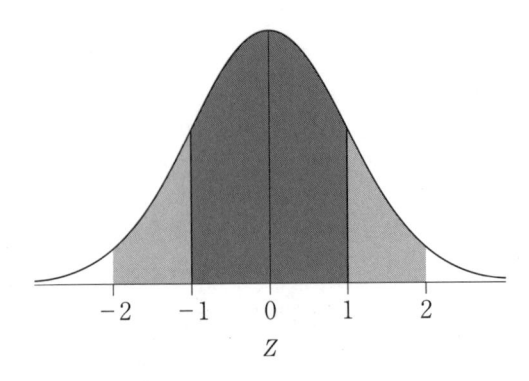

図 4.6 標準正規分布に従う確率変数 Z が -1 から 1 までの範囲に入る確率は 0.683, -2 から 2 までの範囲に入る確率は 0.954

$Z=u$ の上側確率 $(u<0)$:

$$\int_u^\infty \frac{1}{\sqrt{2\pi}} e^{-\frac{z^2}{2}} dz = 1 - \int_{-u}^\infty \frac{1}{\sqrt{2\pi}} e^{-\frac{z^2}{2}} dz = 1 - Q(-u) \tag{4.6 a}$$

$Z=v$ の下側確率 $(v \leq 0)$:

$$\int_{-\infty}^v \frac{1}{\sqrt{2\pi}} e^{-\frac{z^2}{2}} dz = \int_v^\infty \frac{1}{\sqrt{2\pi}} e^{-\frac{z^2}{2}} dz = Q(-v) \tag{4.6 b}$$

$Z=v$ の下側確率 $(v>0)$:

$$\int_{-\infty}^v \frac{1}{\sqrt{2\pi}} e^{-\frac{z^2}{2}} dz = 1 - \int_v^\infty \frac{1}{\sqrt{2\pi}} e^{-\frac{z^2}{2}} dz = 1 - Q(v) \tag{4.6 c}$$

なお多くの入門書では, Z が 0 から u までの確率 $\Phi(u)$

$$P\{0 \leq Z \leq u\} = \Phi(u) = \int_0^u \frac{1}{\sqrt{2\pi}} e^{-\frac{z^2}{2}} dz \quad (u \geq 0) \tag{4.7}$$

の数表が掲げられていますが, $u \geq 0$ のとき, $Q(u) + \Phi(u) = 0.5$ の関係があるので, たがいに容易に変換できます. 著者の経験では $Q(u)$ の表のほうが使いやすいと思います.

　標準正規分布では, Z 値について平均の両側に 1 の範囲, つまり -1 から 1 までの範囲をとると, その範囲の正規曲線の下側面積は 0.683 つまり全面積の 68.3％となります. 同様に -2 から 2 までの範囲では 95.4％, -3 から 3 までの範囲では 99.7％となります（図 4.6）.

またZ値について平均を中心に，両側に1.960の範囲をとると，その範囲の標準正規曲線の下側面積が全面積の95％となります．同様に2.576の範囲をとると99％となります．いいかえると1.960以上の値をとる確率は2.5％となります．そこで1.960を上側確率2.5％の**パーセント点**（percentage point）といいます．同様に－1.960以下の値をとる確率も2.5％となります．そこで－1.960を下側確率2.5％のパーセント点といいます．

4.5 正規分布と他の分布との関係

4.5.1 二項分布の正規近似

二項分布$B(N,p)$において，pが0や1に近くなくnが大きいとき，もう少し正確にいうとnpも$n(1-p)$もともに5より大きいとき，二項分布は平均np，分散npqの正規分布$N(np,npq)$で近似できます（図4.7）．

Zを平均0，分散1の標準正規分布に従う確率変数とすると，二項分布において$X=a$，$a \leq X \leq b$，$X \geq a$になる確率は，以下のとおり近似されます．

$$P\{X=a\} \approx P\{(a-0.5-np)/\sqrt{npq} \leq Z < (a+0.5-np)/\sqrt{npq}\} \quad (4.8\,\text{a})$$

$$P\{a \leq X \leq b\} \approx P\{(a-0.5-np)/\sqrt{npq} \leq Z < (b+0.5-np)/\sqrt{npq}\} \quad (4.8\,\text{b})$$

$$P\{X \geq a\} \approx P\{(a-0.5-np)/\sqrt{npq} \leq Z\} \quad (4.8\,\text{c})$$

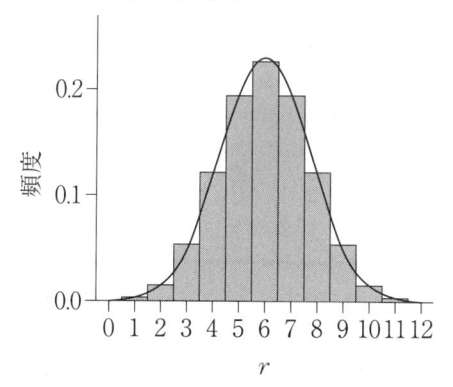

図4.7　2項分布の正規近似と連続補正
この図では2項分布は$n=12$，$p=1/2$，正規分布は平均6，分散3

記号 ≈ は,「左辺は右辺で近似できる」ことを示します. これより, n が大きいときの二項確率を正規確率の表から簡単に求めることができます. ここで 0.5 を引いたり加えたりしているのは, 離散的確率変数 X を正規分布という連続分布で近似するための修正です. これを**連続修正** (continuity correction) といいます.

たとえば 50 回サイコロをふったとき 1 の目が 13 回以上でる確率, つまり二項分布 $B(50, 1/6)$ において, $r \geq 13$ となる確率は, 標準正規分布で Z が $(13 - 0.5 - 50/6)/\sqrt{50 \cdot 1/6 \cdot 5/6} = 4.167/2.635 = 1.581$ 以上となる確率に等しくなります (図 4.8). 付表 1 からこの確率は 0.057 であることがわかります. 二項分布に基づく正確な計算では 0.062 となり, 近似値のほうが少し小さいで

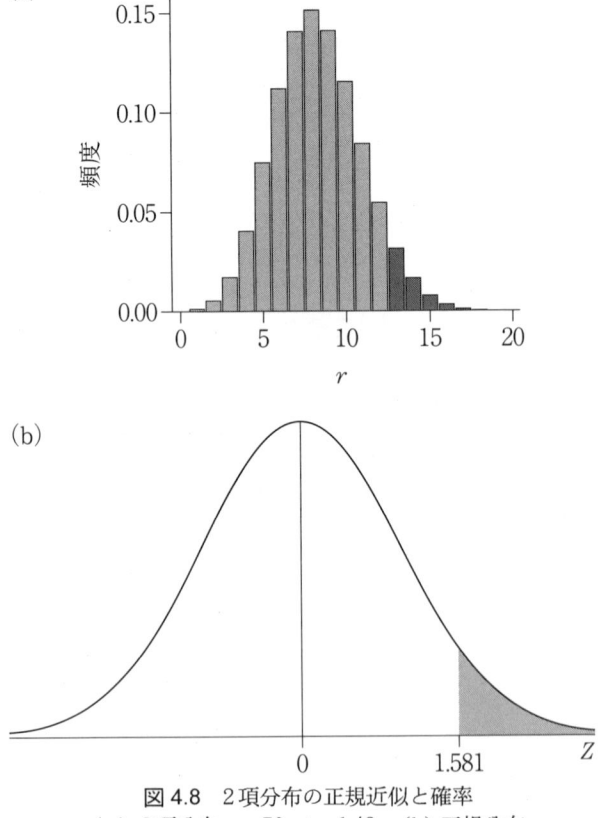

図 4.8 2項分布の正規近似と確率
（a）2項分布 $n = 50$, $p = 1/6$, （b）正規分布

すが，二項分布の総数 n が大きくなれば，差は縮まります．

4.5.2 ポアソン分布の正規近似

ポアソン分布 $P(\lambda)$ において，λ が5以上ならば，平均 λ，分散 λ の正規分布 $N(\lambda,\lambda)$ で近似できます．$\lambda=5$ の場合の近似による誤差は3％未満です．λ が5より大きくなれば，誤差はさらに小さくなります．

4.5.3 中心極限定理

平均が μ で分散が σ^2 である母集団から大きさ n の標本を抽出するとき（第5章参照），n が大きいと，標本の和は平均 $n\mu$，分散 $n\sigma^2$ の正規分布に，また標本の平均は平均 μ，分散 σ^2/n の正規分布に近似的に従うことが知られています．つまり

$$S_n = X_1 + X_2 + \cdots + X_n \qquad \rightarrow N(n\mu, n\sigma^2) \qquad (4.9\text{ a})$$
$$\overline{X} = (X_1 + X_2 + \cdots + X_n)/n \qquad \rightarrow N(\mu, \sigma^2/n) \qquad (4.9\text{ b})$$

です．おおざっぱな説明ですが，これを**中心極限定理**（central limit theorem）といいます．詳しくは清水（1976）を参照してください．この定理は母集団の分布がどんな形であっても，平均と分散が有限で一定ならば成り立ちます．二項分布が試行回数が大きいとき正規分布で近似できるのは，その一例です．

4.6 正規分布以外の連続分布

4.6.1 一様分布

連続的確率変数 X の確率密度関数が

$$f(X) = \begin{cases} \dfrac{1}{b-a} & (a \leq X \leq b) \\ 0 & (\text{その他で}) \end{cases} \qquad (4.10)$$

のときに，確率変数 X は**一様分布**（uniform distribution）に従うといい，図4.9のような分布となります．区間 (a, b) の一様分布の平均は $(a+b)/2$，分散は $(b-a)^2/12$ です（第13章参照）．一様分布は最も簡単な連続分布です．一

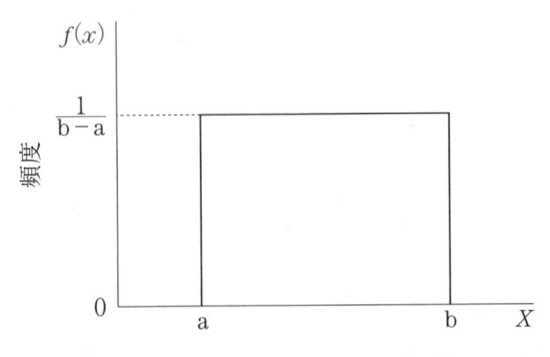

図4.9 区間 [a, b] における一様分布

様分布の応用例として重要なものは,コンピュータで発生される一様擬似乱数です.これは区間 (0 − 1) の数値がランダムに等確率で生じ,平均0.5,分散1/12の一様分布をします(図4.9).これより,たがいに独立な12個の一様乱数 U_i を発生させ,その和 $S_{12}=U_1+U_2+\cdots+U_{12}$ をもとめ,$Y=S_{12}-6$ とすると,Y は平均0,分散1の正規分布に従う正規乱数として使えます.

4.6.2 指数分布

連続的確率変数 X の確率密度関数が

$$f(X) = \begin{cases} \lambda e^{-\lambda X} & (X \geq 0) \\ 0 & (X < 0) \end{cases} \tag{4.11}$$

になるとき,X は**指数分布** (exponential distribution) に従うといいます.ただし λ は正の定数です.指数分布はこの λ だけで表されます.平均は $1/\lambda$,分散は $1/\lambda^2$ となります(第13章).指数分布では平均と標準偏差が等しくなります.グラフは図4.10のとおりで,$f(X)$ 値は $X=0$ のとき λ に等しく,X が増すにつれて単調減少します.なお確率変数 X が t 以上になる確率は,

$$P\{X \geq t\} = \int_t^\infty f(x)dx = \int_t^\infty \lambda e^{-\lambda x}dx = e^{-\lambda x}|_t^\infty = e^{-\lambda t} \tag{4.12}$$

となります.正規分布の場合と違って,これは容易に計算できます.

指数分布はポアソン分布と関係が深く,単位時間当たり生起する事象の数が平均 λ のポアソン分布に従うとき,そのような事象がおこる時間間隔は平均

4.6 正規分布以外の連続分布

$1/\lambda$ の指数分布に従います.また幾何分布では,時間が 1, 2, 3, … という回数として離散的な値をとりますが,指数分布では連続的な値をとります.幾何分布の式 (3.8) で $p=e^{-\lambda}$ とおき,λ が 1 に比べて非常に小さいとすると,$q/p=1/p-1=e^{\lambda}-1 \approx 1+\lambda-1=\lambda$ より,$f(r)=p^{r-1}q=e^{-\lambda r}q/p \approx \lambda e^{-\lambda r}$ となります.つまり離散分布である幾何分布を連続分布で表したものが指数分布といえます.

ある事象が単位時間当たり一定の確率でしかもランダムに生じるとき,その時間間隔は指数分布に従います.「一定の確率で」というのは,起こりやすさが一定ということで,単位時間内に一定回数かならず起こることではありません.また事象の発生がランダムであるということは,ある事象が起こることとつぎの事象が起こることとは独立であるということです.したがって,これまでは時間間隔が短く忙しかったから,これからは暇になるだろう,というような予測は成り立ちません.

指数分布に従う事象には,以下のものがあります.
① 銀行や病院の窓口で,ある客が到着してから次の客がくるまでの時間
② 電話がかかってくる時間間隔
③ 発作が起きてから死亡するまでの時間
④ 電子部品が無故障で動作する時間
⑤ 機械部品が無故障で動作する時間.ただし使用開始の初期と末期を除く.

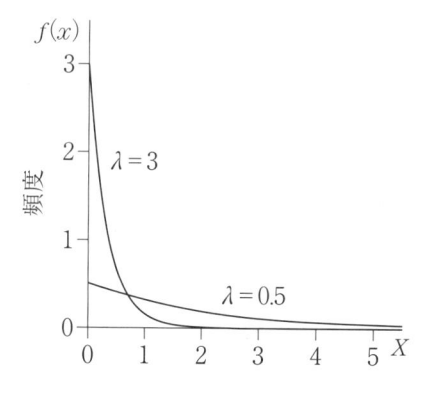

図 4.10 指数分布の例
$\lambda=0.5$ および $\lambda=3$ の場合

⑥ 比較的短期間内における地震が起る時間間隔

実際には，窓口にくる客や電話の頻度は必ずしも一定ではなく，忙しい時間帯とそうでない時間帯があるでしょうが，比較的短い時間内で考えれば時間間隔は指数分布に従います．多くの機械部品の場合には，故障率は使用初期と磨耗してきた末期で高く，その中間では一定となります．故障率のグラフは西欧の浴槽のような形になるのでバスタブ曲線といいます．バスタブ曲線の中間では指数分布が適用できます．なお電子部品の場合は無故障で動作する時間は，使用の初期や末期でも指数分布に従い，その平均 $1/\lambda$ を**寿命** (lifetime) と呼びます．なお時間だけでなく，単位距離当たりの事象の生起確率が一定であるような事象の距離間隔も指数分布で表されます．DNA塩基配列上に生じる突然変異の距離間隔がその例です．

4.7 正規分布および指数分布に関する問題

[**問題4.1**] ある販売用の果物の重さが平均80 g，標準偏差6 gの正規分布 $N(80.6^2)$ に従うとします．このとき，(1) 70 g未満の果実は安売りにまわすとすると，全体の何％が安売り品になるでしょうか．(2) 70 g以上の品については，重いほうから A，B，C の3等級に分け，それぞれの割合を25，50，25％とするには，等級 A と B，および B と C の境界をどのように決めればよいでしょうか．

(解答4.1)

(1) 果物の重さを確率変数 X とおくと，$N(80.6^2)$ に従うことから，

$$P\{X<70\}=P\left\{\frac{X-80}{6}<\frac{70-80}{6}\right\}=P\left\{\frac{X-80}{6}<-1.66\right\}$$

この確率は $Q(1.66)$ と等しくなります．付表1により $Q(1.66)=0.04846$ と読みとれます．つまり，全体の4.85％が安売り品にまわります．

(2) 安売りされない品の割合は0.9515となり，等級 A にわりふられるのは，$0.9515\times 1/4=0.2379$ となります．等級 A と B の境界の重さを a とおくと，

$$P\{X\geq a\}=P\left\{\frac{X-80}{6}\geq\frac{a-80}{6}\right\}=0.2379$$

4.7 正規分布および指数分布に関する問題

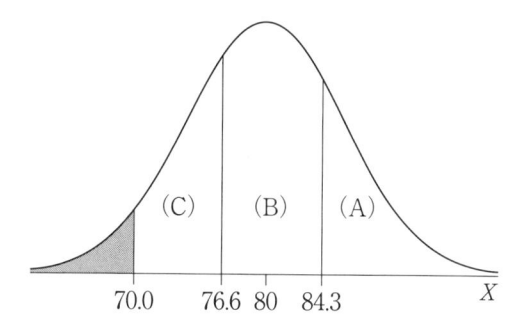

図4.11 果物の重さの分布と等級間の境界値

付表1で0.2379に相当するZを求めると$Q(0.713)=0.2379$から，$(a-80)/6=0.713$となり，これより等級AとBの境界は$a=84.3$グラムとなります．

同様にして，等級BとCの境界をbとおくと，$0.9515\times 3/4=0.7136$より
$$P\{X\geq b\}=P\left\{\frac{X-80}{6}\geq\frac{b-80}{6}\right\}=0.7136$$

この確率は0.5を超えているので，境界bは平均より小さいことがわかります．正規分布曲線は平均を中心にして対称なので，$Q(u)=1-0.7136=0.2864$となるuを求めると，0.564となります．これよりbに相当する標準正規分布上の点は-0.564となります．よって$(b-80)/6=-0.564$より，$b=76.6$となります．

[問題4.2] あるブドウ園で摘果に要する時間が平均5.1（時間），分散0.25の正規分布に，摘果後の果実の箱詰めまでの調整に要する時間が平均1.8（時間），分散0.09の正規分布に従うとき，摘果と調整の合計時間が8時間を越えて残業になる確率を求めなさい．

（解答4.2）

摘果に要する時間をX，調整に要する時間をYとするとき，正規分布の再生性から，$X+Y$は平均が$5.1+1.8=6.9$，分散が$0.25+0.09=0.34$の正規分布$N(6.9,0.34)$に従います．よって$Z=(X+Y-6.9)/\sqrt{0.34}$は標準正規分布に従うので，$X+Y$が8時間を越える確率は

$$P\{X+Y>8\}=P\left\{\frac{X+Y-6.9}{\sqrt{0.34}}>\frac{8-6.9}{\sqrt{0.34}}\right\}=P\{Z>1.886\}$$

これより

$$P\{X+Y>8\}=\int_{1.886}^{\infty}\frac{1}{\sqrt{2\pi}}e^{-z^2/2}dz=Q(1.886)=0.0296$$

すなわち確率は 0.0296 です.

[問題 4.3] ある農場で収穫されるカボチャの重さを大量に計った結果では,1個当たりの標準偏差は 49.97g でした.毎日出荷される果実の平均の重さが真値の±10 g 以内に収まる確率が 0.95 以上となるようにするには,何個の重さを計る必要があるでしょうか?

(解答 4.3)

もし n 個調査すると,その平均の標準誤差は $49.97/\sqrt{n}$ となります.付表 1 から,正規分布では全体の 0.95 は,その平均から標準偏差の±1.960 の間にあることが分かります.n 個の調査で平均が真の平均から±10 g の間に収まる確率を 0.95 以下にするには,$1.960\times49.97/\sqrt{n}\leq10$($n$ は整数)が成り立たなければなりません.これより $n>95.93$,つまり 96 点以上を調査する必要があります.

[問題 4.4] 1個のサイコロを 300 回投げて 6 の目がちょうど 60 回出る確率を,二項分布の正規近似を用いて求めなさい.

(解答 4.4)

300 回投げて 6 の目が出る回数の期待値は 50 です.また分散は $300\times1/6\times5/6=41.666$,標準偏差は $\sqrt{41.666}=6.455$ となります.これより式(4.8a)を用いて確率は

$$P\{X=60\}={}_{300}C_{60}\left(\frac{1}{6}\right)^{60}\left(\frac{5}{6}\right)^{240}$$

$$\approx P\{(59.5-50)/6.455\leq Z<(60.5-50)/6.455\}$$

$$=P\{1.472\leq Z<1.627\}$$

ここで $Q(1.472)=0.07051$,$Q(1.627)=0.05187$ より

$$P\{X=60\}\approx Q(1.472)-Q(1.627)=0.0186$$

[問題 4.5]（指数分布） ある災害が起こる時間間隔は指数分布に従うとします．そのとき前回起きてからその後 s 年間起こらなかったという条件のもとで，さらに少なくとも t 年だけは起らない確率（条件つき確率）はどうなるでしょうか．

（解答 4.5）

式 (4.12) から

$$P\{X>s+t\,|\,X>s\} = \frac{P\{X>s+t\}}{P\{X>s\}} = \frac{e^{-\lambda(s+t)}}{e^{-\lambda s}} = e^{-\lambda t} = P\{X>t\}$$

となります．これは今後 t 年間災害が起きない確率は，s 年間災害が起きなかったという過去とは関係ないことを意味します．あたかも過去の記憶は一切もたないかのようです．これを指数分布の**無記憶性**（memorilessness）といいます．なお離散分布の幾何分布も無記憶性をもちます．

第5章　母集団の平均と分散の推定

5.1 統計的推測

5.1.1 記述から推測へ変革した統計学

統計学とは，大量のデータを分析してその特徴を調べるための道具と考える人も多いでしょう．実際に統計学の初期にはそのように考えられていました．たとえば17世紀にグラント（John Graunt, 1620-1674）はロンドン市全体の死亡表と出生名簿を丹念に調べて，出生時の男女数は男14に対し女13の割合であることや，ペストの年には全人口の1/5が死んだことを明らかにしました．現在でも，国勢調査のようにすべての該当する個人の情報を集めることがあります．第1章で述べた記述統計学は大量データの要約と記述を目的としています．

しかし実際には，つぎのように対象集団の全要素のうちのほんの一部しか観測できない場合のほうが圧倒的に多いといえます．

① 労力的，経済的，時間的な制約から全要素を観測できない場合．選挙の際の出口調査などでは，実際に投票した人のうちの一部しか聞き取りができません．

② 絶えず条件が変わるので少数個体しか調査できない場合．植物の生育調査やビールの醸造条件の解析などでは，短期間に条件が変化するので，調査点数が限られます．

③ 調査対象を破壊または損耗しないと検査できない場合．メーカーが行う製品の破壊試験や寿命試験では，全数検査をすると販売用製品がなくなってしまいます．

④ 観測数をふやすと誤差が大きくなる場合．果物やアイスクリームなどの

食品の味の検査で，各パネラーの担当点数を多くすると，検査途中で味覚が変わり，判定が不正確になります．色や音などの五感に頼る検査も同様です．

ごく多数の観測値がなければ集団の特性について何も判断できないというのでは，上のような場合に対し統計学は無力です．事実，記述統計学の時代には観測値が少ないデータは「データ不足」として捨てられました．しかし現在では，多数の観測値が得られなくても，集団から標本を抽出し，その観測結果に基づいて元の集団の特性について推測できるようになりました．これを**統計的推測**(statistical inference) といいます．

20世紀初めに統計学の主流が集団の記述から統計的推測に変わりました．変えたのは，Studentのペンネームで発表したゴセット (1908) とフィッシャー (1915) でした．統計的推測の中の代表格は統計的推定と統計的検定です．本章では推定，次章では検定について説明します．

5.1.2 母集団と標本

統計的推定 (statistical estimation) はつぎの手順でおこなわれます (図5.1)．

① 実際に観測する集団の背後にある大集団を想定する．これを**母集団**(population) といいます．母集団の構成単位を**要素** (element) または**個体** (individual) と呼びます．何らかの理由で母集団のすべての要素を観測することはできないとします．

② 母集団から**標本** (sample) を抽出する．標本の抽出は**無作為** (random) に行います．

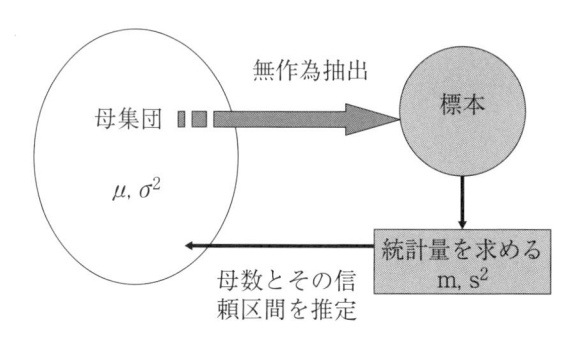

図5.1 母集団からの標本の抽出と統計量からの母数の推定

③ 標本について，観測して観測値を求める．
④ 標本の観測値を解析して統計量（標本平均，標本分散など）を求める．
⑤ その結果に基づいて母集団の母数（母平均，母分散など）を推定する．
ただし推定には，不確実性がつきまといます．
⑥ 必要な場合には，推定値の信頼区間（後述）を求める．

　母集団の範囲は明確な場合とそうでない場合とがあります．選挙の出口調査では投票所に行った人全員の集合が母集団になります．「18歳の日本男子」100人について身長を調査する場合には，その時点で生存する18歳の日本男子全員が母集団になります．しかし，コシヒカリの収量調査では，試験が実施された地域，年次，栽培方法が同一とみなせる条件下で栽培されるであろうコシヒカリの植物体全体が母集団となります．この場合の母集団は仮想的存在ですが，現実を模写した集団ともいえます．

　母集団は要素の数が有限な**有限母集団**（finite population）と無限の**無限母集団**（infinite population）に分かれます．有限母集団でも要素の数が多ければ解析方法は無限母集団の場合と実質上変わりません．実際には有限母集団も多いのですが，統計的推測では計算の便宜上から特別の場合を除いて母集団はすべて無限母集団と仮定して議論を進めます．

　なお母集団という語は「観測される集団」ではなく，集団の要素についての「観測値の集合」の意味で使うこともあります．たとえば「18歳の日本男子」ではなく，観測される特性である「18歳の日本男子の身長」という観測値の集合を母集団とすることもあります．

　統計的推定とは，標本によって母集団を語ることといえます．母集団から標本を選ぶ場合に注意すべきことは，「無作為」ということです．上の例では，選ばれる100人はそれぞれ母集団から無作為にとり出されなければなりません．「無作為」は「デタラメに」というようなあいまいな用語ではありません．「母集団のどの要素についても抽出される確率がたがいに等しい」ようなとり出されかたを無作為といいます．母集団から無作為にとられた標本をとくに**無作為標本**（random sample）といいます．統計学で標本といえば無作為標本に限られます．標本を無作為にとり出すことを**無作為抽出**（random sampling）といいます．なお無作為抽出は「任意抽出」と呼ばれることもありますが，「任意」

は「心のままにすること」という意味で必ずしもランダムを意味しないので，国語的には無作為抽出のほうが適切と思われます．

標本の英語は sample（サンプル）です．日本語でサンプルというと見本とか代表的例とかの意味で使われることが多いのですが，統計用語としての標本にはそのような意味はありません．要素の中であまり代表的といえないものでもたまたま取り出されれば標本といえます．逆に，たとえば18歳男子の身長を集団から中程度の人を選んで測るとか，日本の現代の若者の動向を調べるのに渋谷駅前という特定の場所でアンケートをとるとか，商品の好感度を携帯電話をもっている人だけから聞き取るとか，とにかく何らかの条件を決めて選んだものは正確には統計学上の標本とはいえません．

5.1.3 母数と統計量

無作為抽出された標本の特徴を調べて，それに基づいて母集団の特徴を推測するために統計学が用いられます．母集団の分布の特徴とは何かというと，それは平均や分散です．分布の特徴を示すものには平均や分散のほかにも，歪度や尖度などいろいろあります．しかし実際に問題となる分布の多くは正規分布なので，正規分布を標準として統計学の理論が発展しました．正規分布は第4章で示したように，平均と分散の2つが定まれば，それだけで分布の全容が決まります．そこで母集団の平均と分散を推定することが目的となります．母集団の分布の特徴をフィッシャーは**母数**または**パラメータ**（parameter）と呼ぶことにしました．なお母集団の平均と分散をそれぞれ**母平均**（population mean），**母分散**（population variance）と呼びます．

標本としてとり出された要素の数を**標本サイズ**（sample size），標本サイズが n のとき，その標本を「サイズ n の標本」とか「大きさ n の標本」といいます．なお「n 個の標本」は，要素ではなく標本自体が n 個あることを意味します．間違えないでください．サイズ n の標本を母集団から抽出したとき，要素の観測値は n 個の値 $x_1, x_2, \cdots, x_n$ で表されます．母集団から抽出されたあるひとつの標本を，実験をくりかえせば得られるであろう無数の標本のひとつと考え，また観測値 $x_1, x_2, \cdots, x_n$ を確率変数 $X_1, X_2, \cdots, X_n$ の実現値とみなします．たとえば X_3 は3番目にとり出される要素の値で，標本抽出のしかた

によりさまざまな値をとることが想定されるので，確率変数です．$X_1, X_2,$ $\cdots, X_n$ はそれぞれ母集団から抽出された1番目，2番目，$\cdots$，n 番目の標本に対応します．これらは同じ母集団からたがいに独立に抽出されたものなので，たがいに独立で，すべて同一の分布をする（independent and identically distributed, 略して i.i.d.）という特徴をもちます．

確率変数 $X_1, X_2, \cdots, X_n$ およびその関数を**統計量**（statsitic）といいます．母集団における母数に対応する標本側の特徴が統計量です．統計量は観測値だけの関数で，母数は含みません．統計量の実現値つまり観測値を**統計値**（英語は統計量と同じ statistic）といいます．通常，統計量は大文字 $X_1, X_2, \cdots, X_n$ で，統計値は小文字 $x_1, x_2, \cdots, x_n$ で表します．統計量がとくに推定のために用いられるときには**推定量**（estimator）と呼ばれます．推定量の実現値を**推定値**（estimate）といいます．同じ観測データでも，さまざまな統計量を考えることができます．データ $X_1, X_2, \cdots, X_n$ において，平均 $(X_1+X_2+\cdots+X_n)/n$ だけでなく，データの一部だけからなる $(X_1+2X_2+X_3)/4$ や $X_1^2+X_2^2-(X_1+X_2)^2/2$ なども統計量です．母集団と標本，母数と統計量の違いをはじめて明確に定義したのはゴセットです．

5.2 点推定

観測値の関数である統計量が母数の推定に用いられるとき，それを**点推定量**または単に**推定量**（estimator）といいます．実際に抽出された観測値から計算される推定量の数値を，母数の点推定値または単に**推定値**（estimate）と呼びます．

母数の推定方法には点推定と区間推定があります．**点推定**（point estimation）というのは，標本の値に基づいて最良と思われるただひとつの推定量をもって，母集団の母数（平均や分散）を推定することをいいます．推定量は**モーメント法**（method of moments）や**最尤法**（maximum likelihood）という方法で求められます．これらの方法についてはここでは頁数の関係から省きます．

同じ母集団から抽出した標本でも，抽出するたびに異なります．図5.2は平

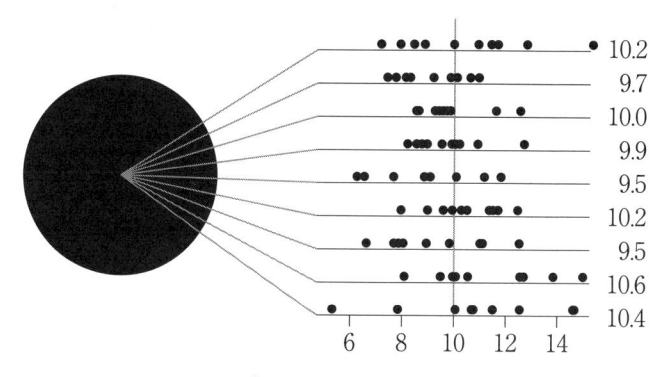

図 5.2 母集団 $N(10, 2^2)$ からサイズ 10 の標本を 9 回抽出した場合
横軸上の点の位置は観測値を示します．10 の位置のタテ軸は母平均，右端の数字は標本平均を表します．

均が 10，分散が 4 の正規分布をする母集団からサイズ 10 の標本を 9 回抽出した場合の例です．このように標本の平均もバラツキも毎回異なります．

5.2.1 平均の点推定

以下では，例題に基づいて説明しましょう．

[例題 5.1] スーパー（A 店）で 1 パック 10 個の鶏卵を買って 1 個ずつ重さ (g) を計ったら，以下の結果が得られました．
　60.4　58.3　61.7　62.2　58.2　59.4　60.1　62.9　61.9　60.5
　この卵が大量の仕入れ品からパック詰めされたとしたとき，もとの仕入れ品集団での平均と分散を推定しなさい．その平均や分散の推定値はどの程度信頼できるでしょうか．

母集団からサイズ n の標本 $\{x_1, x_2, \cdots, x_n\}$ を得たとき，標本平均

$$m = \overline{X} = \frac{1}{n}(X_1 + X_2 + \cdots + X_n) = \frac{1}{n}\sum_{i=1}^{n} X_i \tag{5.1}$$

は，母集団の平均（母平均）の推定量となります．「なあんだ，当たり前じゃないか」と思われるかもしれませんが，これが最良の推定量であることが証明されています．$\overline{X}$ は「エックスバー」と読みます．例題 5.1 では標本平均は

$$\bar{x} = \frac{1}{10}(60.4 + 58.3 + \cdots + 60.5) = \frac{1}{10} \times 605.6 = 60.56$$

となります.

標本の平均と母集団の平均を区別して，ふつう前者を m，後者を μ（ミュー）で表わします．m は平均を意味する英語 mean に由来し，μ は m に対応するギリシャ文字です．

5.2.2 分散の点推定

母集団からサイズ n の標本 $\{X_1, X_2, \cdots, X_n\}$ を得たとき，各観測値の平均からの偏差 $(X_i - \bar{X})$ の2乗を $i=1$ から $i=n$ まで足したもの（偏差平方和 SS）を $(n-1)$ で割った値,

$$s^2 = \frac{1}{n-1}\sum_{i=1}^{n}(X_i - \bar{X})^2 = \frac{SS}{n-1} \tag{5.2}$$

を **標本不偏分散**（unbiased sample variance）または単に **不偏分散**（unbiased variance）といいます．「不偏」の意味は後述します．これが母分散の推定量となります．通常 s^2 で表わします．例題5.1 では

$$s^2 = \frac{1}{9}\{(60.4 - 60.56)^2 + (58.3 - 60.56)^2 + \cdots (60.5 - 60.56)^2\}$$

$$= 23.524/9 = 2.614$$

です.

平均の場合には，x_1 から x_n までの総和を n で割った値が推定量でした．それなのに分散では n ではなく，$(n-1)$ で割るのはなぜだろうと思われるかもしれません．また第1章の記述統計学では偏差平方和を N で割ったものを分散と定義したことを覚えていることでしょう．

言葉でいえば，つぎのように表現できます．平均の計算では，X_1 から X_n までの観測値になにも制約はありません．たとえば X_1 から X_{n-1} までのデータが得られたとき，最後の X_n の値が何になるかは自由です．一方，分散の場合には偏差 $(X_1 - \bar{X})$ から $(X_n - \bar{X})$ までの平方の和をとるわけですが，その際に平均 $\bar{X}$ はデータ自体から求めています．そのため X_1 から X_n までの観測値の偏差の和は必ず0になるという制約が生じます．いいかえると，X_1 から X_{n-1}

までの観測値の偏差が与えられれば，最後の偏差 $(X_n - \overline{X})$ は自動的に決まってしまいます．したがって分散の計算では自由に決まる偏差の個数は1個少ない $(n-1)$ となります．この数を**自由度**（degrees of freedom）といいます．データ数でなく自由度で割ったときにはじめて，標本から求めた分散が母集団の分散の正しい推定に使えます（13章参照）．これは近代統計学の誕生期にはピアソンとフィッシャーの間で激論が交わされたほどの問題です．

もし母平均が予めわかっている（既知）なら，それを μ とすると，

$$s_n^2 = \frac{1}{n} \sum_{i=1}^{n} (X_i - \mu)^2 \tag{5.3}$$

が分散の定義になります．また観測した値がすべてで，背後に母集団を想定しない場合でしたら，この定義でかまいません．しかし，分散は未知なのに平均は既知とか，あるいは母集団を想定しない場合というのは，あまり現実的でない仮定です．高校の教科書には詳しい説明なしに式 (5.3) が記されているものがあるので，注意が必要です．

5.2.3 標準偏差の点推定

母集団の標準偏差の推定量は，式 (5.2) で表される分散の平方根として，次式で表されます．

$$s = \sqrt{s^2} = \sqrt{\frac{1}{(n-1)} \sum_{i=1}^{n} (X_i - \overline{X})^2} \tag{5.4}$$

ただし，式 (5.2) の標本分散は不偏推定量ですが，式 (5.4) の標準偏差は不偏推定量ではなく，母集団の標準偏差より少し小さくなります．ふつうこの偏りは無視されていますが，とくに正確さが必要の場合には，上の s を用いてつぎの s^* を推定量とします．

$$s^* = \left\{ 1 + \frac{1}{4(n-1)} \right\} s \tag{5.5}$$

5.2.4 平均の分散と標準誤差

平均の推定量の分散は，母分散を σ^2 とすると，

$$V(\overline{X}) = V\left(\frac{X_1 + X_2 \cdots + X_n}{n}\right) = \frac{1}{n^2}\{V(X_1) + V(X_2) + \cdots + V(X_n)\}$$

$$= \frac{1}{n^2}(\sigma^2 + \sigma^2 \cdots + \sigma^2) = \frac{1}{n^2} \cdot n\sigma^2 = \frac{\sigma^2}{n} \tag{5.6}$$

となります.つまり平均の分散は,個体当たりの分散の $1/n$ となります.理論的には,標本サイズ n が増すほど,推定値の分散が反比例して小さくなり,信頼性が高まるといえます(図5.3).ただし実際には,極端に標本サイズを大きくしようとすると,観測に長時間かかったり,広い場所が必要だったりして,それにともない観測条件の一定性が崩れて式(5.6)の理論どおりに平均の分散が小さくなりません.

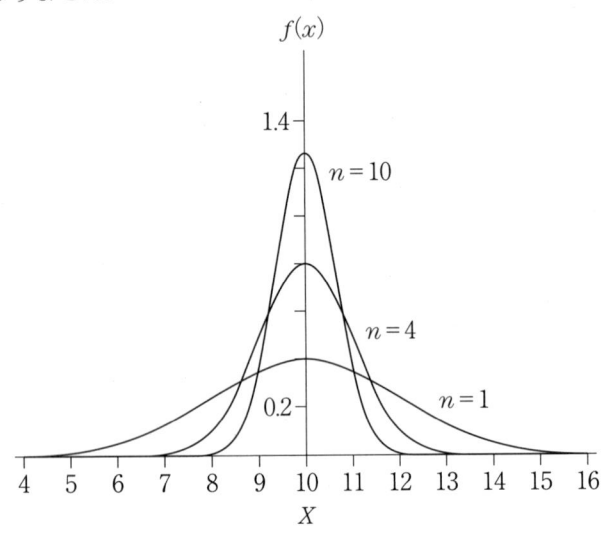

図5.3 平均が10,分散が1の母集団から抽出されたサイズ $n=1$,$n=4$,$n=10$ の場合の標本平均の分布.サイズが大きいほど標本平均の分布は平均の周りに集中します.

平均の分散の平方根を**標準誤差**(standard error, SE)といいます.誤差と呼ぶのは,平均はひとつの推定量で,平均の分散の平方根が平均という推定量の標本間での変動の程度を表すからです.標準誤差と標準偏差(standard deviation, SD)(第1章)とを混同しないように注意してください.標準偏差とはたびたび述べましたが,個々の観測値の分散の平方根です.

例題5.1では平均の標準誤差は $\sqrt{2.614/10} = 0.51$ となります．点推定された平均がどの程度の精度をもつかが分かるように，多くの場合に平均は「平均 ± 平均の標準誤差」として示されています．例題では 60.56 ± 0.51 となります．

5.2.5 歪度と尖度の点推定

第1章で説明した歪度と尖度についても，分散と同様に点推定の式は母集団を想定せず標本自体を解析対象とする場合と異なり，以下の式を用います (Fisher, 1929, Bliss, 1967).

$$a_3 = \sum_{i=1}^{n} \left(\frac{X_i - \overline{X}}{s} \right)^3 \frac{n}{(n-1)(n-2)} \tag{5.7}$$

$$a_4 = \sum_{i=1}^{n} \left(\frac{X_i - \overline{X}}{s} \right)^4 \frac{n(n+1)}{(n-1)(n-2)(n-3)} - \frac{3(n-1)^2}{(n-2)(n-3)} \tag{5.8}$$

5.2.6 どんな点推定量がよいか

点推定量がもつべき望ましい性質として，フィッシャーはつぎの4つをあげています．

① **一致性** (consistency)：標本サイズ n が大きくなるほど，推定量が母数に確率的に限りなく近づくとき，その推定量は一致性をもつといい，**一致推定量** (consistent estimator) と呼びます．式 (5.1) は母平均の，式 (5.2) は母分散の一致推定量です．一致推定量はひとつとは限りません．たとえば式 (5.2) だけでなく，平方和を n で割った式も分散の推定量として一致性をもちます．n が大きくなれば n と $(n-1)$ の差は限りなく小さくなるからです．

② **不偏性** (unbiasedness)：ある推定量の期待値が推定すべき母数に等しいことを不偏性といいます．一致性は $n \to \infty$ での性質であるのに対して，不偏性は n が有限の場合の性質です．不偏性をもつ推定量を **不偏推定量** (unbiased estimator) といいます．母数から推定値の期待値をひいた値を**偏り**または**バイアス** (bias) といいます．偏りと偏差を混同しないように注意してください．式 (5.1) は母平均の，式 (5.2) は母分散の不偏推定量になっています．式 (5.2)

をとくに**不偏分散**（unbiased estimator of population variance）と呼びます．平方和を $n-1$ でなく n で割った形の式は分散の不偏推定量ではありません．

母集団から抽出された標本で n 個の観測値 $(x_1, x_2, \cdots, x_n)$ を得たとき，その平均 $\bar{x} = \dfrac{1}{n}\sum_{i=1}^{n} x_i$ は必ずしも母平均とは一致しません．母平均より大きかったり，小さかったり，多少の偏りは避けられません．しかし，いつも大きめ，またはいつも小さめというように，どちらか一方に偏るのは好ましくありません．

たとえば18歳の日本人男子の身長を推定する場合に，100人の標本から求めた平均は1回だけでは母集団の平均と一致するとはかぎりませんが，何回も違った100人のセットを標本として抽出しては標本平均を求めて，その和を標本抽出回数でわって平均をとれば母集団の平均に次第に近づくと考えられます．

不偏推定量もひとつとはかぎりません．平均についていえば式 (5.1) だけでなく，たとえば $(2X_1 - X_3)$ も $(X_1 + 3X_2 + X_3)/5$ も不偏推定量です．

③ **有効性**（efficiency）：推定量はバラツキが小さいことが大切です．観測はふつう1回しか行われないので，バラツキが大きい推定量は，たとえ不偏性があってもあまり有用ではありません．$n \to \infty$ としたときに，母数のまわりの分散が最小となる不偏推定量を**有効推定量**（efficient estimator）といいます．種々の不偏推定量がもつ分散のうち最小の分散はいくらになるかということが知られています（**クラメール・ラオの不等式**）．第1章で述べた中央値は平均と同様に母平均の不偏推定量ですが，正規分布の有効推定量ではありません．たとえば $(X_1 + 3X_2 + X_3)/5$ という推定量も有効推定量ではありません．

④ **十分性**（sufficiency）：母集団についての情報をすべて利用している推定量を**十分推定量**（sufficient estimator）といいます．たとえば $X_1, X_2, \cdots, X_n$ がたがいに独立で平均が μ で分散が既知の正規分布に従うとき，母数を推定するのに標本平均 $\bar{X}$ さえ分かれば個々の標本 X_i は知る必要がないので，$\bar{X}$ は十分性があるといえます．

推定量の評価基準はこのように1種類でないので，複数の推定量があるとき，どれを選ぶべきか決めかねることがあります．たとえば，不偏性はあるが分散が大きい推定量と，不偏性はないが分散は小さい推定量とがあるとき，どちらを採用すべきか意見が分かれる場合が少なくありません．

5.3 区間推定

点推定ではひとつの推定値が示されるだけで,その推定値がどれだけ信頼できる値なのかはわかりません.標本平均 $\overline{x}$ は母平均のよい推定値ですが,だからといって母平均 μ に等しくなることはまずなく,通常は μ のまわりにばらつきます.たとえば例題5.1の標本平均60.56は母平均のひとつの推定値ですが,もう1回10個の観測値からなる標本を抽出すれば,これとは違う平均が得られるでしょう.したがって点推定値だけでなく,その精度もあわせて知る必要があります.その方法が**区間推定** (interval estimation) です.区間推定とは,標本の点推定値のまわりに母数を含むと考えられる区間を推定することです.

5.3.1 母平均の区間推定(母分散が既知の場合)

母平均 μ,母分散 σ^2 の母集団から抽出されたサイズ n の標本から得られる標本平均 $\overline{X}$ は,平均 μ で分散 σ^2/n の正規分布に従います(4.5.3 参照).ここで X を標準化して

$$Z = \frac{\overline{X} - \mu}{\sqrt{\dfrac{\sigma^2}{n}}} = \frac{\overline{X} - \mu}{\dfrac{\sigma}{\sqrt{n}}} \tag{5.9}$$

と変換すると,Z は平均0,分散1の標準正規分布に従います.第4章で述べたとおり,標準正規分布に従う確率変数は,1.960より大きいか,または -1.960 より小さい値をとることはまれで,その確率はあわせて0.05にすぎないことを思い出してください.つまり

$$-1.960 < \frac{\overline{X} - \mu}{\dfrac{\sigma}{\sqrt{n}}} < 1.960 \tag{5.10}$$

となる確率,いいかえると Z が -1.960 と1.960の間にある確率は0.95になります.ここで上の不等式を書きなおすと,

$$\mu - 1.960 \frac{\sigma}{\sqrt{n}} < \overline{X} < \mu + 1.960 \frac{\sigma}{\sqrt{n}}$$

となります.つまり,標本平均が $\mu - 1.960\,\sigma/\sqrt{n}$ を下限,$\mu + 1.960\,\sigma/\sqrt{n}$ を

上限とする区間の間に含まれる確率は0.95であるといえます．

さらに母平均を中心とする不等式に書きなおすと，

$$\overline{X} - 1.960\frac{\sigma}{\sqrt{n}} < \mu < \overline{X} + 1.960\frac{\sigma}{\sqrt{n}} \tag{5.11}$$

となります．この不等式は，標本平均の両側に幅 $1.960\sigma/\sqrt{n}$ の区間をとると，その区間は「100回実験をやれば平均して95回は母平均を含む」ことを意味します（図5.4，図5.5）．

しかし実際には，実験はふつう1回かぎりなので，区間は固定したものにな

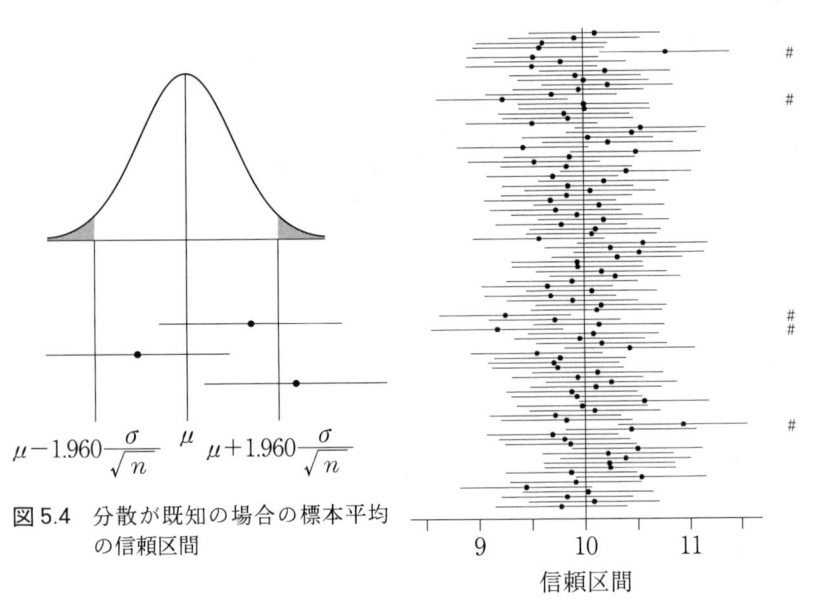

図 5.4 分散が既知の場合の標本平均の信頼区間

図 5.5 平均が10，分散が1の正規母集団から，サイズ10の標本を100回抽出したときの信頼区間（分散が既知の場合）．●が標本平均，その両側のヨコ棒の幅が信頼区間．#がついている回では，信頼区間が母平均を含んでいない．ただし，100回抽出すれば必ず5回このような場合が生じるわけではなく，平均的に5回生じるという意味です．

ります．その区間は母平均を含むか含まないかのどちらかです．つまり含む確率は1か0のどちらかです．その区間は「確率0.95で母平均を含む」という表現は適切でないと考えられます．そこで確率のかわりに**信頼係数**（confidence coefficient）という用語を使い，

$$区間\left(\overline{X}-1.960\frac{\sigma}{\sqrt{n}},\ \overline{X}+1.960\frac{\sigma}{\sqrt{n}}\right)$$

を信頼係数0.95（または95％）の**信頼区間**（confidence interval）と呼び，

信頼区間の下限　$\hat{\mu}_L = \overline{X} - 1.960\frac{\sigma}{\sqrt{n}}$　を**信頼下限**（lower confidence limit），

信頼区間の上限　$\hat{\mu}_U = \overline{X} + 1.960\frac{\sigma}{\sqrt{n}}$　を**信頼上限**（upper confidence limit）

信頼下限と信頼上限をあわせて**信頼限界**（confidence limits）といいます．信頼区間の幅はできるだけ狭くなるように信頼下限と信頼上限を決めることが望まれます．信頼区間を導入したのはポーランド生まれの米国の統計学者ネイマン（Jerzy Neyman, 1894-1981）です．

これらの用語を使って，「信頼区間 $(\hat{\mu}_L, \hat{\mu}_U)$ は信頼係数95％で母平均 μ を含む」とか，「信頼係数95％の母平均 μ の信頼区間は $(\hat{\mu}_L, \hat{\mu}_U)$ である」といういい方をします．

なお似たようでも「母平均 μ は，信頼係数95％で信頼区間 $(\hat{\mu}_L, \hat{\mu}_U)$ に含まれる」という表現は適切ではありません．変動するのは信頼区間で，母平均ではないからです．

母分散 σ^2 が小さいほど，標本サイズ n が大きいほど，信頼区間は小さくなります．信頼区間が小さいほど，推定値の信頼性が高いといえます．

信頼係数として通常95％と99％を用います．信頼係数が99％の場合には，式 (5.11) の1.960は2.576に変わります．その結果，信頼区間は信頼係数が95％の場合よりも約3割強広くなります．

以上説明した信頼区間を求める手順を要約するとつぎのとおりです．

母集団：平均 μ，分散 σ^2（既知）→ サイズ n の標本 $x_1, x_2, \cdots, x_n$ を抽出

手順1：標本の観測値から標本平均を計算します．

$$\overline{x} = (x_1 + x_2 + \cdots + x_n)/n$$

手順2：信頼係数 $1-\alpha$ を定めます．信頼係数が95％のとき $\alpha=0.05$，信頼係数が99％のとき $\alpha=0.01$ となります．このとき正規分布の $100(\alpha/2)$ ％点（これを $u(\alpha/2)$ と書くことにします．6.1.4参照）を求めます．$\alpha=0.05$ ならば $u(0.025)=1.960$，$\alpha=0.01$ ならば $u(0.005)=2.576$ です．

手順3：母平均 μ の信頼区間は以下のとおりとなります．

$$\bar{x} - u(\alpha/2)\frac{\sigma}{\sqrt{n}} < \bar{x} + u(\alpha/2)\frac{\sigma}{\sqrt{n}} \tag{5.12}$$

注1）例題5.1では，母分散が既知でたとえば $2.56\,(=1.6^2)$ とすると，

$$60.56 - 1.960\frac{1.6}{\sqrt{10}} < \mu < 60.56 + 1.960\frac{1.6}{\sqrt{10}}$$

より95％信頼区間は (59.57, 61.55) となります．

5.3.2 母平均の区間推定（母分散が未知の場合）

これまでは母分散 σ^2 がわかっているとしました．しかし母平均が未知なのに，母分散は既知というのは現実的ではありません．そもそも母分散がわからないような場合に推定や検定を行うにはどうしたらよいかという問題の考究から推測統計学が生まれました．

ここでは母分散をデータ自体から推定して，それを用いることを考えます．母分散の推定量は式 (5.2) で示しました．もう一度書くと

$$s^2 = \frac{SS}{n-1} = \frac{1}{n-1}\sum_{i=1}^{n}(X_i - \overline{X})^2 \tag{5.13}$$

です．式 (5.9) の σ^2 をこの s^2 で置き換えると

$$t = \frac{\overline{X} - \mu}{\sqrt{\dfrac{s^2}{n}}} = \frac{\overline{X} - \mu}{\dfrac{s}{\sqrt{n}}} \tag{5.14}$$

となります．$s/\sqrt{n}$ は $\overline{X}$ の標準誤差です．s^2 は推定量なので標本ごとに異なり母分散 σ^2 のように一定ではありません．分母が変動するぶんだけ式 (5.9) の Z にくらべて式 (5.14) の t のバラツキは大きくなります．そのため観測値およびその平均が正規分布をしていても，t はもはや標準正規分布にならず，自由度 $\phi\,(=n-1)$ の **t 分布** (t-distribution) または **Studentの t 分布**と呼ばれる

別の分布に従います (13.3.2 参照). 標準正規分布は 1 種類ですが, t 分布は自由度によって異なります. t 分布は正規分布と同じく, 平均を通る垂直方向の直線を軸として線対称の分布ですが, 正規分布よりも頂点が低く, 両側の裾が長い形の分布です (図 13.2). 自由度が大きいほど正規分布に近くなり, 30 以上では正規分布で近似できます. t 分布は Student というペンネームで論文を出し続けたゴセットにより発見されました.

母分散が未知の場合の, 母平均についての信頼係数 95% の信頼区間は, t 分布を用いて

$$\overline{X} - t(\phi, 0.025) \frac{s}{\sqrt{n}} < \mu < \overline{X} + t(\phi, 0.025) \frac{s}{\sqrt{n}} \tag{5.15}$$

と表されます (図 5.6, 図 5.7). ここで $t(\phi, 0.025)$ は巻末付表 2 (t 分布) の

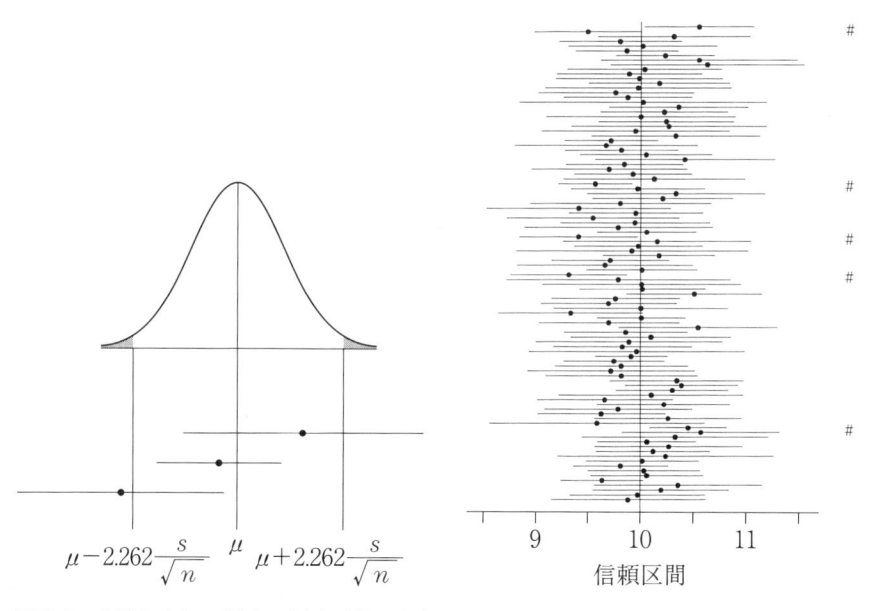

図 5.6 分散が未知の場合の標本平均の信頼区間. 曲線は t 分布

図 5.7 平均が 10, 分散が 12 の正規母集団から, サイズ 10 の標本を 100 回抽出したときの信頼区間 (分散が未知の場合)

$\alpha/2 = 0.025$ の欄の自由度 ϕ の値を示します.

信頼区間を求める手順は以下のとおりです.

母集団：平均 μ, 分散 σ^2（未知）→ サイズ n の標本 $x_1, x_2, \cdots, x_n$

手順1：標本の観測値から平均 $\bar{x}$ と分散 s^2 を計算します.

$\bar{x} = (x_1 + x_2 + \cdots + x_n)/n$

$s^2 = \{(x_1 - \bar{x})^2 + (x_2 - \bar{x})^2 + \cdots + (x_n - \bar{x})^2\}/(n-1)$

手順2：これより $s/\sqrt{n}$ を求めます. ここで s は標準偏差で $s = \sqrt{s^2}$ です.

手順3：t 分布の自由度を $\phi = n-1$, 信頼係数を $1-\alpha$ とするとき, 付表2の t 分布表から $t(\phi, \alpha/2)$ の値を読みとります. たとえば $n=10$ で有意水準を 0.05 とするとき, $t(9, 0.025)$ の値は 2.262 となります.

手順4：信頼区間は

$$\bar{x} - t(\phi, \alpha/2) \frac{s}{\sqrt{n}} < \mu < \bar{x} + t(\phi, \alpha/2) \frac{s}{\sqrt{n}} \tag{5.16}$$

となります.

注1）5.2.1節で示した母分散が既知の場合は実際には少ないといいましたが, その節の説明はむだではありません. 母分散 σ^2 が未知であっても, 標本サイズが大きい（30以上）場合には, t 分布は標準正規分布で充分近似できるので, 式 (5.16) の代わりに式 (5.12) を用いることができます. その場合, データから計算された標本分散 s^2 を既知の分散 σ^2 の代わりに用います.

注2）例題 5.1 では

$$60.56 - 2.262 \frac{1.617}{\sqrt{10}} < \mu < 60.56 + 2.262 \frac{1.617}{\sqrt{10}}$$

より信頼区間は (59.40, 61.72) となります. 母分散が既知 ($\sigma^2 = 1.6^2$) の場合の信頼区間 (59.57, 61.55) と比べて, 標準偏差はほとんど同じなのに, 信頼区間が16％広くなっています. これは母分散をデータから推定したための不確実さが加わったためです.

[例題5.2] ある人が家から会社まで車で行ったときの燃費（リッター当たり走行キロ数）を10日間測り, つぎの結果を得ました. 信頼係数を95％としたときの母平均の信頼区間を推定しなさい.

12.6, 13.4, 12.5, 13.1, 14.2, 12.3, 13.4, 13.1, 12.9, 13.6

(解答) 平均は $\bar{x} = 13.11$, 標準偏差は $s = 0.570$, 標本サイズは $n = 10$, 自由度9の t 分布の値 $t(9, 0.025)$ は付表2より, 2.262と読みとれるので,

信頼下限は, $13.11 - 2.262 \cdot \dfrac{0.570}{\sqrt{10}} = 12.70$,

信頼上限は $13.11 + 2.262 \cdot \dfrac{0.570}{\sqrt{10}} = 13.52$

となります.

5.3.3 母平均の差の信頼区間(母分散が既知の場合)

平均の差の信頼区間は,個々の平均の信頼区間と同様にして得られます.

母集団AとBの母分散は既知で,それぞれ σ_x^2 と σ_y^2 とします.データがつぎのとおりに得られたとします.m と n はそれぞれ標本AとBのサイズです.

母集団A :平均 μ_x, 分散 σ_x^2 (既知)→ 標本A $x_1, x_2, \cdots, x_m$

母集団B :平均 μ_y, 分散 σ_y^2 (既知)→ 標本B $y_1, y_2, \cdots, y_n$

手順1:母集団Aから抽出されたサイズ m の標本の平均の分散の期待値は σ_x^2/m, また母集団Bから抽出したサイズ n の標本の平均の分散の期待値は σ_y^2/n となります.したがって,標本平均の差 $\bar{x} - \bar{y}$ の分散の期待値は,それぞれの標本の分散の期待値の和(差ではなく)である $\sigma_x^2/m + \sigma_y^2/n$ となります.これをまず計算します.

手順2:信頼係数 $1 - \alpha$ を定め,正規分布の $100(\alpha/2)$%点である $u(\alpha/2)$ を求めます.

手順3:信頼係数 $1 - \alpha$ の場合を考えると,式(5.10)にならって,

$$-\mu(\alpha/2) < \frac{(\bar{x} - \bar{y}) - (\mu_x - \mu_y)}{\sqrt{\dfrac{\sigma_x^2}{m} + \dfrac{\sigma_y^2}{n}}} < u(\alpha/2) \tag{5.17}$$

となる確率は α になります．これより信頼区間は

$$(\bar{x}-\bar{y})-u(\alpha/2)\sqrt{\frac{\sigma_x^2}{m}+\frac{\sigma_y^2}{n}}<\mu_x-\mu_y<(\bar{x}-\bar{y})$$
$$+u(\alpha/2)\sqrt{\frac{\sigma_x^2}{m}+\frac{\sigma_y^2}{n}} \quad (5.18)$$

となります．なお，信頼係数 $1-\alpha$ で，母平均の差の信頼区間が0を含まないとき，有意水準 α で2つの母平均は異なるといえます．

注1) μ_x の信頼区間と μ_y の信頼区間を同じグラフに描いて，両者が重なっていなければ，「μ_x と μ_y は異なる」と結論できます．しかし反対に，両者が重なっているときには，必ずしも「μ_x と μ_y が異なるとはいえない」と結論できません．簡単のために，標本AとBで標本サイズが同じ（$m=n$）で，分散も等しい（$\sigma_x^2=\sigma_y^2=\sigma^2$）とすると，

μ_x の信頼下限は $\bar{x}-u(\alpha/2)\dfrac{\sigma}{\sqrt{n}}$，

μ_y の信頼上限は $\bar{y}+u(\alpha/2)\dfrac{\sigma}{\sqrt{n}}$

ですから，μ_x と μ_y の信頼区間が重ならないという条件は，

$$\bar{x}-u(\alpha/2)\frac{\sigma}{\sqrt{n}}>\bar{y}+u(\alpha/2)\frac{\sigma}{\sqrt{n}}$$

です．これは書き直せば

$$\bar{x}-\bar{y}>u(\alpha/2)\left(\frac{2}{\sqrt{n}}\right)\sigma$$

となります．一方，$\mu_x-\mu_y$ の信頼下限が0より大きい条件は，

$$\bar{x}-\bar{y}>u(\alpha/2)\left(\sqrt{\frac{2}{n}}\right)\sigma$$

です．これより

$$u(\alpha/2)\left(\frac{2}{\sqrt{n}}\right)\sigma>\bar{x}-\bar{y}>u(\alpha/2)\left(\sqrt{\frac{2}{n}}\right)\sigma \quad (5.19)$$

の場合には，$\mu_x-\mu_y$ の信頼区間が0を含まなくても（μ_x と μ_y が有意に異なっても），μ_x と μ_y の信頼区間が重なることがあります．

5.3.4 母平均の差の信頼区間（母分散が未知の場合）

母集団AとBの母分散は未知で，ともに同じ σ^2 とします．データがつぎのとおりに得られたとします．m と n はそれぞれ標本AとBのサイズです．

母集団A ：平均 μ_x，分散 σ^2（未知）→ 標本A　$x_1, x_2, \cdots, x_m$
母集団B ：平均 μ_y，分散 σ^2（未知）→ 標本B　$y_1, y_2, \cdots, y_n$

手順1：標本Aの平均 $\bar{x}$ と平方和 SS_x および標本Bの平均 $\bar{y}$ と平方和 SS_y を求めます．また標本平均の差 $\bar{x}-\bar{y}$ を求めます．

$$\bar{x} = (x_1 + x_2 + \cdots + x_m)/m$$
$$\bar{y} = (y_1 + y_2 + \cdots + y_n)/n$$
$$SS_x = (x_1 - \bar{x})^2 + (x_2 - \bar{x})^2 + \cdots + (x_m - \bar{x})^2$$
$$SS_y = (y_1 - \bar{y})^2 + (y_2 - \bar{y})^2 + \cdots + (y_n - \bar{y})^2$$

手順2：標本AとBをこみにして推定した平方和 SS を求めます．

$$SS = SS_x + SS_y = (m-1)s_x^2 + (n-1)s_y^2$$

s_x^2 と s_y^2 は，それぞれ標本AとBの標本分散です．

手順3：t 分布の自由度として，標本AとBの自由度の和 $\phi = (m-1) + (n-1) = m+n-2$ を求めます．

手順4：SS を自由度 ϕ で割った値が観測値当たりの分散です．これを**プールした分散**（pooled variance）または**コミにした分散**といい，ここでは s_p^2 と書くことにします．「プールした」とはここでは「標本AとBをこみにして推定した」という意味です．つまり

$$s_p^2 = \frac{SS_x + SS_y}{m+n-2} = \frac{SS}{m+n-2} \tag{5.20}$$

です．これより標本平均の差の標準誤差 $\sqrt{s_p^2\left(\dfrac{1}{m}+\dfrac{1}{n}\right)}$ を求めます．

手順5：信頼係数0.95の信頼区間は以下のように表わされます．

$$(\bar{x}-\bar{y}) - t(\phi, 0.025)\sqrt{s_p^2\left(\frac{1}{m}+\frac{1}{n}\right)} < \mu_x - \mu_y < (\bar{x}-\bar{y})$$
$$+ t(\phi, 0.025)\sqrt{s_p^2\left(\frac{1}{m}+\frac{1}{n}\right)} \tag{5.21}$$

信頼係数0.99の場合には，$t(\phi, 0.025)$ の代わりに $t(\phi, 0.005)$ を用います．

表5.1 「母平均」と「母平均の差」の信頼区間の計算の比較－分散が未知の場合

	母平均 μ	母平均の差 $\mu_x - \mu_y$
t 分布の自由度	$n-1$	$df = m+n-2$
平方和	$(n-1)s^2$	$SS=(m-1)s_x^2+(n-1)s_y^2$
分散	s^2	$s_p^2=SS/df$
平均または平均の差の分散	s^2/n	$s_p^2/m+s_p^2/n$
標準誤差	$s/\sqrt{n}$	$\sqrt{s_p^2\left(\dfrac{1}{m}+\dfrac{1}{n}\right)}$

なおプールした分散を式 (5.20) の代わりに 2 標本の分散の平均 $(s_x^2+s_y^2)/2$ として求めると，2 標本間でサイズが異なる場合に小さい標本の分散は過大評価に，大きい標本の分散は過小評価になってしまいます．

以上のことを母平均の信頼区間の場合と比較すると，表5.1 のとおりです．

[例題5.3] 例題5.1の場合とは別のB店から買った卵はA店のものとは少し重さが違うように感じられました．そこで 6 個を無作為にとって重さ (g) を計ったところ，つぎの結果が得られました．A店の卵とB店の卵の平均の差の信頼区間を求めなさい．ただし卵重の母分散については店による違いはないとします．

61.3, 60.9, 62.5, 63.4, 62.8, 64.1

(解答) A店とB店の卵の平均はそれぞれ 60.56 および 62.50，平方和は 23.524 および 7.460 となります．したがってプールした分散 s_p^2 は式 (5.20) より

$$s_p^2 = (23.524 + 7.460)/(10+6-2) = 2.213$$

よって式 (5.21) より，信頼下限と信頼上限は以下のとおりとなります．

信頼下限：

$$(60.56 - 62.50) - t(14, 0.025)\sqrt{2.213\left(\frac{1}{10}+\frac{1}{6}\right)}$$

$$= -1.94 - 2.145 \cdot 0.7682 = -3.588$$

信頼上限：

$$(60.6 - 62.50) + t(14, 0.025)\sqrt{2.213\left(\frac{1}{10} + \frac{1}{6}\right)}$$

$$= -1.94 + 2.145 \cdot 0.7682 = -0.292$$

5.3.5 母分散の区間推定（母平均が未知の場合）

正規母集団からサイズ n の標本 $(X_1, X_2, \cdots, X_n)$ を得たとき，標準正規分布に従う $Z_i = (X_i - \overline{X})/\sigma$ の2乗の和を

$$\chi^2 = Z_1^2 + Z_2^2 + \cdots + Z_n^2$$
$$= \left(\frac{X_1 - \overline{X}}{\sigma}\right)^2 + \left(\frac{X_2 - \overline{X}}{\sigma}\right)^2 + \cdots + \left(\frac{X_n - \overline{X}}{\sigma}\right)^2$$
$$= \frac{\sum_{i=1}^{n}(X_i - \overline{X})}{\sigma^2} = \frac{(n-1)s^2}{\sigma^2} \tag{5.22}$$

とすると，確率変数 χ^2 は自由度 $\phi(=n-1)$ の **χ^2 分布**（カイ2乗分布，Chi-square distribution）という確率分布に従います（13.3.1 参照）．自由度は加えられた独立な標準正規確率変数の2乗の数を表し，ここでは標本サイズ n から1を引いた数になります．

巻末の付表3に自由度 ϕ の χ^2 分布の上側確率 $(0.05, 0.01, 0.975, 0.025, 0.995, 0.005)$ とそれに対応した χ^2 値が示されています．

自由度が ϕ のときの上側 $\alpha/2$ 点および下側 $1-\alpha/2$ 点をそれぞれ $\chi^2(\phi, \alpha/2)$ と $\chi^2(\phi, 1-\alpha/2)$ とすると，

$$\chi^2(\phi, 1-\alpha/2) < \frac{(n-1)s^2}{\sigma^2} < \chi^2(\phi, \alpha/2) \tag{5.23}$$

が成り立つ確率は α です．式 (5.23) を書き直すと

$$\frac{(n-1)s^2}{\chi^2(\phi, \alpha/2)} < \sigma^2 < \frac{(n-1)s^2}{\chi^2(\phi, 1-\alpha/2)} \tag{5.24}$$

として母分散の信頼区間が求められます．また SS を平方和とすると，$(n-1)s^2 = SS$ より，式 (5.24) は次式の形でも表されます．

$$\frac{SS}{\chi^2(\phi, \alpha/2)} < \sigma^2 < \frac{SS}{\chi^2(\phi, 1-\alpha/2)} \tag{5.25}$$

母分散の信頼区間を求める手順はつぎのとおりです.

母集団:分散 σ^2(未知)→ サイズ n の標本 $x_1, x_2, \cdots, x_n$

 手順1:標本から平均 $\bar{x}$ および平方和 SS を計算します.
$$\bar{x} = (x_1 + x_2 + \cdots + x_n)/n$$
$$SS = (x_1 - \bar{x})^2 + (x_2 - \bar{x})^2 + \cdots + (x_n - \bar{x})^2$$

 手順2:自由度を $\phi = n-1$ から求めます.

 手順3:有意水準 α を定め,χ^2 分布表(付表3)から自由度が ϕ のときの上側 $\alpha/2$ 点および下側 $1-\alpha/2$ 点 $\chi^2(\phi, 1-\alpha/2)$ を求めます.$\alpha/2$ は通常 0.025 か 0.005 です.たとえば $\phi=9$ で $\alpha=0.05$ のとき,$\chi^2(\phi, 0.025) = 19.02$,$\chi^2(\phi, 0.975) = 2.70$ です.

 手順4:信頼区間は以下の式から求められます.
$$\frac{SS}{\chi^2(\phi, \alpha/2)} < \sigma^2 < \frac{SS}{\chi^2(\phi, 1-\alpha/2)}$$

注1) 例題5.1では,$\phi = n-1 = 9$,$SS = 23.526$ で,信頼確率を $0.95 (= 1-\alpha)$ とすると,下側2.5%点 $\chi^2(9, 0.975) = 2.70$,上側2.5%点 $\chi^2(9, 0.025) = 19.02$ となるので(図5.8),

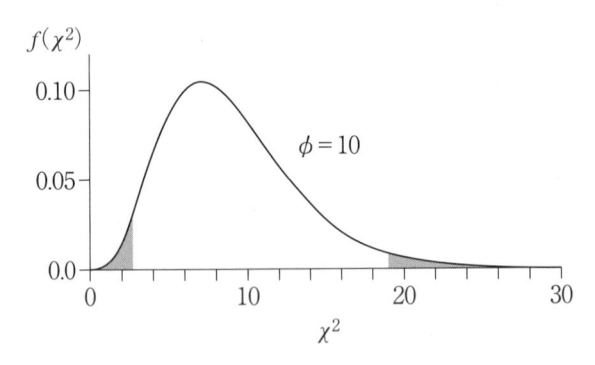

図 5.8 χ^2 分布の例
自由度9のとき,下側2.5%点 $\chi^2(9, 0.975)$ は2.70,上側2.5%点 $\chi^2(9, 0.25)$ は19.02となります

$$\frac{23.526}{19.02} < \sigma^2 < \frac{23.526}{2.70} \quad \rightarrow \quad 1.236 < \sigma^2 < 8.713$$

つまり，信頼係数95％の信頼区間 (1.236, 8.713) となります．標本サイズが10程度では，標本分散の信頼下限は推定値の1/2以下，信頼上限は3倍以上になります．

注2) 標本平均と違って，標本分散の場合には信頼区間の幅がかなり大きいことに注意しましょう．

注3) 標準偏差 σ の信頼限界は，分散 σ^2 の信頼限界の正の平方根を用います．

[例題5.4] 例題5.1のA店の卵を10個詰めた1パックの卵は，どのくらいのバラツキをもつでしょうか．5％水準における分散の信頼区間を求めなさい．ただし，パック包装用資材の重さのバラツキは無視するとします．

(解答) 例題5.1では標本分散は2.614でした．付表3より自由度9の場合の χ^2 分布の下側2.5％点 $\chi^2(\phi, 1-\varepsilon/2)$ は2.70，上側2.5％点 $\chi^2(\phi, \varepsilon/2)$ は19.02と読み取れます．これを式(5.24)に代入すると，

信頼下限： $\dfrac{(n-1)s^2}{\chi^2(\phi, \varepsilon/2)} = \dfrac{9 \times 2.614}{19.02} = 1.237$,

信頼上限： $\dfrac{(n-1)s^2}{\chi^2(\phi, 1-\varepsilon/2)} = \dfrac{9 \times 2.614}{2.70} = 8.713$

となります．1パック10個分の重さの分散は，1個当たりの分散の10倍になるので，分散の信頼区間は，(12.37, 87.13) となります．

第6章 母集団の平均と分散の検定

6.1 仮説検定の考えかた

6.1.1 仮説検定とは

ある解決すべき問題のために「抽出された標本の観測値に基づいて，母集団の母数について立てた仮説を採択するか棄却するかを判定する方法」を**仮説検定** (hypothesis testing) または**統計学的仮説検定** (statistical hypothesis testing) といいます．ここで母数とは母集団の平均や分散のことです．仮説検定はフィッシャーによって提案され，ネイマンとカール・ピアソンの息子のエゴン・ピアソン (Egon Pearson, 1895-1980) によりさらに明確化されました．

[例題6.1] ある日スーパーで1パック（10個入り）の卵を買ってきました．パックには1個平均70gと表示されていました．そこで10個の卵を出してひとつずつ重さ（g）を計ってみた結果，以下のとおりでした．1個当たりの分散は 4.1^2 g であることがわかっています．買った卵は重すぎず軽すぎず表示どおりの重さがあるといえるでしょうか？

69.6　63.9　71.5　68.5　71.4　66.2　70.6　66.2　58.1　67.9

この例題に基づいて，検定の手順と関連用語を順次説明しましょう．標本の10個の卵の平均を求めると67.39gで，表示の70gより軽いことは確かです．表示されたような卵ではないのでしょうか．しかし，卵によって重さが違うので，たまたま軽い卵が多くパックされたとも考えられます．どちらが正しいと判断すべきでしょうか？そのような基準を与えるのが仮説検定です．

なお本章の検定と前章で述べた推定とは，ともに標本に基づいて母集団につ

いての情報を得るという点では似ていますが，目的が違います．したがって「検定をしたら必ず推定もしなければいけない」とはかぎりません．また「まず検定をしてから推定を行う」とか，「検定が否定的結果（有意でない）なら推定を行っても意味がない」というものでもありません．

すべての統計学的検定は，データに基づいて行なわれなければなりません．データは，10個の卵の観測値と，母分散だけです．説明を簡単にするために母分散はわかっている（これを統計学では「既知」と表現します）とします．わかっていない（未知）場合の方法は6.2.2で述べます．説明に入る前に検定の手順を簡単に述べるとつぎのとおりです．

① 「卵の母平均は表示値と等しい」という帰無仮説を立てる．

② 帰無仮説が成り立たない場合の仮説である対立仮説を立てる．それにより両側検定か片側検定かを決める．

③ 帰無仮説が成り立つとしたときの標本平均の分布を求め，その正規分布のヨコ軸上で実際に得られた標本平均がどの位置にくるかを計算する．

④ その位置よりも裾側方向の正規分布の面積（上側確率または下側確率）を求める．

⑤ 上側確率または下側確率を有意水準という規定値と比較して，それ以下の場合は帰無仮説を棄却し対立仮説を採択する．それより大きい場合は帰無仮説を採択する．

6.1.2 帰無仮説

検定手順の第一ステップとして，ある統計的仮説を設けます．それは「卵の母平均は表示値と等しい」という仮説です．このような仮説を**帰無仮説**（null hypothesis）または**検定仮説**といい，記号H_0で表します．Hはhypothesisの頭文字です．帰無という見慣れない形容詞がついているのにはわけがあります．ふつう仮説というものは成り立つことを前提にしているのに対して，この仮説は成り立たない，つまり「無に帰する」ことをも考慮しているからです．ただしつねに帰無仮説が成立しないと決まっているわけではありません．

帰無仮説「卵の母平均は表示値と等しい」における「母平均」というのは，10個の卵という標本が抽出された母集団の平均です．卵の母集団の平均をμ，表

示値を μ_0 とするとき，帰無仮説は
$$H_0 : \mu = \mu_0$$
と表されます．

6.1.3 対立仮説

一方，帰無仮説が不成立の場合に成り立つ別の仮説を**対立仮説**（alternative hypothesis）といい，H_1 で表します．帰無仮説はひとつだけですが，対立仮説は複数あり，どれを選ぶかは状況により決めます．

例題6.1では「卵の母平均は表示値と異なる」とする仮説になります．これは
$$H_1 : \mu \neq \mu_0$$
と表されます．$\mu \neq \mu_0$ という条件は，いいかえると $\mu < \mu_0$ と $\mu > \mu_0$ の両方の条件を含みます．

一方，対立仮説として，分布の片方しか考慮しない場合もあります．たとえば，買った卵の母平均が表示値より重くなることは考慮しないか，なにかの事情でありえない場合がそれです．この場合には対立仮説は軽くなる方向だけを考えて
$$H_1 : \mu < \mu_0$$
となります．

反対に母平均が表示値より軽くなることは考慮しないか，なにかの事情でありえない場合には，対立仮説は重くなる方向だけを考えて
$$H_1 : \mu > \mu_0$$
となります．

6.1.4 上側確率と下側確率

つぎに帰無仮説が成り立つとしたときの標本平均の分布を考え，実際に得られた標本平均がその分布のヨコ軸上でどの位置にくるか，中心に近いか裾のほうか，を調べます．

帰無仮説 $H_0 : \mu = \mu_0$ が成り立つという条件下では，母集団の卵1個当たりの重さは，平均 $\mu_0 (=70)$ で分散 $\sigma^2 (=4.1^2)$ の正規分布に従うとします．10個の標本はそこからランダムにとり出されたことになります．

6.1 仮説検定の考えかた

ここで，1個でなく n 個の平均の重さの分布を考えます．1個当たりの重さが平均 μ_0 で分散 σ^2 の正規分布に従うときは，n 個の平均は平均 μ_0 で分散 $\omega^2 = \sigma^2/n$ の正規分布に従います．したがって観測値の平均を $\overline{X}$ で表すと，標本平均の分布の確率密度関数は

$$f(X) = \frac{1}{\sqrt{2\pi}\,\omega} e^{-\frac{(\overline{X}-\mu_0)^2}{2\omega^2}}$$

と表せます．例題6.1の場合には，10個の平均は，平均が70で分散が $4.1^2/10$ の正規分布に従うはずです．実際に得られた標本の10個の観測値の平均を，母集団の正規分布上にのせてみると，分布の左裾の端のほうに位置することがわかります（図6.1）．

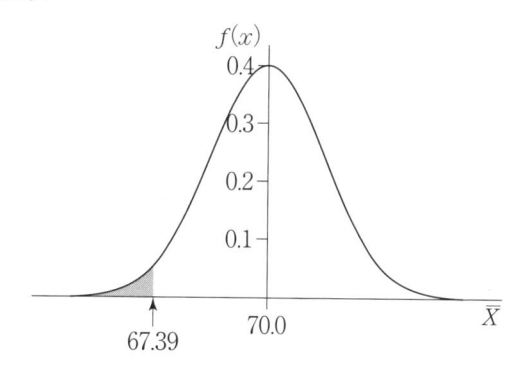

図6.1 平均70.0，標準偏差 $4.1/\sqrt{10}$ の正規分布上に対応させた標本平均 (67.39) の値

一般に母集団の分布の横軸は観測値の種類により長さ，重さ，時間など単位はさまざまであり，平均や分散も違います．そこで仮説検定でも，議論を統一的に行うためにつぎのとおり変数を標準化します．

$$Z = \frac{\overline{X}-\mu_0}{\omega} = \frac{\overline{X}-\mu_0}{\frac{\sigma}{\sqrt{n}}} \tag{6.1}$$

このとき確率密度関数は

$$f(z) = \frac{1}{\sqrt{2\pi}} e^{-\frac{z^2}{2}}$$

となります．標準正規分布上では，例題6.1の標本平均の値は $(67.39 - 70.0)/(4.1/\sqrt{10}) = -2.013$（これを z_0 とおくことにします）と変換されます．

標準正規分布曲線の下部の全面積は1に等しくなります．そこでヨコ軸の値が標本平均の -2.013 以下となる領域における正規曲線とヨコ軸の間の面積を考えます．この面積はつぎのとおり表されます．

$$\int_{-\infty}^{-2.013} \frac{1}{\sqrt{2\pi}} e^{-\frac{z^2}{2}}$$

標本平均の値が表示値と比べてどのくらい外れているかは，ヨコ軸 z の値の差ではなく，この面積で評価することにします．なぜなら正規分布の確率密度は一様ではなく平均から離れるほど小さくなるからです．確率密度が小さいということは，平均から離れた値ほど生じにくいことを示します．それならば確率密度で判断してもよさそうですが，それでもなお面積で判断するのは，じつは面積は確率に対応していて数学的に扱いやすいからです．すなわち第4章で述べたように，標準正規分布上である値 z_0 以下の領域の面積

$$\int_{-\infty}^{z_0} \frac{1}{\sqrt{2\pi}} e^{-\frac{z^2}{2}} dz$$

は，Z が z_0 以下になる確率 $P\{Z \leq z_0\}$ すなわち**下側確率**（lower probability）を表します．

対立仮説を $H_1 : \mu \neq \mu_0$ とした場合には，卵の母平均が表示値より軽い場合だけでなく，重い場合も考慮しなければなりません．例題6.1の10個の標本平均はたまたま表示値より軽い方向にずれていますが，ランダムに抽出すれば重い方向にずれた標本も得られるかもしれないからです．重い場合には，標本平均は標準正規分布の右裾に位置し，値は正になります．その場合には下側確率ではなく，**上側確率**（upper probability）を考えます．かりに標本平均 z_0 値が2.06であれば，標準正規分布において，Z 値が2.06以上の領域における正規曲線の下部面積が上側確率になります．その場合上側確率はつぎのとおり表せます．

$$\int_{2.06}^{\infty} \frac{1}{\sqrt{2\pi}} e^{-\frac{z^2}{2}} dz$$

上側確率や下側確率の値を，正規分布の場合にかぎらず一般に **p 値**（p-value）と呼んでいます．

6.1.5 有意水準

標本平均の値に対応する上側確率や下側確率が充分小さい場合に，帰無仮説を**棄却**（reject）して対立仮説を**採択**（adopt）します．ではその確率がどの程度なら「充分小さい」と判断するのかというと，統計学ではフィッシャー（1935）が提案してから「伝統的に」0.05 と 0.01 の 2 つの基準を設けています．これを**有意水準**（level of significance）といい，それぞれ「0.05 の有意水準」とか「0.01 の有意水準」という表現を使います．また慣習的に有意水準を％で表し，「5％水準」や「1％水準」といういいかたもします．有意水準を一般的に表すには α で示し，$\alpha = 0.05$ などと表します．なお有意水準を 0.05 と 0.01 に決めたことには論理的な理由がないことから，有意水準そのものを疑問視したり，軽くみる考えもあるようですが，検定を統一的に行う上では守るべき基準です．いわば交通規則における制限速度のようなものです．上側確率や下側確率の結果を見てから有意水準を決めるのはルール違反です．

6.1.6 棄却域と採択域

標準正規分布において有意水準に相当する Z 値の領域を**棄却域**（critical region），棄却域以外の領域を**採択域**（acceptance region）と呼びます．

注意すべきは，対立仮説によって棄却域（および採択域）が違うことです．

① 例題 6.1 のように，対立仮説 $H_1 : \mu \neq \mu_0$ の場合には，標準正規分布の両側，つまり左裾と右裾の両方に棄却域を設ける必要があります（図 6.2）．これをそれぞれ**下側棄却域**および**上側棄却域**と呼びます．実際に得られた標本平均の z_0 値が正か負かということには関係ありません．このように「検定に用いられる統計量の分布の両側に棄却域を設けた検定」を**両側検定**（two-sided test）といいます．正規分布のような対称分布では，分布の両裾に等しい面積にふりわけて棄却域を設けます．有意水準 $\alpha = 0.05$ のときは帰無仮説の下で下側

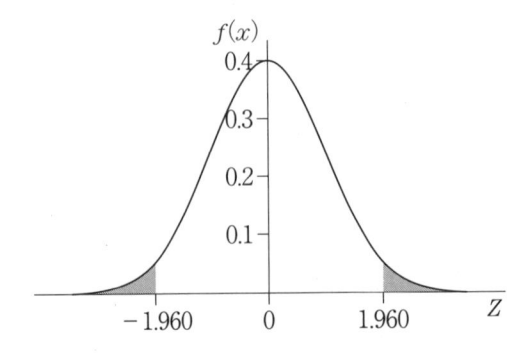

図 6.2 $H_1:\mu \neq \mu_0$ の場合の棄却域（グレーの領域）と採択域（グレーでない領域）．有意水準 $\alpha = 0.05$ の場合の棄却限界値（-1.960 と 1.960）が示されています．

棄却域に入る確率も上側棄却域に入る確率もともに 0.025 に，有意水準 $\alpha = 0.01$ のときはともに 0.005 と設定します．

② 対立仮説が $H_1:\mu > \mu_0$ の場合には，上側棄却域に入る確率だけを考慮し，$\alpha = 0.05$ ならば確率を 0.05，$\alpha = 0.01$ ならば確率を 0.01 とします．

③ 反対に対立仮説が $H_1:\mu < \mu_0$ ならば下側棄却域に入る確率だけを考慮し，$\alpha = 0.05$ ならば確率を 0.05，$\alpha = 0.01$ ならば確率を 0.01 とします．② と ③ のように「検定に用いられる統計量の分布の片側にだけ棄却域を設ける検定」を，**片側検定**（one-sided test）といいます．

もし有意水準を 0.05 に設定したときに標本平均の値が棄却域に落ちれば，標本の卵の重さと表示値の差は「**有意である**」（significant）または「**5％水準で有意である**」と結論します．簡単に記号 "*" で示すこともあります．有意水準 0.01 のときに標本平均の z_0 値が棄却域に入れば，「**高度に有意である**」（highly significant），あるいは「**1％水準で有意である**」と結論します．これを記号 "**" で示すこともあります．z_0 値が棄却域に落ちない場合は，「**有意でない**」と結論します．なお，ときどき有意水準をさらに厳しく 0.001 としたときに有意であることを表すのに記号 "***" を用いた例がみかけられます．しかし，実際の観測値の分布は理論上の正規分布に必ずしも端までぴったり当てはまるわけではありません．分布の裾のごく端の位置での確率は不正確になりがちなので，有意水準を 0.01 より下げることには注意が必要です．

例題6.1では,$z_0 \leq -2.013$の下側確率および$z_0 \geq 2.013$の上側確率は計算の結果0.02206になります.その和$0.02206 \times 2 = 0.04412$は,有意水準0.05より小さいので,「標本平均は表示値と5％水準で有意に異なる」と結論されます.

ここで有意とは,「標本に基づいて計算した統計量が帰無仮説を棄却するのに充分な統計学的意味をもつ」ということです.有意か有意でないかは,標本の統計量についての表現で,母集団の母数についてではないことに注意してください.例題6.1の場合でいえば,有意なときには「標本平均は表示値と有意に異なる」と結論すべきで,「母平均は表示値と有意に異なる」といういいかたは正しくありません.母数に基づいて結論するには「母平均が表示値と等しいという帰無仮説は棄却される」というべきです.

上側確率や下側確率は意味が理解しやすいのですが,検定のたびに標準正規分布の数表を参照するのはわずらわしいことです.有意かどうかの検定をするだけならば,上側確率や下側確率でなくそれに対応した横軸の値を用いて比較できます.たとえば帰無仮説$H_1:\mu \neq \mu_0$の場合に,上側確率0.025に相当する値は1.960,下側確率0.025に相当するz_0値は-1.960になります.これらの値を両側検定における有意水準0.05の**棄却限界値**(critical value)といいます.値が-1.960以下または1.960以上の領域が有意水準0.05における棄却域になります.値が-1.960を超え1.960未満の領域が採択域になります.また有意水準0.01における棄却限界値は-2.576と2.576です.

棄却限界値は,**限界値**,**臨界値**,**有意点**とも呼ばれています.Excel(日本語版)の分析ツールなどでは棄却域と採択域の境界の値という意味で**境界値**と記されていますが,境界値という語は一般に広く用いられるうえ,統計学でも度数分布表の関連で使われるので,まぎらわしく適切とは思えません.また棄却限界値とよく混同されて用いられる用語に**パーセント点**(percent point)があります.しかし,パーセント点は上側確率に対応した横軸上の値(確率変数の値.上記の標準正規分布ではz_0値)を示し,有意水準αを決めたときに,そのαに対応したパーセント点が棄却限界値になります.

片側検定で帰無仮説$H_1:\mu > \mu_0$の場合には,有意水準0.05の棄却限界値は1.645,有意水準0.01の棄却限界値は2.326となります.帰無仮説$H_1:\mu < \mu_0$の場合には,有意水準0.05の棄却限界値は-1.645,有意水準0.01の棄却限界値

は -2.326 となります.

なお棄却限界値を一般的に示すことがあります.本書では帰無仮説 $H_1:\mu \neq \mu_0$ の両側検定の場合で有意水準が α のときの棄却限界値を $100(\alpha/2)$ ％点とよび,たとえば正規分布の場合の上側の棄却限界値を $u(\alpha/2)$ と書くことにします.片側検定の場合には,棄却限界値を $100(\alpha)$ ％点と呼び,上側の棄却限界値を $u(\alpha)$ と書くことにします.また具体的に $\alpha=0.05$ の場合には,両側検定における棄却限界値を 2.5 ％点と呼び,$u(0.025)$ と書き,片側検定における上側の棄却限界値を 5 ％点と呼び,$u(0.05)$ と書くことにします.$\alpha=0.01$ の場合には,両側検定における棄却限界値を 0.5 ％点と呼び,$u(0.005)$ と書き,片側検定における上側の棄却限界値を 1 ％点と呼び,$u(0.01)$ と書くことにします.有意水準と棄却限界値の表示法は,参考書により異なることがあるので,注意してください.

6.1.7 第一種の誤りと第二種の誤り

z_0 が棄却域に落ちたとき「帰無仮説は成り立たない」と結論するのですが,ここで「たとえ分布の末端の棄却域に相当する 5 ％以下あるいは 1 ％以下でしか起こらない事象であっても,まれにはそのようなことが起こるのではないか.そのようなまれなことが起こるときには,判断を誤ってしまうのではないか」という疑問がわくかもしれません.その疑問はもっともです.しかしその場合に統計学では,5 ％以下あるいは 1 ％以下という「起こりそうもないことが起きた」と考えるのではなく,「帰無仮説は成り立たない」と判断するほうを選択するのです.

このような選択をすると,当然ながら帰無仮説が成り立っているのに,それを棄却してしまうことが起こります.有意水準を 5 ％とすれば 100 回の実験のうち平均 5 回結論が誤りになります.有意水準を 1 ％とすれば,平均 1 回が誤りとなります.このように「帰無仮説が成り立っているのに,棄却してしまう」誤りを「**第一種の誤り**」(type I error) と呼びます.第一種の誤りを犯す確率は有意水準そのものであり,有意水準と同じ α で表します.また有意水準のことを別名**危険率**というのも同じ理由です.仮説検定の原理から,α を 0 にはできません.0 にすると有意性を検定できません.

6.1 仮説検定の考えかた

第一種の誤りはあっても、その確率が 0.05 とか 0.01 という充分小さいこと、また定量的にきちんときまっていることから、「5％水準で帰無仮説を棄却する」とか、「1％水準で有意に異なる」とか、断定的な判断を下すわけです。これを「有意と思われる」とか「有意とみなされる」とか「有意らしい」というようなあいまいまたは消極的な表現をするのは正しくありません。

結論の誤りは第一種だけではありません。例題 6.1 では、標本平均は表示値と 5％水準で有意に異なるという結論になりましたが、もし標本平均が 71.7 g であったらどうでしょうか。その場合には、標準正規分布上の値は $(71.7-70.0)/(4.1/\sqrt{10}) = 1.311$ となり、$z_0 \geq 1.311$ および $z_0 \leq -1.311$ の領域の面積の和は付表 1 より $0.09493 \times 2 = 0.18986$ になります。つまり 18.986％で有意水準 5％よりもずっと大きくなります。

このように z_0 が棄却域に落ちなかった場合には、標本については「有意でない」と断定的に結論できます。「棄却域に落ちなかったこと」＝「有意でないこと」だからです。では母集団についても「帰無仮説は成り立っている」とか、「母平均は表示値と等しい」と断定した結論ができるでしょうか。実はそうで

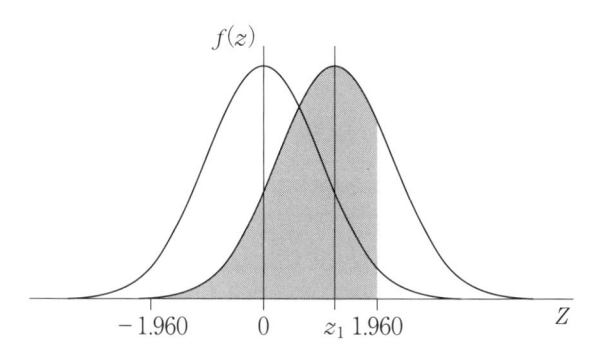

図 6.3 左側の標準正規分布は、母平均が μ_0 である（$\mu = \mu_0$）という帰無仮説が成り立つとしたときの標本平均の分布。
右側の標準正規分布は、真の母平均が設定した値 μ_0 とは異なる
（$\mu = \mu_1 \neq \mu_0$）ときの標本平均の分布。$z_1 = \dfrac{\mu_1 - \mu_0}{\sigma/\sqrt{n}}$

$\alpha = 0.05$ とした両側検定では、グレイの部分（Z 値が -1.960 より大きく 1.960 より小さい領域。ただし $z \neq 0$。）が第二種の誤りの確率（β）。$z_1 \to 0$ のとき β は最大で $\beta = 1 - \alpha$ となり、$z_1 \to \infty$ または $z_1 \to -\infty$ のとき $\beta \to 0$ となる。

はありません.検定統計量の有意水準が5％より大きい場合でも,「母平均は表示値と等しい」とはかぎらないからです.卵の母平均が本当は表示値と同じ70.0ではなく,たとえば71.3や72.5でも,標本平均が71.7g以上になる確率は0.05より大きいからです(図6.3).そこでz_0が棄却域に落ちなかった場合には,「帰無仮説が成り立たないとはいえない」とか「母平均は表示値と異なるとはいえない」と結論します.なにか奥歯にものがはさまったような表現ですが,あいまいな表現が正しく,かえって「帰無仮説が成り立つ」とか「母平均は表示値と等しい」と断定的に結論するのは正しくありません.

「実際には帰無仮説が成り立っていないのに,それを棄却しない」誤りを,**「第二種の誤り」**(type II error)と呼びます(表6.1).第二種の誤りの確率(β)は一定でなく,μとμ_0の差(d)によって変化します.$d \to 0$のとき$\beta = 1 - \alpha$,dが正か負の∞のとき$\beta = 0$になります.$1 - \alpha$は確率として大きい値です.つまり$d \neq 0$でdが限りなく0に近いときには,5％有意水準($\alpha = 0.05$)では0.95,つまり100回中最高95回も第二種の誤りを犯すことになります.1％有意水準($\alpha = 0.01$)では0.99にもなります.このように第二種の誤りの確率が母平均によって変化し,しかも高い値であることが,z_0が棄却域に落ちなかった場合に母集団について消極的な結論しかできない理由です.

表6.1 第1種の誤りと第2種の誤り

	帰無仮説を棄却しない	帰無仮説を棄却する
実は帰無仮説が成立	正しい	第1種の誤り α
実は帰無仮説が不成立	第2種の誤り β	正しい

統計的検定法としては,αもβも小さいほど望ましいのですが,一定の標本の大きさのもとでは両者を同時に小さく設定することはできません.棄却域を狭くすれば,αは小さくなりますがβが大きくなります.棄却域を広げれば,βは小さくなりますがαが大きくなります.そこで第一種の誤りを優先して,その確率αを0.05または0.01に設定して,その条件のもとで第二種の誤りをなるべく小さくするようにします.なお第二種の誤りを犯さない確率$1 - \beta$を**検定力**(power of test)または**検出力**といいます(問題6.1参照).

検定力は標本サイズに依存します．標本サイズが小さいと，本来帰無仮説が成り立たず有意となるべき場合も有意になりません．逆に標本サイズが大きくなるほど，標本平均の分散が小さくなり，わずかな母平均の差も鋭敏に検出できるようになります．ただし，本来帰無仮説が成り立つ場合には，いくら標本サイズを大きくしてもそれにより有意となることはありません．

6.1.8 両側検定と片側検定

正規分布を用いた検定では，上に述べたように対立仮説 $H_1:\mu \neq \mu_0$ の場合は両側検定（図6.2），$H_1:\mu<\mu_0$ の場合は**下片側検定**（左片側検定）（図6.4 a），$H_1:\mu>\mu_0$ の場合は**上片側検定**（右片側検定）（図6.4 b）になります．ただし，正規分布以外では必ずしもこのような対応は成り立ちません（6.5 参照）．

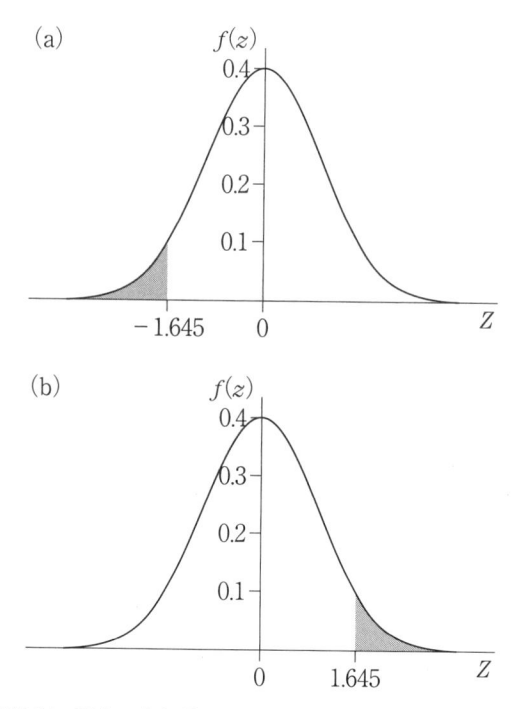

図 6.4 片側検定の場合の棄却域（グレーの領域）と採択域（グレーでない領域）
(a) 下片側検定，(b) 上片側検定
有意水準 $\alpha=0.05$ の場合の棄却限界値（-1.645, 1.645）が示されています．

正規分布を用いた統計検定では、両側検定と片側検定の場合の棄却限界値が重要なので、表6.2に整理してもういちど示します。

表6.2 棄却限界値

	有意水準	
	5%	1%
両側検定	1.960	2.576
上片側検定	1.645	2.326
下片側検定	－1.645	－2.326

片側検定とは「母平均分布において、検出する必要がある側にだけ棄却域を設ける検定」といえます。母平均として設定した値よりも標本平均が大きくなることは絶対ないか、たとえあっても考慮する必要がない場合には、下片側検定を用います。反対に母平均として設定した値よりも標本平均が小さくなることは絶対ないか、たとえあっても考慮する必要がない場合には、上片側検定を用います。このような特別な理由がないかぎり、両側検定を採用します。単に技術的理由から母平均として設定した値よりも標本平均が大きい値になるだろうということで上片側検定を採用したり、小さい値になるだろうということで下片側検定を採用してはいけません。

両側検定と片側検定のどちらにするかは、実験や調査を行うまえに選択しなければなりません。データが得られてから後追いで決めてはいけません。片側検定では両側検定よりも棄却限界値の絶対値が小さいので、両側検定では有意でなくても片側検定ならば有意になる場合があります。しかし、計算結果を見てから有意な結果を得たいために急に両側検定から片側検定に変更するのはフェアな行為とはいえません。

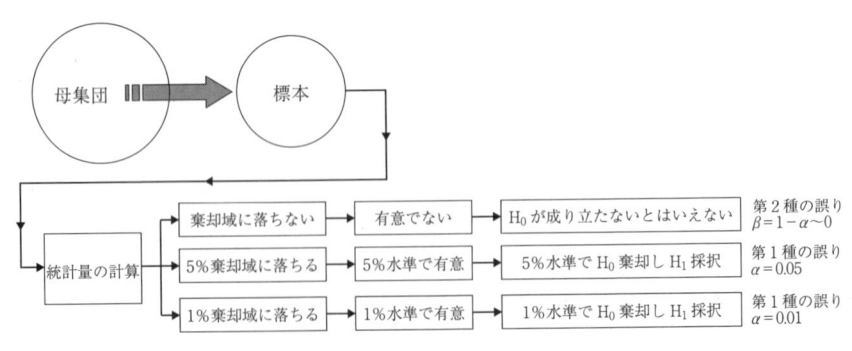

図6.5 仮説検定の手順

最後に統計学的検定の手順について要約図を示します (図6.5).

6.2 母平均の検定

6.2.1 母平均の標準正規分布による検定(母分散が既知の場合)

この場合の検定手順は上で述べましたが,もう一度整理しておきましょう.扱われるデータは以下の形とします.

母集団:平均 μ, 分散 σ^2 (既知) → 標本 $x_1, x_2, \cdots, x_n$

帰無仮説と対立仮説はつぎのとおりです.(両側検定)

　　$H_0 : \mu = \mu_0$　　「母平均は表示値と等しい」

　　$H_1 : \mu \neq \mu_0$　　「母平均は表示値と異なる」

手順1:標本の観測値から標本平均 $\bar{x}$ を計算します.

$$\bar{x} = (x_1 + x_2 + \cdots + x_n)/n$$

手順2:検定統計量 z_0 を次式で計算します.母集団Aの標準偏差を σ とするとき,帰無仮説の下で

$$z_0 = \frac{|\bar{x} - \mu_0|}{\frac{\sigma}{\sqrt{n}}} \tag{6.2}$$

は標準正規分布 $N(0, 1)$ に従います.

手順3:両側検定で有意水準を α とするとき,正規分布の $100(\alpha/2)$ %点 $u(\alpha/2)$ を求めます.$\alpha = 0.05$ ならば $u(0.025) = 1.960$,$\alpha = 0.01$ ならば $u(0.005) = 2.576$ です.$z_0 \geq u(\alpha/2)$ ならば,帰無仮説を棄却し対立仮説を採択します.

つまり z_0 値が1.960より大きく2.576より小さい場合には,「標本平均は表示値と5%水準で有意に異なる」,2.576より大きければ,「標本平均は表示値と1%水準で有意に異なる」と結論します.$z_0 < u(\alpha/2)$ ならば,「有意でない」と結論され,帰無仮説は棄却されず,「標本平均は表示値と異なるとはいえない」と結論されます.

注1) 上の方法は両側検定を前提とします．片側検定で対立仮説が $H_1:\mu>\mu_0$ でしたら，手順2の検定統計量を

$$z_0 = \frac{\bar{x}-\mu_0}{\sigma/\sqrt{n}}$$

に改め，手順3で $u(\alpha/2)$ を $u(\alpha)$ に変更します．$\alpha=0.05$ ならば $u(0.05)=1.645$，$\alpha=0.01$ ならば $u(0.01)=2.326$ です．z_0 値が1.645より大きく2.326より小さい場合には，「標本平均は表示値に比べて5％水準で有意に大きい」，2.576より大きければ，「標本平均は表示値に比べて1％水準で有意に大きい」と結論します．対立仮説が $H_1:\mu<\mu_0$ でしたら，手順2の検定統計量を

$$z_0 = \frac{\mu_0-\bar{x}}{\sigma/\sqrt{n}}$$

に改め，手順3で $u(\alpha/2)$ を $u(\alpha)$ に変更します．z_0 値が1.645より大きく2.326より小さい場合には，「標本平均は表示値に比べて5％水準で有意に小さい」，2.576より大きければ，「標本平均は表示値に比べて1％水準で有意に小さい」と結論します．

注2) 式(6.2)より，$\bar{x}$ の値が同じでも，標本の大きさ n が大きいほど z_0 が大きくなり，それだけ統計学的な検出感度が高くなることがわかります．n が4倍になれば検出感度は2倍に，n が100倍になれば検出感度は10倍になります．標本の大きさが大きくなるともうひとつ良いことは，中心極限定理（第4章）により，1個ずつでは正規分布をしない観測値でも，標本平均は正規分布で近似できるようになることです．

[例題6.2] ある大学でランダムにとった50人の学生について，1カ月当たりの本（マンガ・コミックを含む）の購入金額を調べたところ，平均7,210円でした．5年前の大規模調査では平均7,720円でした．一人当たりの標準偏差は既知で1,280円とします．5年前と比べて本代は変化したといえるでしょうか？

(解答6.1) 標準偏差ないし分散が既知ですから，式(6.2)による検定を行います．

$$z_0 = \frac{|7210 - 7720|}{\frac{1280}{\sqrt{50}}} = 510/181.02 = 2.817$$

となります.両側検定の棄却限界値は5％水準で1.960,1％水準で2.576ですから,両年の間の差は1％水準で有意で,「学生の本代の標本平均は5年前の値と1％水準で有意に異なる」と結論されます.

6.2.2 母平均の t 検定(母分散が未知の場合)
－母分散は標本から推定する

前節では母分散があらかじめ分かっている(既知)場合を考えました.しかし母平均は未知で検定の対象となっているのに,母分散は既知というのは自然ではありません.実際は母分散もわからない(未知)場合のほうが多いでしょう.その場合には標本から母分散を推定することになります.しかし限られた大きさの標本から母分散を推定するので,その推定に伴う誤差が無視できません.そのため検定統計量は母分散が既知の場合と違って,正規分布ではなく別の分布になります.

データの形式は6.2.1の場合と同じです.

母集団:平均 μ,分散 σ^2(既知)→ 標本 $x_1, x_2, \cdots, x_n$

帰無仮説と対立仮説は

$H_0 : \mu = \mu_0$　　「母平均は表示値と等しい」

$H_1 : \mu \neq \mu_0$　　「母平均は表示値と異なる」(両側検定)

手順1:標本の観測値から平均 $\bar{x}$ と分散 s^2 を計算します.分散から標準偏差 s を計算します.

$$\bar{x} = (x_1 + x_2 + \cdots + x_n)/n$$
$$s^2 = \{(x_1 - \bar{x})^2 + (x_2 - \bar{x})^2 + \cdots + (x_n - \bar{x})^2\}/(n-1)$$
$$s = \sqrt{s^2}$$

手順2:検定統計量 t_0 を次式で計算します.

$$t_0 = \frac{|\bar{x} - \mu_0|}{\frac{s}{\sqrt{n}}} \tag{6.3}$$

式 (6.2) と比べると母集団の標準偏差 σ のかわりに，標本から計算された標準偏差 s が用いられています．式 (6.3) の t_0 はもはや正規分布ではなく，自由度 $\phi = n-1$ の **t 分布** (13.3.2 参照) に従います．なお母分散 σ^2 が未知であっても，標本のサイズが大きい (30 以上) 場合には，t 分布は標準正規分布で充分近似できるので，式 (6.3) の代わりに式 (6.2) の検定統計量を用いることができます．

手順3：t 分布の自由度を $\phi = n-1$，有意水準を α とするとき，t 分布表 (付表2) から $t(\phi, \alpha/2)$ の値を読みとります．たとえば $n=10$ で有意水準が 0.05 ならば，$t(9, 0.025)$ の値を読むと，2.262 となります (図 6.6)．

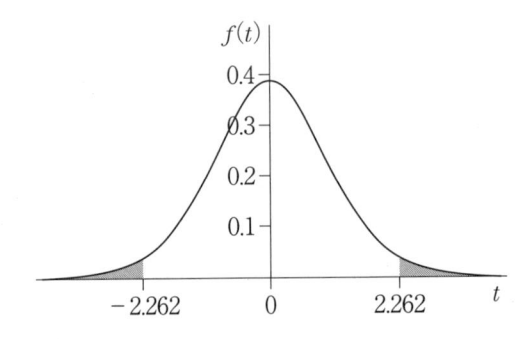

図 6.6　分散が未知の場合の両側検定 (t 分布)

手順4：$t_0 \geq (\phi, \alpha/2)$ ならば，帰無仮説を棄却し対立仮説を採択します．つまり，$\alpha = 0.05$ なら「標本平均は表示値と 5% 水準で有意に異なる」，$\alpha = 0.01$ なら「標本平均は表示値と 1% 水準で有意に異なる」と判断されます．$t_0 < (\phi, \alpha/2)$ ならば，帰無仮説は棄却されず，「標本平均は表示値と有意に異なるとはいえない」と結論されます．

例題 6.1 で分散は未知として標本から推定すると，標本分散 $s^2 = 16.7744$，標本標準偏差 $s = 4.096$ より，

$$t_0 = \frac{|67.39 - 70.0|}{\frac{4.096}{\sqrt{10}}} = 2.015$$

となります．自由度は 9 で，付表 2 から両側検定における t 分布の棄却限界値は，5% 水準で 2.262，1% 水準で 3.250 と読みとれます．したがって帰無仮説は

棄却されず,「標本平均は表示値と異なるとはいえない」と結論されます.

注1) 片側検定で対立仮説が $H_1:\mu>\mu_0$ でしたら,手順2の検定統計量を

$$t_0 = \frac{\bar{x}-\mu_0}{s/\sqrt{n}}$$

に改め,手順3と手順4で $t(\phi, \alpha/2)$ を $t(\phi, \alpha)$ に変更します.たとえば $n=10$ で有意水準が0.05ならば,$t(9, 0.05)$ は,両側検定での2.262の代わりに1.833となります.z_0 値が $t(\phi, \alpha)$ より大きい場合には,「標本平均は表示値にくらべて有意水準 α で有意に大きい」と結論します.対立仮説が $H_1:\mu<\mu_0$ でしたら,手順2の検定統計量を

$$t_0 = \frac{\mu_0-\bar{x}}{s/\sqrt{n}}$$

に改め,手順3で $u(\alpha/2)$ を $u(\alpha)$ に変更します.z_0 値が $t(\phi, \alpha)$ より大きい場合には,「標本平均は表示値にくらべて有意水準 α で有意に小さい」と結論します.

[例題6.3] 例題6.2で,ランダムにとった学生の数が26人だったら,検定結果はどのようになるでしょうか?ただし標準偏差はデータから計算の結果,前問と変わらず1,280円とします.

標準偏差は未知でデータから計算されているので,式 (6.3) による t 検定を行います.自由度は $26 - 1 = 25$ です.

$$t_0 = \frac{|7210-7720|}{\frac{1280}{\sqrt{26}}} = 510/251.0 = 2.032$$

両側検定における自由度25の t 分布の5%水準の棄却限界値は2.060で,t_0 はそれより小さいので,「学生の本代の標本平均は5年前の値と比べて5%水準で有意な差はない」と結論されます.両年の差は同じでも,平均の差の根拠となった標本サイズ(学生の数)が少なくなったため,有意性が認められなくなりました.

6.3 2標本の平均の差の検定

　一定年齢の男子と女子の身長差，2県間での同じ業種の年収差，2つの会社で製造される同一薬品の成分含量の差など，明らかに異なる2つの集団間で平均を比較したいことがよくあります．そのような場合には6.1や6.2で説明したような母集団をひとつだけ仮定した検定方法は使えません．2つの母集団から別々に抽出された標本にもとづいて2母集団の平均を比較することを**2標本問題**（two-sample problem）といいます．

　2標本の平均の差は，数値をみればわかることです．しかし，標本平均は母集団から抽出するたびに少しずつ異なります．したがって同じ母平均をもつ2母集団から抽出された標本でも標本平均に差が生じるのは自然なことです．そこで標本平均の差が，抽出上の誤差にすぎないのか，実際に母平均が異なることによるのかを判別しなければなりません．

　2つの母集団AとBを考え，母集団Aから大きさ m の標本Aを，母集団Bから大きさ n の標本Bを抽出したとします．母集団Aは平均 μ_x で分散 σ_x^2 の正規分布 $N(\mu_x, \sigma_x^2)$，母集団Bは平均 μ_y で分散 σ_y^2 の正規分布に従うとします．2標本問題は以下の4とおりに分けて考えます．

① 分散 σ_x^2 と σ_y^2 が既知の場合
② 分散 σ_x^2 と σ_y^2 が未知で，たがいに等しい場合
③ 分散 σ_x^2 と σ_y^2 が未知で，しかも異なる場合
④ 標本AとBの間で要素が対になっている場合

6.3.1 母平均の差の正規分布による検定（分散が既知の場合）

　母集団AとBの母分散は既知なので，これをそれぞれ σ_x^2 と σ_y^2 とします．データはつぎのとおりに得られとします．

母集団A　：平均 μ_x，分散 σ_x^2（既知）→ 標本A　$x_1, x_2, \cdots, x_m$
母集団B　：平均 μ_y，分散 σ_y^2（既知）→ 標本B　$y_1, y_2, \cdots, y_n$

帰無仮説と対立仮説はつぎのとおりです．

　　$H_0 : \mu_x = \mu_y$
　　$H_1 : \mu_x \neq \mu_y$　　（両側検定）

6.3 2標本の平均の差の検定

分散は既知ですから，正規分布による検定が使えます．標本 A の標本平均 $\bar{x}$ の分散は σ_x^2/m，標本 B の標本平均の分散は σ_y^2/n ですから，標本平均の差 $\bar{x}-\bar{y}$ の分散は，$\sigma_x^2/m+\sigma_y^2/n$ となります．差の分散はそれぞれの分散の和になることに注意してください．検定手順は以下のとおりです．

手順1：標本 A と標本 B の平均 $\bar{x}$ と $\bar{y}$ を計算します．
$\bar{x}=(x_1+x_2+\cdots+x_m)/m$
$\bar{y}=(y_1+y_2+\cdots+y_n)/n$

手順2：検定統計量 z_0 を次式で計算します．
$$z_0=\frac{|\bar{x}-\bar{y}|}{\sqrt{\dfrac{\sigma_x^2}{m}+\dfrac{\sigma_y^2}{n}}} \tag{6.4}$$

手順3：$z_0 \geq 1.960$ ならば，5％水準で帰無仮説を棄却し対立仮説を採択します．つまり，「標本平均 A と標本平均 B は 5％水準で有意に異なる」と判断されます．$z_0 \geq 2.576$ ならば，1％水準で帰無仮説を棄却し対立仮説を採択し，「標本平均 A と標本平均 B は 1％水準で有意に異なる」と結論します．$z_0 < 1.960$ ならば，帰無仮説は棄却されず，「標本平均 A と標本平均 B は有意に異なるとはいえない」と結論します．

注1）片側検定の場合には，手順3の $z_0 \geq 1.960$ を $z_0 \geq 1.645$ に，$z_0 \geq 2.576$ を $z_0 \geq 2.326$ に変えます．対立仮説が $H_1:\mu_x>\mu_y$ のとき，$z_0 \geq 1.645$ なら帰無仮説を棄却し，「標本平均 A は標本平均 B より 5％水準で有意に大きい」，$z_0 \geq 2.326$ なら「標本平均 A は標本平均 B より 1％水準で有意に大きい」と結論します．対立仮説が $H_1:\mu_x<\mu_y$ のとき，$z_0 \geq 1.645$ なら帰無仮説を棄却し，「標本平均 A は標本平均 B より 5％水準で有意に小さい」，$z_0 \geq 2.326$ なら「標本平均 A は標本平均 B より 1％水準で有意に小さい」と結論します．

注2）帰無仮説 $H_1:\mu_x=\mu_y$ が棄却されることは，前章の 5.3.3 における $\mu_x-\mu_y$ の信頼区間が 0 を含まないことと，同じ意味をもっています．

6.3.2. 母平均の差の t 検定（分散が未知で等しい場合）

分散は，未知ですが母集団 A と B で等しい $\sigma_x^2 = \sigma_y^2 = \sigma_p^2$ とします．

母集団 A ：平均 μ_x，分散 σ_p^2（未知）→ 標本 A $x_1, x_2, \cdots, x_m$

母集団 B ：平均 μ_y，分散 σ_p^2（未知）→ 標本 B $y_1, y_2, \cdots, y_n$

帰無仮説と対立仮説はつぎのとおりです．

$H_0 : \mu_x = \mu_y$

$H_1 : \mu_x \neq \mu_y$ （両側検定）

分散が未知なので，正規分布による検定でなく t 検定となります．また未知の分散を推定しなければなりません．母集団 A と B で分散が等しい場合は，プールした分散（観測値あたり） σ_p^2 は $s_p^2 = (SS_x + SS_y)/(m+n-2)$ により推定できます．したがって標本平均の差 $\bar{x} - \bar{y}$ に対応する標準誤差は，前章の 5.3.4 で述べたように，

$$\sqrt{s_p^2 \left(\frac{1}{m} + \frac{1}{n} \right)}$$

になります．標本平均の差 $\bar{x} - \bar{y}$ をその標準偏差 $\sqrt{s_p^2 \left(\frac{1}{m} + \frac{1}{n} \right)}$ で割った値は t 分布に従います．

検定手順は以下のとおりです．

手順 1 ：標本 A と標本 B の平均 $\bar{x}$ と $\bar{y}$，平方和 SS_x と SS_y，分散 s_x^2, s_y^2 を次式で計算します．

$\bar{x} = (x_1 + x_2 + \cdots + x_m)/m$

$\bar{y} = (y_1 + y_2 + \cdots + y_n)/n$

$SS_x = (x_1 - \bar{x})^2 + (x_2 - \bar{x})^2 + \cdots + (x_m - \bar{x})^2$

$SS_y = (y_1 - \bar{y})^2 + (y_2 - \bar{y})^2 + \cdots + (y_n - \bar{y})^2$

$s_x^2 = SS_x/(m-1)$

$s_y^2 = SS_y/(n-1)$

手順 2 ：あらかじめ標本分散 s_x^2 と s_y^2 が有意に異なるかどうかを分散比によって検定します（6.5 節参照）．有意に異ならなければ，以下の手順 3 以降に従います．標本サイズが小さく，しかも有意に異なる場合には，以下の式 (6.5) での検定はできないので，次節の「ウェルチの検定」に移ります．

手順 3 ：検定統計量 t_0 を次式で計算します．

$$t_0 = \frac{|\bar{x} - \bar{y}|}{\sqrt{s_p^2 \left(\dfrac{1}{m} + \dfrac{1}{n}\right)}} \tag{6.5}$$

ここで $s_p^2 = (SS_x + SS_y)/(m+n-2)$

手順4：t 分布の自由度を $\phi = m+n-2$，有意水準を α とするとき，t 分布表（付表2）から $t(\phi, \alpha/2)$ の値を読みとります．たとえば $m=10$，$n=8$，有意水準が0.05ならば，$t(16, 0.025)$ の値を読みます．

手順5：$t_0 \geq t(\phi, \alpha/2)$ ならば，帰無仮説を棄却し対立仮説を採択します．つまり，$\alpha = 0.05$ ならば「標本平均Aと標本平均Bは5％水準で有意に異なる」，$\alpha = 0.01$ なら「標本平均Aと標本平均Bは1％水準で有意に異なる」と結論されます．$t_0 < t(\phi, \alpha/2)$ ならば，帰無仮説は棄却されず，「標本平均Aと標本平均Bは有意に異なるとはいえない」と結論されます．

注1）片側検定の場合には，手順4および手順5の $t(\phi, \alpha/2)$ を $t(\phi, \alpha)$ に変えます．$t_0 \geq t(\phi, \alpha)$ のとき帰無仮説を棄却し，対立仮説が $H_1: \mu_x > \mu_y$ なら「標本平均Aは標本平均Bより有意水準 α で有意に大きい」，対立仮説が $H_1: \mu_x < \mu_y$ なら「標本平均Aは標本平均Bより有意水準 α で有意に小さい」と結論します．

注2）分散が未知の場合の平均の差の検定法は，厳密にいえば $\sigma_x^2 = \sigma_y^2$ という確信がないかぎり t 検定ではなくつねにウェルチの検定を採用すべきであるということになります．$\sigma_x^2 = \sigma_y^2$ かどうかを調べるために分散比（後述）の検定をするわけですが，残念ながら有意にならない場合でも $\sigma_x^2 = \sigma_y^2$ と断定はできません．平均の検定の際に述べたのと同様にこの場合も，「$\sigma_x^2 \neq \sigma_y^2$ とはいえない」という消極的な判断しかできません．しかし実際には分散比の F 検定で検出できるほどの違いがない場合（とくに $m=n$ の場合）には，t 検定とウェルチの検定とで結論に大差がありません．そこで $\sigma_x^2 = \sigma_y^2$ が厳密に成り立つかどうかを知るためでなく，有意かどうかを知るためだけに分散比の F 検定をして，有意でなければ結論に大差がないとして，計算が簡単な t 検定のほうを採用するという方針がとられています．

注3）平均の差の検定で有意になる場合には，つねに「平均の差の区間推定で信頼区間が0を含まない」ということが成り立ちます．

注4) 平均の差の検定で有意になったということは,「標本平均に違いがある」と判定されただけであって,観測された標本平均の差がそのまま認められたわけではありません.その差がどの程度信頼できるかを知るには,差の信頼区間を求めなければなりません.

注5) 平均の差が有意である場合,その差が実質的にも意味をもつとはかぎりません.たとえば2校から抽出した各20人の生徒に同一の問題で試験をしたとき,学校間の平均の差が5点で有意だった場合に,それが教育上意味があるかどうかは統計学では答えられません.

[例題6.4] 2種類の睡眠薬AとBをそれぞれ10人(計20人)の患者に服用させ,睡眠の増加時間を測定しました.

① 睡眠薬AとBで,効果の分散に違いがあるか,検定しなさい.

② 睡眠薬の効果はAとBで差があるといえるでしょうか？(平均の差の検定)

表6.3

患者	1	2	3	4	5	6	7	8	9	10
睡眠薬A (時間)	1.9	0.8	1.1	0.1	−0.1	4.4	5.5	1.6	4.6	3.4
睡眠薬B (時間)	0.7	−1.6	−0.2	−1.2	−0.1	3.4	3.7	0.8	0.0	2.0

(出典: Student (1908) Biometrika 6 : 1-25)

① 睡眠薬AとBの効果の分散は,それぞれ $s_x^2 = 4.009$,$s_y^2 = 3.201$ です.後述 (6.5節) の分散比の検定をおこなうと,$s_x^2 > s_y^2$ ですから,検定統計量は式 (6.11a) より $F_0 = 4.009/3.201 = 1.252$ となります.この値は付表4cから読みとれる $F(9, 9, 0.025) = 4.03$ より小さいので,「睡眠薬AとBで効果の標本分散に有意な違いがあるとはいえない」と結論されます.

② 式 (6.5) において $m = 10$,$n = 10$ で,計算により $SS_x = 36.081$,$SS_y = 28.805$ ですから,

$$t_0 = \frac{|2.33 - 0.75|}{\sqrt{\dfrac{36.081 + 28.805}{18}\left(\dfrac{1}{10} + \dfrac{1}{10}\right)}} = \frac{1.58}{\sqrt{64.886/90}} = 1.861$$

検定統計量の値 t_0 は，付表2から読みとれる自由度18の t 分布の5％水準の棄却限界値である2.101より小さいので，「睡眠薬AとBで効果の標本平均に差があるとはいえない」と結論されます．

6.3.3 母平均の差のウェルチの検定（分散が未知で異なる場合）

この方法は，母集団AとBで分散が異なるときでも通常の t 検定が行えるように，自由度について補正するものです．検定統計量は6.3.2と基本的に同じです．

母集団A ：平均 μ_x，分散 σ_x^2（未知）→ 標本A　　$x_1, x_2, \cdots, x_m$
母集団B ：平均 μ_y，分散 σ_y^2（未知）→ 標本B　　$y_1, y_2, \cdots, y_n$
　　　　ただし $\sigma_x^2 \neq \sigma_y^2$

帰無仮説と対立仮説はつぎのとおりです．

$H_0 : \mu_x = \mu_y$
$H_1 : \mu_x \neq \mu_y$　　（両側検定）

検定手順は以下のとおりです．

手順1：標本Aと標本Bの平均 $\bar{x}$ と $\bar{y}$，不偏分散 s_x^2 と s_y^2 を次式で計算します．

$\bar{x} = (x_1 + x_2 + \cdots + x_m)/m$
$\bar{y} = (y_1 + y_2 + \cdots + y_n)/n$ y
$s_x^2 = \{(x_1 - \bar{x})^2 + (x_2 - \bar{x})^2 + \cdots + (x_m - \bar{x})^2\}/(m-1)$
$s_y^2 = \{(y_1 - \bar{y})^2 + (y_2 - \bar{y})^2 + \cdots + (y_n - \bar{y})^2\}/(n-1)$

手順2：検定統計量 t_0 を次式で計算します．母集団AとBで分散が異なるので，プールした分散は使えません．

$$t_0 = \frac{|\bar{x} - \bar{y}|}{\sqrt{\dfrac{s_x^2}{m} + \dfrac{s_y^2}{n}}} \tag{6.6}$$

手順3：自由度 ϕ を次式で計算します．この自由度は必ずしも整数にはなりません．

$$\phi = \frac{\left(\dfrac{s_x^2}{m} + \dfrac{s_y^2}{n}\right)^2}{\dfrac{(s_x^2/m)^2}{m-1} + \dfrac{(s_y^2/n)^2}{n-1}} \tag{6.7}$$

この自由度 ϕ は必ずしも整数にはなりません．また $m-1$ と $n-1$ のうち小さいほうの値より小さくなることはありません．

手順4：自由度 ϕ，有意水準を α とするとき，$t(\phi, \alpha/2)$ の値を求めます．ただし ϕ が整数でないときには，ϕ の小数部分を切り捨てた整数 ϕ_1 と切り上げた整数 ϕ_2 から，ϕ_1 と ϕ_2 をもとにした次の補間式で $t(\phi, \alpha/2)$ を求めます．

$$t(\phi, \alpha/2) = \frac{120/\phi_1 - 120/\phi}{120/\phi_1 - 120/\phi_2} t(\phi_2, \alpha/2) + \frac{120/\phi - 120/\phi_2}{120/\phi_1 - 120/\phi_2} t(\phi_1, \alpha/2) \tag{6.8}$$

手順5：$t_0 \geq t(\phi, \alpha/2)$ ならば，帰無仮説を棄却し対立仮説を採択します．つまり，$\alpha = 0.05$ ならば「標本平均Aと標本平均Bは5％水準で有意に異なる」，$\alpha = 0.01$ なら「標本平均Aと標本平均Bは1％水準で有意に異なる」と結論されます．$t_0 < t(\phi, \alpha/2)$ ならば，帰無仮説は棄却されず，「標本平均Aと標本平均Bは有意に異なるとはいえない」と結論されます．

この方法は**ウェルチの検定** (Welch test)，**ウェルチの t 検定**または**サタースウエイトの近似法** (Satterthwaite approximation) といいます (Welch, 1938, Satterthwaite, 1946)．

注1）片側検定の場合の場合には，手順4および手順5の $t(\phi, \alpha/2)$ を $t(\phi, \alpha)$ に変えます．$t_0 \geq t(\phi, \alpha)$ のとき帰無仮説を棄却し，対立仮説が $H_1: \mu_x > \mu_y$ なら「標本平均Aは標本平均Bより有意水準 α で有意に大きい」，対立仮説が $H_1: \mu_x < \mu_y$ なら「標本平均Aは標本平均Bより有意水準 α で有意に小さい」と結論します．

注2）母集団AとBで分散が等しい場合には，つねに t 検定のほうがウェルチの検定よりも検定力が高くなります．

注3）ウェルチの検定は，標本AとBの間で標本サイズが大きく異なること

なく，かつ標本サイズが小さい場合（＜50）に使います．それ以外の場合は通常の t 検定で充分です．とくに標本サイズが大きく異なり，かつ A, B ともに小さい場合のウェルチの検定は検定力が低い欠点があります．

[例題6.5] スーパーで買ってきた重さを選抜した卵（10 個）と無選抜の卵（10 個）の 2 種類について，平均が異なるかどうかを検定しなさい．
 選抜卵 A　 : 75.1, 71.4, 77.2, 74.0, 76.9, 71.7, 76.1, 71.7, 68.6, 73.4
 無選抜卵 B : 74.4, 65.6, 63.1, 68.1, 70.7, 59.5, 67.6, 71.3, 60.4, 77.7

（解答） 選抜卵の重さを x_i，無選抜卵の重さを y_i とします（$i = 1, 2, \cdots, 10$）．このとき $\bar{x} = 73.61$，$\bar{y} = 67.84$，$s_x^2 = 7.734$，$s_y^2 = 34.769$ で，後述（6.5節）の分散比の検定をおこなうと，$s_y^2 / s_x^2 = 4.495$ で付表 4 c から読みとれる $F(9, 9, 0.025) = 4.03$ より大きく，$F(9, 9, 0.005) = 6.54$ より小さいので 5 ％水準で有意です．そこでウェルチの検定を行います．

検定量：$t_0 = \dfrac{|73.61 - 67.84|}{\sqrt{7.734/10 + 34.769/10}} = \dfrac{5.77}{2.0616} = 2.799$,

自由度：$\phi = \dfrac{(7.734/10 + 34.769/10)^2}{\dfrac{(7.734/10)^2}{9} + \dfrac{(34.769/10)^2}{9}} = \dfrac{18.065}{0.0665 + 1.3432} = 12.815$

ϕ は整数でないので，$\phi_1 = 12$，$\phi_2 = 13$ とし，5 ％水準では $t(12, 0.025) = 2.179$，$t(13, 0.025) = 2.160$ より，

$t(12.815, 0.025)$
$= \dfrac{120/12 - 120/12.815}{120/12 - 120/13} \cdot 2.160 + \dfrac{120/12.815 - 120/13}{120/12 - 120/13} \cdot 2179 = 2.163$

同様に 1 ％水準では，$t(12.815, 0.005) = 3.019$

これより $t(12.815, 0.005) > t_0 = 2.799 > t(12.815, 0.025)$ となり，「選抜卵と無選抜卵とは 5 ％水準で標本平均が有意に異なる」と結論されます．

6.3.4 対応のある2組の標本の平均の差の t 検定
（等分散かどうかは問わない）

実験動物にある医薬品を投与して投与前と投与後における血液成分を測定したり，複数の試験用鉢に品種Aの個体と品種Bの個体を対にして植えて収穫量を測ったりするときのように，比較される2群の集団間で個体が対になっている場合があります．そのような場合の2群の標本が由来した母集団の平均の差の検定は，6.3.1〜6.3.3の場合とは方法が異なります．

この場合のデータの形はつぎのとおりになります．

対	1	2	⋯	n
標準群A	x_1,	x_2	⋯	x_n
標準群B	y_1,	y_2	⋯	y_n

標本AとBだけでなく対の番号 $(1, 2, \cdots, n)$ により異なる母集団に由来すると考えます．すなわち i を対の番号とすると，

$$x_i = \mu_x + c_i + e_{xi}$$
$$y_i = \mu_y + c_i + e_{yi}$$

各 x_i $(i=1, 2, \cdots, n)$ の母集団は，平均 $\mu_x + c_i$ で分散 σ_x^2 の正規分布に，各 y_i $(i=1, 2, \cdots, n)$ の母集団は，平均 $\mu_y + c_i$ で分散 σ_y^2 の正規分布に従うとします．ここで c_i $(i=1, 2, \cdots, n)$ は i 番目の対に伴う効果です．ただし，μ_x, μ_y, σ_x^2, σ_y^2, $c_1, c_2, \cdots, c_n$ はどれも未知の定数です．

帰無仮説と対立仮説はつぎのとおりです．

$H_0 : \mu_x = \mu_y$

$H_1 : \mu_x \neq \mu_y$ 　　（両側検定）

手順1：各対における2標本の観測値（x_i と y_i）の差を求めます．

$$d_1 = x_1 - y_1,\ d_2 = x_2 - y_2,\ \cdots,\ d_n = x_n - y_n$$

手順2：差 d_i の平均 $\bar{d}$ と分散 s_d^2 を計算します．分散から標準偏差 s_d を求めます．

$$\bar{d} = (d_1 + d_2 + \cdots + d_n)/n$$
$$s_d^2 = \{(d_1 - \bar{d})^2 + (d_2 - \bar{d})^2 + \cdots + (d_n - \bar{d})^2\}/(n-1)$$
$$s_d = \sqrt{s_d^2}$$

手順3：以下の検定統計量 t_0 を計算します．

$$t_0 = \frac{|\bar{d}|}{\frac{s_d}{\sqrt{n}}} \tag{6.9}$$

手順4:t 分布の自由度は対の数 n から1を引いた $\phi = n-1$ となります.もとの観測値の数から $\phi = (n-1)+(n-1) = 2n-2$ としてはいけません.

手順5:有意水準を α とするとき,t 分布表(付表2)から $t(\phi, \alpha/2)$ の値を読みとります.

手順6:$t_0 \geq t(\phi, \alpha/2)$ ならば,帰無仮説を棄却し対立仮説を採択します.つまり,$\alpha = 0.05$ なら「2群の標本平均の差は5%水準で有意に0と異なる」,$\alpha = 0.01$ なら「2群の標本平均の差は1%水準で有意に0と異なる」と判断されます.$t_0 < t(\phi, \alpha/2)$ ならば,帰無仮説は棄却されず,「2群の標本平均の差は有意に0と異なるとはいえない」と結論されます.

注1) 片側検定の場合には,手順5および手順6の $t(\phi, \alpha/2)$ を $t(\phi, \alpha)$ に変えます.$t_0 \geq t(\phi, \alpha)$ のとき帰無仮説を棄却し,対立仮説が $H_1: \mu_x > \mu_y$ なら「標本平均Aは標本平均Bより有意水準 α で有意に大きい」,対立仮説が $H_1: \mu_x < \mu_y$ なら,「標本平均Aは標本平均Bより有意水準 α で有意に小さい」と結論します.

注2) 対となった観測値の差をとることにより $c_1, c_2, \cdots, c_n$ は相殺され,差 d_i の構造は

$$d_i = (\mu_x - \mu_y) + (e_{xi} - e_{yi})$$

となり,d_i は $\mu_x - \mu_y$ を母平均,$\sigma_d^2 = \sigma_x^2 + \sigma_y^2$ を母分散とする正規分布に従います.それによりこの検定は,6.2節の母平均の t 検定と本質的には同じになります.

注3) この検定では,σ_x^2 と σ_y^2 が等しいかどうかは問題とならず,等分散の検定は必要ありません.また対応のあるデータでは,x_i の分散の期待値は $V_X = \sigma_c^2 + \sigma_x^2$,$y_i$ の分散の期待値は $V_Y = \sigma_c^2 + \sigma_y^2$ となり,両者はたがいに独立ではないので,その比の F 分布(第13章)による検定から帰無仮説 $H_0: \sigma_x^2 = \sigma_y^2$ を検定することはできません.

注4) 対応のあるデータを 6.3.1,6.3.2,6.3.3のような対応のないデータのようにみなして平均の差を検定すると誤りになります.

[例題6.6] 例題6.4で，睡眠薬AとBで服用した患者が同じ場合（患者は10人），睡眠薬の効果に差があるといえるでしょうか？

睡眠薬AとBの効果の差 $(A-B)$ は，1.2, 2.4, 1.3, 1.3, 0, 1.0, 1.8, 0.8, 4.6, 1.4 となります．これを $d_i (i=1,2,\cdots,10)$ とおくと，平均 $\bar{d}=1.58$，標準偏差 $s_d=1.230$ となるので，式 (6.9) より検定統計量は，

$$t_0 = \frac{|1.58|}{\frac{1.230}{\sqrt{10}}} = \frac{1.58}{0.3890} = 4.062$$

となります．検定統計量 t_0 の値は，自由度9の t 分布の有意水準0.01の棄却限界値である3.250より高いので，「睡眠薬AとBで効果の標本平均に1％水準で有意な差がある」と結論されます．例題6.4の場合と結論が異なります．

6.4 母分散の χ^2 検定 (平均は問わない)

動物実験で供試する動物の群について，実験に先立って体重などの観測値を求め，平均や分散についていつもの値と異なっていないかを確認することがあります．平均や分散が異なればなにかの異常が発生していないかを調べる必要があります．ここでは，分散がある既知の値に対して異なるかどうかを検定する方法を示します．平均の差は問題にしません．

母集団の値が分散 σ^2 の正規分布をするとき，大きさ n の標本をとって観測値を求めます．つまりデータの形はつぎのとおりとします．

　　　母集団：分散 σ^2（未知）→ 標本 $x_1, x_2, \cdots, x_n$

帰無仮説と対立仮説はつぎのとおりです．母分散 σ^2 をある与えられた分散 σ_0^2 と異なるかどうかを検定します．

$H_0 : \sigma^2 = \sigma_0^2$

$H_0 : \sigma^2 \neq \sigma_0^2$

手順1：標本から平均 $\bar{x}$ および平方和 SS を計算します．

$\bar{x} = (x_1 + x_2 + \cdots + x_n)/n$

$$SS = (x_1 - \bar{x})^2 + (x_2 - \bar{x})^2 + \cdots + (x_n - \bar{x})^2$$

手順2：自由度を $\phi = n - 1$ から求めます．
手順3：つぎの検定統計量を求めます．

$$\chi_0^2 = \frac{SS}{\sigma_0^2} \tag{6.10}$$

手順4：有意水準 α を定め，付表3の χ^2 分布表から自由度が ϕ のときの上側 $\alpha/2$ 点および下側 $1 - \alpha/2$ 点を求めます．たとえば $\phi = 9$ で $\alpha = 0.05$ のとき，$\chi^2(\phi, \alpha/2) = 19.02$，$\chi^2(\phi, 1 - \alpha/2) = 2.70$ です（図5.8参照）．

手順5： $\chi_0^2 \geq \chi^2(\phi, \alpha/2)$ または $\chi_0^2 \leq \chi^2(\phi, 1 - \alpha/2)$ のとき，帰無仮説を棄却し，対立仮説を採択します．つまり $\alpha = 0.05$ なら「標本分散 σ^2 は σ_0^2 と5％水準で有意に異なる」，$\alpha = 0.01$ なら「標本分散 σ^2 は σ_0^2 と1％水準で有意に異なる」と結論します． $\chi^2(\phi, 1 - \alpha/2) < \chi_0^2 < \chi^2(\phi, \alpha/2)$ のときは，帰無仮説を棄却できません．この場合は「標本分散 σ^2 は σ_0^2 と有意に異なるとはいえない」と結論されます．

注1）　片側検定の場合で対立仮説が $H_1 : \sigma^2 > \sigma_0^2$ の場合には，手順4で自由度が ϕ のときの上側 α 点 $\chi^2(\phi, \alpha)$ をもとめます．たとえば $\phi = 9$ で $\alpha = 0.05$ のとき，$\chi^2(\phi, \alpha) = 16.92$ です．手順5で $\chi_0^2 \geq \chi^2(\phi, \alpha)$ ならば，帰無仮説を棄却し，「標本分散 σ^2 は σ_0^2 に比べて有意水準 α で有意に大きい」と結論します．対立仮説が $H_1 : \sigma^2 < \sigma_0^2$ の場合には，手順4で自由度が ϕ のときの下側 $1 - \alpha$ 点 $\chi^2(\phi, 1 - \alpha)$ をもとめます．たとえば $\phi = 9$，$\alpha = 0.05$ のとき $\chi^2(\phi, 1 - \alpha) = 3.33$ です．手順5で $\chi_0^2 \geq \chi^2(\phi, 1 - \alpha)$ ならば，帰無仮説を棄却し，「標本分散 σ^2 は σ_0^2 に比べて有意水準 α で有意に小さい」と結論します．

[例題6.7]　ある60代の男性が昨年1年間毎日同じ時刻に一定の方法で測った最大血圧について，平均が148で分散が31でした．最近10日間に測った最大血圧はつぎのとおりでした．この人は最近，最大血圧の分散が異なる（昨年と比べて安定しているか乱れているか）といえるでしょうか？

153,　164,　132,　150,　160,　138,　161,　141,　131,　170

（解答）標本のサイズは $n=10$, 標本の平均は $\bar{x}=150$, 平方和は $SS=(153-150)^2+(164-150)^2+\cdots+(170-150)^2=1736$ となります．

したがって $\sigma_0^2=31$ より $\chi_0^2=1736/31=56$ となります．ここで自由度 $\phi=9$ の下での χ^2 分布の両側検定における1％水準の上側棄却限界値は付表3より $\chi^2(9,0.005)=23.6$ です．χ_0^2 値はそれより大きいので，「血圧は1％水準で最近乱れている」と結論されます．

6.5　2標本の分散比の F 検定

6.4節の2群の間の平均の差を検定する場合には，その前に分散が異なるかどうかを検定する必要があります．ただし分散の違いは差ではなく，比に基づいて検定します．

母集団 A　：平均 μ_x, 分散 σ_x^2（未知）→ 標本 A $x_1, x_2, \cdots, x_m$
母集団 B　：平均 μ_y, 分散 σ_y^2（未知）→ 標本 B $y_1, y_2, \cdots, y_n$

$\mu_x, \mu_y, \sigma_x^2, \sigma_y^2$ はどれも未知とします．帰無仮説と対立仮説はつぎのとおりです．

$H_0: \sigma_x^2 = \sigma_y^2$
$H_1: \sigma_x^2 \neq \sigma_y^2$

手順1：標本 A および標本 B のデータからそれぞれ分散 s_x^2, s_y^2 を計算します．

$\bar{x} = (x_1+x_2+\cdots+x_m)/m$
$\bar{y} = (y_1+y_2+\cdots+y_n)/n$
$s_x^2 = \{(x_1-\bar{x})^2+(x_2-\bar{x})^2+\cdots+(x_m-\bar{x})^2\}/(m-1)$
$s_y^2 = \{(y_1-\bar{y})^2+(y_2-\bar{y})^2+\cdots+(y_n-\bar{y})^2\}/(n-1)$

手順2：第1自由度 ϕ_1 と第2自由度 ϕ_2 を求めます．

$s_x^2 \geq s_y^2$ のとき　　$\phi_1=m-1, \phi_2=n-1$
$s_x^2 < s_y^2$ のとき　　$\phi_1=n-1, \phi_2=m-1$

手順3：つぎの検定統計量 F_0 を求めます．

$s_x^2 \geq s_y^2$ のとき　$F_0 = \dfrac{s_x^2}{s_y^2}$ (6.11 a)

$s_x^2 < s_y^2$ のとき　$F_0 = \dfrac{s_y^2}{s_x^2}$ (6.11 b)

つまり s_x^2 と s_y^2 を比べて，大きいほうを分子に小さいほうを分母に置いて比をとります．この F_0 を**分散比**（variance ratio）といい，**F 分布**（F-distribution）に従います（13.3.3 参照）．この検定の場合は，分散比は必ず1以上の値をとります．

手順4：有意水準 α を定め，巻末の F 分布表（付表4 c, 4 d）から $F(\phi_1, \phi_2, \alpha/2)$ の値を読み取ります（図6.7）．$F_0 \geq F(\phi_1, \phi_2, \alpha/2)$ のとき帰無仮説を棄却し，対立仮説を採択します．つまり $\alpha = 0.05$ のとき「標本分散Aと標本分散Bは5％水準で有意に異なる」，$\alpha = 0.01$ のとき「標本分散Aと標本分散Bは1％水準で有意に異なる」といえます．$F_0 < F(\phi_1, \phi_2, \alpha/2)$ のときは，帰無仮説を棄却できません．この場合は「標本分散Aと標本分散Bは有意に異なるとはいえない」と結論します．

注1）　この検定では，s_x^2 と s_y^2 の計算結果を得てから，大きいほうを分子に

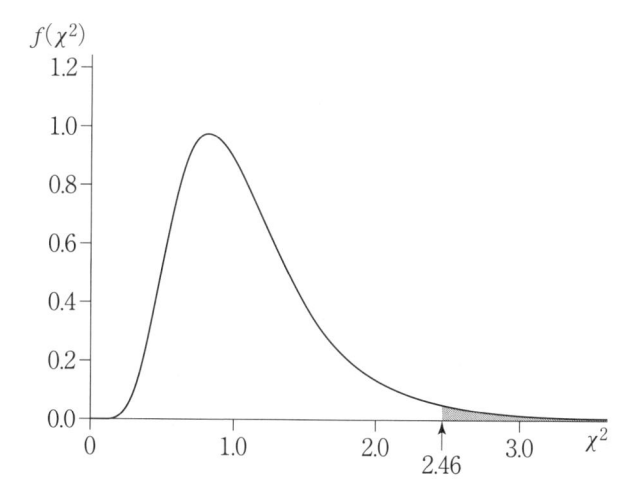

図6.7　自由度 $\phi_1 = 20$, $\phi_2 = 20$ の場合の F 分布における5％水準の棄却限界値（2.46）．2.46より高い値に相当する F 分布の上側確率は0.025となる．

小さいほうを分母に置いて分散比をとります．そして F 分布上ではつねに分散比に対応した上側確率だけを求めます．つまり F 分布上では片側検定です．しかし，実際には対立仮説は $H_1: \sigma_x^2 \neq \sigma_y^2$ で両側検定になっています．じつは両側検定と片側検定という用語はつぎの2とおりに使われています．

① 検定に用いる統計量の分布の両側（または片側）に棄却域を設けた検定
② 帰無仮説の両側（または片側）に対立仮説を設けた検定

正規分布や t 分布による検定では，どちらの定義でもくい違いは生じません．しかし分散比の F 検定では，①の定義では片側検定ですが，②の定義では両側検定となります．このような混乱を防ぐために②の場合を**両側仮説の検定**とか**片側仮説の検定**と呼んで，①の場合と区別することが勧められています（近藤と安藤，1967）．これによれば分散比の F 検定は片側検定で両側仮説の検定といえます．

注2）片側仮説の検定の場合で対立仮説が $H_1: \sigma_x^2 > \sigma_y^2$ の場合には，手順3で検定統計量を $F_0 = s_x^2/s_y^2$ とし，手順4で自由度が $\phi_1 = m-1$，$\phi_2 = n-1$ のときの上側 α 点 $F(\phi_1, \phi_2, \alpha)$ をもとめます．たとえば $\phi_1 = 9$，$\phi_2 = 10$ で $\alpha = 0.05$ のとき，$F(\phi_1, \phi_2, \alpha) = 3.02$ です．手順4で $F_0 \geq F(\phi_1, \phi_2, \alpha)$ ならば，帰無仮説を棄却し，「標本分散Aは標本分散Bより有意水準 α で有意に大きい」と結論します．対立仮説が $H_1: \sigma_x^2 < \sigma_y^2$ の場合には，手順3で検定統計量を $F_0 = s_y^2/s_x^2$ とし，手順4で自由度が $\phi_1 = n-1$，$\phi_2 = m-1$ のときの上側 α 点 $F(\phi_1, \phi_2, \alpha)$ をもとめます．手順5で $F_0 \geq F(\phi_1, \phi_2, \alpha)$ ならば，帰無仮説を棄却し，「標本分散Aは標本分散Bより有意水準 α で有意に小さい」と結論します．

6.6 統計的検定に関する問題

［問題6.1］（検定力）母平均の検定において，帰無仮説 $H_0: \mu = \mu_0$ を有意水準5％で検定するとき（両側検定），真の平均が μ_0 より高い方向に 0.5σ 離れた場合に，これを95％以上の確率で検出するようにする（検定力を0.95とする）には，必要な標本の大きさはいくらでしょうか．ここで σ は標本の要素1個当たりの標準偏差とします．

(解答 6.1) 帰無仮説の下における標準正規分布

$$Z = \frac{\overline{X} - \mu_0}{\sigma/\sqrt{n}}$$

において5％水準での両側検定の右裾の棄却限界値は1.960となります．

$$Z = \frac{\overline{X} - \mu_0}{\sigma/\sqrt{n}} = \frac{\overline{X} - (\mu_0 + 0.5\sigma)}{\sigma/\sqrt{n}} + 0.5\sqrt{n}$$

より，標準正規分布上の点1.960は，0.5σ高い方向にずれた標準正規分布上では $1.960 - 0.5\sqrt{n}$ に相当します．後者の分布において横軸の値が $1.960 - 0.5\sqrt{n}$ より小さい領域が5％以下になるようにすれば，検出確率が95％以上になります（図6.8）．下片側検定における5％水準の棄却限界値が -1.645 であることから，$1.960 - 0.5\sqrt{n} = -1.645$ を解くと $n = 51.98$ が得られます．これより標本の大きさを52以上にすればよいといえます．

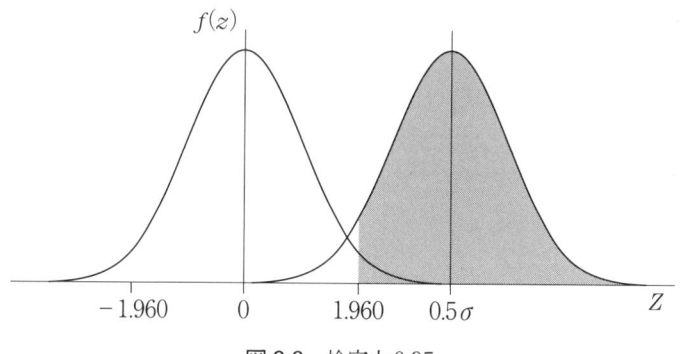

図6.8 検定力0.95

第7章 適合度検定および分割表の検定

7.1 適合度の検定

7.1.1 適合度検定とは

第1章で述べたような観察された度数分布がある期待される理論分布によく合うかどうかを検定したいときがあります．そのような理論分布は，観測する事象のタイプにより異なります．たとえば，階級による頻度の差がないと期待されれば一様分布，ベルヌーイ事象であれば二項分布，まれな事象であればポアソン分布，多くの要因による変動を受ける分布であれば正規分布などさまざまです．離散分布も連続分布もあります．また統計学上の確率分布だけでなく，遺伝分離のように実学的に期待される理論比や理論分布の場合もあります．観測分布がなにかの理論分布に合致すれば，分布についての全体の姿が理解しやすく，また法則性を把握できるようになります．

ある母集団から大きさ n の標本を抽出して k 種のカテゴリー（分類項目）$A_1, A_2, \cdots, A_k$ のどれかに分類したとき，**観測度数**（observed frequency）がそれぞれ $f_1, f_2, \cdots, f_k$ ($f_1+f_2+\cdots+f_k=n$) であったとします（表7.1）．一方，理論的根拠からそれぞれのカテゴリーは確率 $p_1, p_2, \cdots, p_k$ ($p_1+p_2+\cdots+p_k=1$) をもって起こると期待されるとします．確率から計算される頻度 $np_1, np_2, \cdots, np_k$ を**理論度数**（theoretical frequency）または**期待度数**（expected frequency）と呼びます．観察度数が期待される確率に即して生じたといえるかどうかを検定する方式を**適合度検定**（test of goodness of fit）といいます．検定は観測度数を理論度数と比較することによって行われます．なお各

表 7.1

	カテゴリー					計
	A_1	A_2	A_3	$\cdots$	A_k	
理論度数	np_1	np_2	np_3	$\cdots$	np_k	n
観測度数	f_1	f_2	f_3	$\cdots$	f_k	n

カテゴリーに対応する理論度数および観測度数の枠を**セル**(cell)といいます.

7.1.2 理論分布から期待される確率

適合度検定における理論度数の計算には2通りあります.ひとつは本質的な法則によりデータを得る前に理論比が決まっている場合です(extrinsic null hypothesis).たとえば例題7.1にようにすべてのカテゴリー間で理論頻度が等しい場合や,例題7.2のように遺伝法則などで理論頻度が決定できる場合などがあります.もうひとつは,実験後に標本からパラメータを推定し,それより確率分布を決定し,それに基づき理論頻度を求める場合です(intrinsic null hypothesis).例題7.3のようなポアソン分布,あるいは二項分布,幾何分布などへの適合を検定する場合がそれです.

(1) 理論度数が実験以前に決まっている場合−カテゴリー間で等しい場合.

[例題7.1] サイコロを60回ふったときの結果を表7.2に示します.

表 7.2

	事象(目の数)						計
	1	2	3	4	5	6	
確率	1/6	1/6	1/6	1/6	1/6	1/6	1
理論度数	10	10	10	10	10	10	60
観測度数	7	11	8	12	9	13	60

サイコロが正しいとみなせるときには,1から6までの目が出る確率は等しく,1/6となります.したがって各確率に総数を掛けると,理論度数はすべて

のカテゴリーで $1/6 \times 60 = 10$ となります．

(2) 理論度数が実験以前に決まっている場合 — なんらかの法則による場合．

[例題7.2] メンデルが示したエンドウの遺伝実験の結果です（表7.3）．種子の色（黄色と緑色）と形（丸粒としわ粒）について異なる2品種を交配すると，遺伝法則により雑種2代で，黄色丸粒，黄色しわ粒，緑色丸粒，緑色しわ粒が $9/16 : 3/16 : 3/16 : 1/16$ の割合で分離することが期待されます．

表 7.3

	事象 (2形質の表現型の分離)				計
	黄色丸粒	黄色しわ粒	緑色丸粒	緑色しわ粒	
確率	9/16	3/16	3/16	1/16	1
理論度数	312.75	104.25	104.25	34.75	556
観測度数	315	101	108	32	556

(3) 理論度数を求める際に標本からパラメータの推定を必要とする場合．

[例題7.3] 第3章の例題で示したポアソン分布の例をあげます（表7.4）．

表 7.4

	事象 (馬に蹴られて死んだ兵士の数)						計
	0	1	2	3	4	5以上	
確率	0.543	0.331	0.101	0.021	0.003	0.000	1
理論度数	108.6	66.2	20.2	4.2	0.6	0.0	199.8
観測度数	109	65	22	3	1	0	200

この例はポアソン分布なので，標本平均 λ を求め，それに基づいて「死んだ兵士の数」が 0, 1, 2, $\cdots$ となる確率を求め，確率に観察総数 200 を掛けて観測度数を求めます．

7.1.3 検定手順

帰無仮説 $H_0: P(A_1) = p_1, P(A_2) = p_2, \cdots, P(A_k) = p_k$ 「各カテゴリーの事象が生じる確率は，想定した理論分布に適合する」

手順1：想定される理論分布から期待される確率 $p_1, p_2, \cdots, p_k$ を求めます．

手順2：標本の大きさ n から各事象について $np_1, np_2, \cdots, np_k$ を計算します．

手順3：期待値 np_i が5より小さい事象については，隣の事象と合併（プール pool）することにし，理論度数と観測度数を改めて求めます．期待値が小さすぎると，手順4に示す帰無仮説の下での χ^2 分布による近似が悪くなるからです．

手順4：各事象について $(f_i - np_i)^2/(np_i)$ を求め，つぎの検定統計量を計算します．

$$\chi_0^2 = \sum_{i=1}^{k} \frac{(f_i - np_i)^2}{np_i} \tag{7.1}$$

この式 (7.1) は

$$\chi_0^2 = \sum_{i=1}^{k} \frac{(O - E)^2}{E}$$

の形で覚えると便利です．ここで O は observed, E は expected の頭文字を表します．この χ_0^2 は n が大きいとき自由度 $\phi = k - 1$ の χ^2 分布に従います．

手順5：有意水準を α とするとき，$\chi_0^2 \geq \chi^2(\phi, \alpha)$ ならば「各カテゴリーは理論から決まる確率に適合して起こる」という帰無仮説を棄却し，$\chi_0^2 < \chi^2(\phi, \alpha)$ ならば帰無仮説を採択します．

本章で述べる適合度検定および分割表による検定については，名義尺度，順序尺度，間隔尺度，比尺度（第1章）のどのタイプのデータにも適用可能です．例題7.2は名義尺度，7.3は比尺度のデータです．$k = 2$ の場合には式(7.1)より，

$$\chi^2 = \frac{(f_1 - np_1)^2}{np_1} + \frac{(f_2 - np_2)^2}{np_2}$$

$$= \frac{(f_1-np_1)^2}{np_1} + \frac{\{(n-f_1)-(n-np_1)\}^2}{n(1-p_1)}$$

$$= \frac{(f_1-np_1)^2}{np_1(1-p_1)} = \left\{ \frac{f_1-np_1}{\sqrt{np_1(1-p_1)}} \right\}^2$$

となります．f_1 は二項分布に従うので，{ } 内の分子は平均 np_1 からの偏差，分母は標準偏差を表します．したがって { } 内は n が大きいときに標準正規分布に，{ }^{2} は自由度1の χ^2 分布に従います．$k>2$ の場合については(河田ら，1964)を参照下さい．

適合度検定および次節の分割表による検定については，以下のことに注意して下さい．

① 他の検定と同様に，観測度数の計があまり小さいと，本来有意となるはずの検定対象も有意となりません．
② 理論度数が5未満のセルをひとつでも含むカテゴリーは適正な理由の下にほかのカテゴリーと合併します．
③ カテゴリーの分類のしかたで値が異なることがあります．
④ 観測度数は実際に観測した度数を用います．観測度数の計を100にしたときの相対度数とか，度数の比率を用いてはいけません．
⑤ 適合度の検定における観測度数と理論度数を，間違えて次節の $(2\times k)$ 分割表として解析してはいけません．

7.1.4 適合度検定の例題の解析

例題7.1，7.2および7.3のデータについて適合度検定をしてみましょう．
(1) 例題7.1の場合には，

$$\chi_0^2 = \frac{(7-10)^2}{10} + \frac{(11-10)^2}{10} + \frac{(8-10)^2}{10} + \frac{(12-10)^2}{10}$$

$$+ \frac{(9-10)^2}{10} + \frac{(13-10)^2}{10} = \frac{1}{10}(9+1+4+4+1+9) = 2.800$$

自由度は $\phi = 6-1 = 5$ です．χ^2 分布における棄却限界値の表(付表3)をみると片側検定における自由度5の5％水準の χ^2 値は11.07です．χ_0^2 値はこれより低いので，観測度数の理論度数からのずれは有意でなく，「サイコロはとくに

どの目が出やすい（または出にくい）という傾向があるとはいえない」と結論されます．

(2) 例題7.2の場合は，
$$\chi_0^2 = \frac{(315-312.75)^2}{312.75} + \frac{(101-104.25)^2}{104.25} + \frac{(108-104.25)^2}{104.25}$$
$$+ \frac{(32-34.75)^2}{34.75} = 0.016 + 0.101 + 0.135 + 0.218 = 0.470$$

自由度は $\phi = 4-1 = 3$ です．上の χ_0^2 値は自由度3で5％水準の χ^2 値7.815 より低いので，有意ではありません．つまり「メンデルが観察したエンドウの形質の分離比は彼が提示した理論比に合わないとはいえない」と結論されます．

(3) 例題7.3の場合は
$$\chi_0^2 = \frac{(109-108.67)^2}{108.67} + \frac{(65-66.29)^2}{66.29} + \frac{(22-20.22)^2}{20.22} + \frac{(4-4.82)^2}{4.82}$$
$$= 0.001 + 0.025 + 0.157 + 0.140 = 0.323$$

この場合，ポアソン分布に従う理論度数の計算で標本平均を利用しているので，自由度はその分も引き $\phi = 4-1-1 = 2$ となります．上の χ_0^2 値は自由度2で有意水準0.05の χ^2 値5.991より低いので，「馬に蹴られて死んだ兵士の数の分布はポアソン分布に合わないとはいえない」と結論されます．

注1) 例題7.1のデータをすべて10倍したら，検定結果はどのように変わるでしょうか？
$$\chi_0^2 = \frac{(70-100)^2}{100} + \frac{(110-100)^2}{100} + \frac{(80-100)^2}{100} + \frac{(120-100)^2}{100}$$
$$+ \frac{(90-100)^2}{100} + \frac{(130-100)^2}{100}$$
$$= \frac{1}{100}(900 + 100 + 400 + 400 + 100 + 900) = 28.00$$

となり，χ_0^2 値は10倍となり，自由度5の1％水準の χ^2 値15.09より大きく，有意となります．つまり「サイコロの目の出方は1％水準で異なる，つまりサイコロは正しくない」と結論が変わります．一般にデータの観測値をすべて a 倍すると，式(7.1)で分子は a^2 倍，分母は a 倍になるので，χ_0^2 値は a 倍に変わ

ります.これより適合度の χ^2 検定では観測度数は度数自体にもとづいて行うべきで,相対度数を用いてはいけません.たとえば%で表した数値をもとに適合度検定を行うと,観測度数の計を100と決めたことになってしまいます.

注2) カテゴリーが2つで,理論度数が二項分布に従う場合に厳密な p 値が必要なときには,χ^2 検定ではなく二項分布に基づく正確な検定(exact binomial test)を使うことを勧めます(問題3.4参照).ただし標本サイズが大きい場合には,コンピュータ・ソフトが必要です.また帰無仮説に応じて両側検定か片側検定かを選定します.

7.1.5 χ^2 分布の自由度

自由度がカテゴリー数 k から1を引いた数になるのは,観測度数の和が n と決まっているためです.自由度は,サイコロの目の場合には $6-1=5$,週の曜日の場合には $7-1=6$,2形質の遺伝分離では $4-1=3$ となります.

理論度数が確率分布に従っているかどうかを検定する場合には,理論度数の計算に用いられる母数の数だけさらに自由度が減ります.たとえば例題7.3のポアソン分布では平均だけが母数ですから,さらに1を引いて $\phi=k-2$ となります.二項分布 $B(n,p)$ では母数が試行回数 n と成功確率 p の2つです.通常 n は既知なので,1を引き $\phi=k-2$ としますが,未知の場合は2を引き $\phi=k-3$ となります.正規分布では平均と分散の2つが母数なので $\phi=k-3$ となります.

ただし,データとは無関係にあらかじめ設定された特定の母数をもつ確率分布に従っているかどうかを検定する場合であれば,母数の数だけ自由度を引く必要はなく,$\phi=k-1$ となります.

7.2 独立性の検定

7.2.1 分割表と独立性

つぎに表7.5のように,二元表の形式でまとめられたデータを考えます.標本の各要素の観測はたがいに独立に行われ,また必ずどれかひとつののセルに分類され,複数のセルに入ることはないとします.

7.2 独立性の検定

このようなデータにはいく種類かありますが，ここではつぎの2種類に注目します．

① n 個の個体について，2種類の属性によって二重に分類されたデータ．たとえば，中学のある学年の生徒150人について国語と数学の成績を優，良，可に分類したデータ，投票所の出口で200人に年代 (20代，30代など) および支持政党を質問して分類したデータなどがこれに相当します．

2つの属性をAとBで表すとき，Aは $A_1, A_2, \cdots, A_r$ のカテゴリーに，Bは $B_1, B_2, \cdots, B_c$ のカテゴリーに分類されるとします．このとき属性AとBがたがいに独立かどうかを調べることを考えます．つまり，国語と数学の成績の間に関連があるかないかとか，年齢層によって支持政党が違うのかとかに興味をもつとします．

n 個体を2つの属性について分類して各セルの度数を求めると，表7.5のような表が得られます．これを $(r \times c)$ **分割表** (contingency table) といいます．分割表は1904年にピアソンにより提案されました．

いま $(r \times c)$ 分割表で，i 行 j 列の項目に分類される確率を p_{ij} とし，i 行に分類される確率を $p_{i \cdot} = \sum_{j=1}^{c} p_{ij}$，$j$ 列に分類される確率を $p_{\cdot j} = \sum_{i=1}^{r} p_{ij}$ とすると，すべての i, j に対し

$$p_{ij} = p_{i \cdot} p_{\cdot j} \tag{7.2}$$

が成り立つとき，独立であるといいます．$p_{i \cdot}$ と $p_{\cdot j}$ は周辺分布確率と呼ばれ，それぞれ周辺度数 $f_{i \cdot}$ および $f_{\cdot j}$ に対応し，つぎのとおりその推定値である相対

表7.5 $(r \times c)$ 分割表

	B_1	B_2		B_c	計
A_1	f_{11}	f_{12}	·······	f_{1c}	$f_{1 \cdot}$
A_2	f_{21}	f_{22}	·······	f_{2c}	$f_{2 \cdot}$
.	.	.		.	.
.	.	.		.	.
.	.	.		.	.
A_r	f_{r1}	f_{r2}	·······	f_{rc}	$f_{r \cdot}$
計	$f_{\cdot 1}$	$f_{\cdot 2}$	·······	$f_{\cdot c}$	n

度数で置き換えられます．

$$\hat{p}_{i.} = f_{i.}/n \tag{7.3 a}$$

$$\hat{p}_{.j} = f_{.j}/n \tag{7.3 b}$$

したがって「分割表のすべての i, j に対して式 (7.2) が成りたつ，つまり独立である」という帰無仮説の下では，理論度数は

$$E_{ij} = n\hat{p}_{i.}\hat{p}_{.j} = f_{i.}f_{.j}/n \tag{7.4}$$

となります．観察度数は f_{ij} ですから，適合度の場合にならって検定統計量

$$\chi_0^2 = \sum_{i=1}^{c} \sum_{j=1}^{r} \frac{(f_{ij} - f_{i.}f_{.j}/n)^2}{f_{i.}f_{.j}/n} \tag{7.5}$$

によって，分割法の独立性を検定できます．これを**独立性の検定**（test for independence）といいます．この場合 χ^2 分布の自由度は分割表の全セル中で自由に設定できる項目数に等しくなります．すなわち，分割表の各行について1から $c-1$ 列までの値が決まれば，c 列の値は自動的に決まるので，自由な項目の数は多くとも $r(c-1)$ となります．さらに $(c-1)$ 列について1から $r-1$ 行までの値が決まれば r 行の値は自動的に決まります．したがって自由な項目の数はさらに $(c-1)$ 個減ります．以上から自由度は $\phi = r(c-1) - (c-1) = (c-1)(r-1)$ となります．なおすべての項目で度数は5以上であるとします．5未満の項目がある場合には，行また列を合併して度数を5以上になるようにします．

② 既存の複数のグループについて，ある同一種類の属性によって分類されたデータ．たとえば，職業別グループごとに，新発売の5種類の車の中で最も好みのもので分類したデータ，市ごとでまとめた所得階層別人数のデータ，納品された製品を製造会社ごとに良・不良に分類したデータ，などがこれです．

① の場合には，ある個体が属性Aの第 i 水準で属性Bの第 j 水準のセルに入る確率は多項分布に従います．分割表の全セル数 (rc) からなる全体でひとつの多項分布です．それに対して ② の場合には，既存のグループ，上の例でいえば職業別人数や市人口や製造会社ごとの納品数ごとに調査個数が異なるのがふつうです．したがってグループ間での観測数の違いには興味がありません．この場合，調査個数は確率変数とはいえず，r 通りのグループがあれば r 通りの二

項分布 ($c=2$) ないし多項分布 ($c>2$) があると考えます．帰無仮説の表現も①と違いますが，検定の手順と計算方式は同じです．詳細は広津 (1983) を参照下さい．

7.2.2 検定手順

($r \times c$) 分割表が与えられたときの独立性の検定手順は以下のとおりです．

帰無仮説「2つの属性 A と B はたがいに独立である」

手順1：分割表の**周辺度数**（marginal frequency）$f_{i.}(i=1,2,\cdots,c)$，$f_{.j}(j=1,2,\cdots,r)$（$c+r$個）を求めます．

手順2：分割表の各項目の理論度数 $f_{i.}f_{.j}/n$（cr個）を計算します．

手順3：検定統計量

$$\chi_0^2 = \sum_{i=1}^{c} \sum_{j=1}^{r} \frac{(f_{ij} - f_{i.}f_{.j}/n)^2}{f_{i.}f_{.j}/n}$$

を計算します．

手順4：自由度 $\phi=(c-1)(r-1)$ を求めます．有意水準を α とするとき，$\chi_0^2 \geq \chi^2(\phi,\alpha)$ ならば帰無仮説を棄却します．$\chi_0^2 < \chi^2(\phi,\alpha)$ ならば帰無仮説を採択します．

注1) 分割表の形で表されていても社会調査においてときどき見られる全数調査のデータのような場合には，分割表の検定を行う意味はありません．全数調査では，そのデータの分割表のセルのどれかひとつでも式 (7.2) が成り立たなければ2つの属性は「独立でない」と結論されます．

注2) 病気の軽症，中症，重症や，ツアー旅行のアンケートにある不満足，やや不満足，普通，やや満足，満足などのように，分割表の行，列，あるいは両方に自然な順序がある場合には，**累積カイ二乗法**（cumulative chi-square method）（広津，1982，1983）が適用されます．

注3) 適合度検定，分割表の独立性の検定，正規分布に従う確率変数の母分散の検定 (6.4) など，χ^2 分布を用いる検定法を**カイ二乗検定**（chi-square test, χ^2 test) と総称します．

7.2.3 独立性の検定のための例題の解析

[例題7.4] 次表は，関東のある幹線道路で通行中の普通車200台，軽自動車188台のボディーの色を調べた結果です．普通車と軽自動車で好みの色の割合に差があるといえるでしょうか？

表7.6

	赤	黄	青・緑	白	シルバー	黒	計
普通車	7	5	15	58	55	60	200
軽自動車	14	14	16	61	35	48	188
計	21	19	31	119	90	108	388

式 (7.4) によって理論値を求めます．たとえば普通車で赤色の階級については，$(200 \times 21)/388 = 10.825$ となります．以下は表7.7のとおりとなります．

表7.7

	赤	黄	青・緑	白	シルバー	黒	計
普通車	10.825	9.794	15.979	61.340	46.392	55.670	200
軽自動車	10.175	9.206	15.021	57.660	43.608	52.330	188
計	21	19	31	119	90	108	388

これより

$$\chi_0^2 = \frac{(7-10.825)^2}{10.825} + \frac{(14-10.825)^2}{10.825} + \cdots + \frac{(48-52.330)^2}{52.330} = 12.12$$

自由度 $\phi = (6-1)(2-1) = 5$ で5％水準の χ^2 値は11.07，1％水準の χ^2 値は15.09なので，「普通車と軽自動車とでは好みの色の割合に5％水準で有意な差がある」と結論されます．

7.3 フィッシャーの直接確率検定

7.3.1 直接確率検定とは

最小の形の分割表である (2×2) 分割表では，5未満の項目があるとき，行や列の合併で度数を増やすことができません．そのような場合に利用できるのが**フィッシャーの直接確率検定** (Fisher's exact test) です．この方法は標本サイズが大きいほど計算の労力が急増するので，従来は小さな標本の場合にしか使われませんでした．しかし，正確な P 値を与えるので，コンピュータ・ソフトが利用できるならば大きな標本の (2×2) 分割表の場合にも通常の χ^2 検定でなくこの方法を用いることを勧めます．

表 7.8

	B_1	B_2	計
A_1	a	c	S
A_2	b	d	t
計	m	n	N

+	−		−	+
−	+		+	−

図 7.1

いま表7.8のような (2×2) 分割表において，(理論度数－観測度数) が正の場合を＋，負の場合を－と記すと，偏りは図7.1の (a) または (b) のタイプのどちらかになります．

与えられた分割表がたとえば (a) 型であったとするとき，＋の項目はひとつずつ増やし，－の項目はひとつずつ減らして，図7.2のように一連の (2×2) 分割表を作ると，

a	c	$a+1$	$c-1$	$a+2$	$c-2$	⋯
b	d	$b-1$	$d+1$	$b-2$	$d+2$	

図 7.2

これらはどれも標本と同じ方向で標本以上に理論度数から偏った分布となります．そこで $b-i$ か $c-i$ が 0 になるまでこれを書き並べます．周辺度数が標本の場合と同じという条件で，標本の分割表およびそれより偏った分割表が得られる確率をすべて求めて足せば，それが偏りの確率となります．その確率はつぎのように求められます．

$m/N=p,\ n/N=q,\ s/N=x,\ t/N=y$

とするとき，周辺度数 m,n,s,t が得られる確率は，

$$P(X) = {}_NC_m p^m q^n \times {}_NC_s x^s y^t \quad (m=a+b,\ n=c+d,\ s=a+c,\ t=b+d)$$

$$= \frac{(N!)^2}{m!n!s!t!} p^m q^n x^s y^t \tag{7.6}$$

また周辺度数 m,n,s,t が一定のもとで表7.6のような実現度数 a,b,c,d が得られる確率は，

$$P(Y) = {}_NC_m p^m q^n \times {}_mC_a x^a y^b \times {}_nC_c x^c y^d$$

$$= \frac{N!}{m!n!} \frac{m!}{a!b!} \frac{n!}{c!d!} p^m q^n x^s y^t \tag{7.7}$$

したがって周辺度数が上のようになった場合に Y が起こる確率は，

$$P_x(Y) = P(Y)/P(X) = \frac{m!n!s!t!}{N!} \frac{1}{a!b!c!d!} \tag{7.8}$$

となります．もし図7.2で $b-2=0$ となるとすると，同じ方向に偏る分布は標本も含めて3個となり，確率は

$$p = \frac{m!n!s!t!}{N!} \left(\frac{1}{a!b!c!d!} + \frac{1}{(a+1)!(b-1)!(c-1)!(d+1)!} \right.$$
$$\left. + \frac{1}{(a+2)!(b-2)!(c-2)!(d+2)!} \right) \tag{7.9}$$

となります．

7.3.2 検定手順

(2×2) 分割表が与えられたときの独立性の検定手順は以下のとおりです．

帰無仮説 $H_0 : P(A_i \cap B_j) = P(A_i)P(B_j)$ 「2つの属性 A と B はたがいに独立である」

対立仮説　H_1：帰無仮説が成り立たない．

手順1：分割表の周辺度数$f_{i\cdot}\,(i=1,2)$，$f_{\cdot j}\,(j=1,2)$を求めます．理論度数は計算する必要はありません．

手順2：与えられた標本から図7.1の(a)または(b)方向に偏った場合の分割表を順次作成します．度数を減少させる項目のどれかが0になるまで続けます．

手順3：手順2で作成した分割表のそれぞれについて式(7.8)を計算します．

手順4：手順3で計算した確率の和(p)を求めます．両側検定の場合にはpを2倍した$2p$を有意水準と比較します．$2p\leq 0.05$ならば，「5％水準で分割表は独立でない」と結論されます．$2p\leq 0.01$ならば「1％水準で分割表は独立でない」と結論されます．$2p>0.05$ならば，「分割表は独立でないとはいえない」と結論されます．

注1)　(2×2)分割表で理論度数が5より小さい項目がある場合の対処法として，古くから用いられている方法に**イェーツの補正法**（Yates' correction）という方法があります．これはつぎのような補正を行います．

$$\chi_0^2 = \frac{(|ad-bc|-N/2)^2 \cdot N}{mnst} \tag{7.10}$$

しかし，この補正法よりもフィッシャーの直接確率法のほうが正確です．

7.3.3　直接確率検定の例題の解析

[例題7.5]　ある診療所で19人のうち12人はインフルエンザの予防注射をし，残り7人はしませんでした．その後にインフルエンザに罹ったかどうかを調べたところ，表7.9の結果を得ました．予防注射をしたグループのほうが病

表7.9

	罹らなかった	罹った	計
予防注射をした	9	3	12
予防注射をしない	2	5	7
計	11	8	19

気に罹らなかった割合が多いようですが，この結果から注射の効果はあったと結論できるでしょうか？

一見すると差がありそうですが，注射の有無と罹病の有無が独立であると仮定したときに，このようなデータが生じる確率を計算してみましょう．（2×2）分割表で観測度数が5未満の階級があるので，フィッシャーの直接確率検定によって生起確率を求めます．

偏りのタイプは図7.1の(a)型で，観測度数のセットが生じる確率は，

$$p = \frac{12!7!11!8!}{19!}\left(\frac{1}{9!2!3!5!} + \frac{1}{10!1!2!6!} + \frac{1}{11!0!1!7!}\right) = 0.0674$$

となります．この場合注射の効果の有無を検定したいので，注射をしたためにインフルエンザにかえって罹りやすくなることがたとえあるとしても考慮しません．よって片側検定になり，p の値を0.05または0.01と比べます．p の値は0.05より大きいので，「注射の効果があったとはいえない」と結論されます．

7.4 対称性の χ^2 検定

7.4.1 分割表の対称性

分割表のデータによっては独立性の検定をする意味のないものがあります．表7.10は，同じ208人に3政党の支持の有無を2005年と2007年に尋ねたアンケート結果とします．ただし数字は架空です．支持政党は一般に年月がたっても大幅には変らないので，分割表の観察度数は左上から右下への対角線上を軸としてほぼ対称的になります．したがって，通常の分割表と違って独立性を検定する意味はありません．その代わり，2005年のB党支持者で2007年にA党支持に変わった人と，反対にA党支持者でB党支持に変わった人とは同程度であるかどうかが気になります．A-B間だけでなく，A-C間やB-C間も同様です．このような対称的な階級の差を検定することを**対称性の適合度検定**（goodness-of-fit test of symmetry）といいます．このような分割表の例には，若者の車種の好みの年間変化，父親と子供の職業，左右の視力，髪色と眼色，治療前後における病状比較，などに関するものがあります．

7.4.2 検定手順

一般に $(r \times r)$ の正方で,行と列のカテゴリーが同一な分割表を検定対象とします.

帰無仮説　$H_0: p_{ij} = p_{ji}$　$1 \leq i < j \leq r$　　　　　　　　　　(7.11)

「カテゴリーの度数は左上から右下への対角線を軸として対称である」

手順1：すべての階級について理論度数を求めます.

　　i 行 j 列の観測度数 y_{ij} の理論度数は,$(y_{ij} + y_{ji})/2$ です.

手順2：つぎの χ_0^2 値を求めます.

$$\chi_0^2 = \sum_{i=1}^{r} \sum_{j=1}^{r} \left(y_{ij} - \frac{y_{ij}+y_{ji}}{2} \right)^2 \bigg/ \left(\frac{y_{ij}+y_{ji}}{2} \right) = \sum\sum_{i<j} (y_{ij}-y_{ji})^2/(y_{ij}+y_{ji})$$

(7.12)

手順3：自由度は帰無仮説における等式（式7.11）の数に等しく,$\phi = {}_rC_2$ となります.自由度 ϕ で有意水準 α のときの χ^2 値と比べて,それより大きければ水準 α で有意であると結論され,対称性は棄却されます.

[例題7.6]　208人に3政党の支持の有無を2005年と2007年に尋ねたアンケート結果です.
対称性の検定をしましょう.

表7.10

2005 2007		政党			計
		A	B	C	
政党	A	63	32	2	97
	B	18	52	8	78
	C	7	15	11	33
計		88	99	21	208

表7.10 の (3×3) 分割表において対称性を検定すると,式 (7.12) より,

$$\chi_0^2 = \frac{(32-18)^2}{32+18} + \frac{(2-7)^2}{2+7} + \frac{(8-15)^2}{8+15} = 8.827$$

となり，これは自由度 $\phi = {}_3C_2 = 3$ の5％水準の値 (7.815) より大きく1％水準の χ^2 値 (11.34) より小さいので，5％水準で対称性は棄却されます．つまり「2年の間に政党間で支持層に変化が生じた」といえます．なお，表の周辺度数を比較して2×3の分割表として検定すると，$\chi_0^2 = 5.596$ となり，これは自由度2の5％水準の棄却限界値5.991より小さく，有意とはなりません．つまり政党の支持人数の変化だけではつかめない情報があるということです．

7.5 適合度検定と分割表の検定に関する問題

[問題7.1] (適合度の χ^2 検定)　下記は米国の産院で記録した時刻別の出産数（死産は除く）です．これより，出産は時刻により異なるといえるでしょうか？

表7.11

時刻	0.AM.-	3.AM.-	6.AM.-	9.AM.-	12.AM.-	3.PM.-	6.PM.-	9.PM.-	計
観測度数	4,064	4,627	4,488	4,351	3,262	3,630	3,577	4,225	32,224

(出典 J. V. Deporte 1915 - 1925)

(解答7.1)

「出産の頻度はすべての時刻で等しい」とする帰無仮説の下で期待度数は $32{,}224/8 = 4028$ となります．これより

$$\chi^2 = (4064 - 4028)^2 / 4028 + (4627 - 4028)^2 / 4028 + \cdots$$
$$+ (4225 - 4028)^2 / 4028$$
$$= (36^2 + 599^2 + 460^2 + 323^2 + 766^2 + 398^2 + 451^2 + 197^2) / 4028 = 412.96$$

χ^2 分布の自由度7における棄却限界値は5％水準で14.067，1％水準では18.475なので，「出産の頻度は時刻により1％水準で有意に異なる」と結論されます．データをよくみると，午後9時から正午前まで（つまり夜中と午前）に多く，正午から午後9時前までに少ない傾向があることがわかります．

7.5 適合度検定と分割表の検定に関する問題

[問題7.2] 表7.12は19世紀のドイツのある病院で集められたデータで，13人の子が生まれた計6,115家族における最初の12人の子中の男子の数の観測分布です．この分布が二項分布に従うといえるか検定しなさい．

表7.12

男子数	0	1	2	3	4	5	6	7	8	9	10	11	12
家族数	3	24	104	286	670	1,033	1,343	1,112	829	478	181	45	7

(Geissler 1889)

(解答7.2)

男子と女子で生まれる確率が必ずしも等しくないので，データから推定します．男子の総数は38,100なので，家族当たり平均は6.23人です．男子が生まれる確率は$6.23/12 = 0.519$となります．これよりたとえばr人の男子が生まれる期待頻度は，$f_r = {}_{12}C_r p^r q^{12-r}$となり，理論度数は6,115となります．計算すると，(0人) 0.93, (1) 12.09, (2) 71.80, (3) 258.48, (4) 628.06, (5) 1085.21, (6) 1367.28, (7) 1265.63, (8) 854.25, (9) 410.01, (10) 132.84, (11) 26.08, (12) 2.35，となります．これよりχ^2値は，110.50となります．自由度は二項分布の平均をデータから推定しているので，$13 - 1 - 1 = 11$となります．これは自由度11の1％水準の棄却限界値24.725よりはるかに大きく，1％水準で有意となります．観測度数と理論度数を比べると，男子数が中程度（5〜8人）では観測度数が期待度数より低く，それより少ない（0〜4人）か，多い（9〜12人）場合には逆になっています．

[問題7.3] 表7.13は先天性四肢異常（フォコメリア）の子を産んだ母親群（G_1）と正常の子を産んだ母親群（G_2）について，妊娠初期にサリドマイド剤を服用していたかどうかを過去にさかのぼって調べて分類したデータです．これについて，フォコメリアの発生とサリドマイドの服用・非服用が関連があるかないかを検定しなさい．

第7章 適合度検定および分割表の検定

表7.13

	サリドマイド		計
	服用	非服用	
フォコメリアの子を産んだ母親群 (G_1)	90	22	112
正常の子を産んだ母親群 (G_2)	2	186	188
計	92	208	300

(ドイツのハンブルク大学の W. Lenz (1961) による)

(解答7.3) 期待頻度は表7.14のとおりとなります.

表7.14

	サリドマイド	
	服用	非服用
G_1	34.3	77.7
G_2	57.7	130.3

これより

$$\chi_0^2 = \frac{(90-34.3)^2}{34.3} + \frac{(2-57.7)^2}{57.7} + \frac{(22-77.7)^2}{77.7} + \frac{(186-130.3)^2}{130.3} = 207.96$$

自由度 $\phi=(2-1)(2-1)=1$ で1％水準の棄却限界値は付表3より6.635であることがわかります. データから得られた χ_0^2 値はこの値よりはるかに大きいので,「フォコメリアの子が生まれることとサリドマイドの服用・非服用とは独立でなく関連がある」と結論されます.

なお, 表7.14のデータをサリドマイドを服用しなかった非服用群の208名中にも22名のフォコメリア患者が発生したとするのは誤りです. また300名中92名がサリドマイドを服用したと考えるのも誤りです. なぜ誤りでしょうか. この表は分割表の②の場合に相当します. 患者が発生したかどうかで群 G_1 と G_2 から別々に母親を抽出していて, それぞれの群で何名を抽出するかは任意に決められます. ②のタイプの分割表では, タテに読んで比較したり, 周辺度数に基づいて推論したりするのは意味がありません (吉村, 1971).

第8章　実験計画法：一因子実験

8.1　実験計画法

8.1.1　実験計画法とは

　実験計画法とは，文字どおり「実験」を「計画」する統計学的方法です．自分は学生でも科学者でもないから，実験などには縁がないといわないで下さい．ここでいう実験とは，試験管をふったり，機器で測定したりするような狭義の実験を指すのではありません．観察，調査，計測などデータを得るすべての行為をまとめて「実験」という言葉で表しています．いつも通う学校や職場までの所要時間を計ってデータを集めるとすればそれはひとつの実験です．毎日あなたが血圧を測って記録すれば，それも実験です．

　実験結果に基づいて結論を得ようとするときに，いつも問題になるのは観測値に含まれる誤差の存在です．実験を精密におこないできるだけ誤差を小さくすることは重要ですが，どうしても除けない誤差が残ります．自然観察のように，誤差を小さくすることすらできない場合もあります．誤差があっても，それに影響されない客観的な結論を得るために工夫された方法が**実験計画法**（experimental design）です．

　実験計画法で「計画」されるのは，実験課題でも実験材料や器具でもありません．計画すべきは，実験で施行される処理の空間的配置や時間的順序です．たとえば圃場でコムギの5品種の収量を比較するには品種をどのように配置して栽培すればよいか，マウスを使って4種類の医薬品のどれが最適かを決めるにはどのようにマウスを割りあてればよいかということです．このようなことは実験を始める前に決めなければなりません．データが得られてから誤りに気づいても後の祭りです．「実験の成否は計画にあり」といえます．

第8章 実験計画法：一因子実験

実験計画法は20世紀最大の統計学者といわれる英国のフィッシャーによって1925年ごろに開発されました．彼は20代で集団遺伝学という大河の源となった論文を出すほどの天才でしたが，生来の極度の近視のため大学を出ても適職が得られませんでした．そのようなときにロンドン近郊のロザムステッド農業試験場（現 Rothamstead Research）の場長に請われて統計研究所の主任研究員となり，開設以来76年間蓄積されてきた膨大なデータの解析をまかされました．この試験場は当時開発された化学肥料の効果を調べるために設立されたのですが，畑の地力ムラなどで肥料の効果が判定できず困っていました．それを解決したのが実験計画法でした．実験計画法の詳細については Fisher (1935), Kempthorne (1952), Gomez と Gomez (1984) などを参照ください．

8.1.2 誤　差

観測値と真の値との差を**誤差**（error）といいます．いいかえると，観測値は真の値と誤差から成り立ちます．ここで真の値とは母集団における平均です．たとえば温度によって収率の異なる化学薬品製造の実験では，各温度で無限回の実験をおこなったときの平均収率が真の値になります．実際には無限回の実験は不可能なので，真の値は不明です．真の値が不明なので，それぞれの観測値に含まれる誤差の大きさもわかりません．しかし適切な実験計画法を用いれば，個々の観測値に含まれる誤差は不明でも全体としての誤差の分散を推定することができます．誤差は直接には測れませんが，推し測ることができます．

なお英語の error を辞書で引くと，誤り，間違い，過失などとありますが，統計学で使う error にはそのような意味はありません．間違いで誤差が生じることもありますが，ほとんどの誤差はまちがいとは別の原因で起こります．

誤差には2種類あります．ひとつは，生産機械の狂い，測定条件の偏り，観測者のくせなどで生じる誤差で，このような誤差を**系統誤差**（systematic error）または**定誤差**といいます．系統誤差は観測値の中に傾向をもった値として含まれます．系統誤差の多くは軽減できるので，実験の各過程をよく点検して系統誤差をできるだけ少なくする工夫が必要です．

もうひとつの誤差は偶然的な誤差で，これを**確率誤差**（random error）といいます（注：計測工学などでは，誤差の分布を表す正規分布において平均値の

両側のそれぞれ幅 d にある範囲の面積が合わせて1/2になるときに d を**確率誤差**（probable error）と呼びます．この d は標準偏差の0.6745倍になります．本章でいう確率誤差はそれとは違います）．確率誤差の大きさは観測値ごとに異なり，正だったり負だったりします．系統誤差と違って，確率誤差は観測者が完全には制御できない未知の多数の原因によって生じます．確率誤差も実験材料の均質性向上や実験条件の工夫・整備などによってある程度減らすことが可能です．生物実験でいえば，たとえばマウスの遺伝子型を同一にしたり，植物の培養室の温度ムラをなくしたりすることによって確率誤差が小さくなります．水田では水による拡散の助けで土壌の肥料ムラが小さくなるので，畑にくらべて誤差が小さいことがよく知られています．

しかし，どんなに工夫しても確率誤差をまったく無くすことはできません．農業試験でいえば，同じ品種の同一の遺伝子型をもつ個体でも，種子の大きさ，播いたときの種子の向きや深さ，育つ場所の土壌の肥沃度や水分，日射量，風向きや風速，などさまざまな条件が微妙に少しずつ違うため，成長や収穫量が個体ごとに異なります．粗放な栽培をすれば誤差は大きくなりますが，反対にどんなに精密な栽培をしても誤差を完全になくすことはできません．第二次大戦後に進駐軍により国の農業試験場にも査察が入り，試験研究に実験計画法を採用するように勧告されたとき，日本人が得意な精密栽培をすれば誤差など生じないので統計学的検討は不要だと反駁した人がいました．これは大きな誤りです．しかし，農学分野にかぎらず今もそれに近い意見をいう人が跡を絶ちません．

8.1.3 フィッシャーの3原則

実験計画法はもともと農業試験場で開発されたので，**圃場試験**（field experiment）を例として説明されることが多いようです．圃場とは農学試験に用いる田や畑のことで，そこでおこなわれる品種の収量比較や施肥効果の実験などをまとめて圃場試験といいます．日本の統計学の先駆者増山元三郎（1912 – 2005）はこれを「実験計画法には土の匂いが多分に残っている」と表現しています．圃場試験に基づいた解説には，試験区の配置を圃場という二次元の場で示せるので視覚的に理解しやすいという利点があります．この本でも圃場試験

に基づいて実験計画法を説明しましょう．

　圃場における誤差の主因は土壌の肥沃度の不均質さです．同じ作物の同じ品種を圃場全面に植えて収量を測ることにより圃場の各点における土壌の肥沃度が推定でき，肥沃度の等高線が描けます．その等高線は山岳地帯の地図の等高線のように複雑で，さらに等高線と違って前年の作付けや施肥の影響により年ごとに変化するため，試験用作物の植え付け前に肥沃度を予測して対処することは実際上不可能です．

　このような状況の圃場を使っていま5品種A, B, C, D, Eの収量に真の差があるかないかを決めたいとします．どのように5品種を植えたらよいでしょうか？まず思いつくのは，実験に使う圃場を5つの区に等分して，各区に1品種ずつ複数個体を植えて栽培するやりかたでしょう．この方法は最も単純です．実験計画法が開発されるまでは，この方法が用いられていたと考えられます．しかし，これでは品種間に収量の差があるかどうかを決められません．どんなに整備された圃場でも，場所によって土壌の肥沃度や水分に多少のムラがあり，また気象条件の風速や気温なども微妙に異なります．同一品種を5区全部に植えたとしても，同じ収量が得られるとは限りません．したがって収量を測ったら品種Aのほうが品種Bより多かったとしても，それが品種本来の能力の差によるのか，品種Aが植えられた場所がたまたま品種Bの場所より好条件だったためか，判断がつきません．

　実験計画法の原理は簡単です．同一品種を植えた場合の収量の変動に比べて異なる品種を植えた場合の変動が大きいかどうかを統計学的に検定して，大きければ品種間で収量が異なると判断します．この原理に従って検定を行うには，同一品種を植えた場合の変動，つまり誤差を推定することが必要になります．

　フィッシャーは1931年にロザムステッド農業試験場での講演で，実験計画法では反復，無作為化，局所管理が重要であると指摘しました．これを実験計画法における**フィッシャーの3原則**（Fisher's three principles）といいます．5品種の収量比較の実験を例に説明しましょう．

　① **反復**（replication）（誤差とくに確率誤差の推定に必要）：実験結果について統計学的検定ができるようにするには，各品種について反復を設けます．品

種ごとに個体を単一または複数の列（畦）に植えます．この品種ごとの区画を**プロット**（plot）と呼びます．データの解析は各プロットに含まれる全個体の観測値の平均あるいは総和に基づいて行なわれます．プロット内の個体数は1個体でも複数でもよいのですが，一定にします．また反復数も品種間で等しくしたほうが解析しやすくなります．

なお反復とは，同じ品種のプロットを複数設けることで，決してプロット内の個体数を複数にすることではありません．ちなみにプロット内個体を複数にすることは**くり返し**（repetition）と呼びます．くり返しに伴う誤差は反復に伴う誤差よりも通常ずっと小さくなります．

実験計画法における誤差は，反復を設けることによってはじめて推定できます．誤差を推定してはじめて品種間に真の差があるかどうかが検定できます．ここでいう誤差とは主に確率誤差ですが，後述の無作為化や局所管理で除けずに残った系統誤差も含まれます．誤差が大きいと予想される実験では，反復を多くすることが必要です．反復数を増やすほど品種効果の推定値の精度が高くなり，品種間の差を検出しやすくなります．反復のない実験は，真の実験とはいえません．これは鉄則です．

② **無作為化**（randomization）（系統誤差の確率誤差への転換に必要）：誤差の影響がランダムになるようにする操作を無作為化といいます．圃場試験では，

反復（ブロック）		
1	2	3
A	A	A
B	B	B
C	C	C
D	D	D
E	E	E

図8.1a　誤った配置－固定した並べ方（5品種3反復）

A	C
A	C
A	C
B	D
B	D
B	D

図8.1b　誤った配置－同一品種がかたまった並べ方（4品種3反復）

品種ごとに反復数分のプロットを設けるとき，その並べ方に注意を要します．調査に都合がよいからといって，図8.1 aのようにすべての反復でABCDEなどと固定した並べ方にしてはいけません．また図8.1 bのように同じ品種のプロットを隣接してまとめてはいけません．

　もし上から下に向かって土壌の肥沃度が低くなる傾向があったら，5品種間で本来収量の差がなくても，品種の植えられた場所が下になるほど収量が低くなります．このような系統誤差を防ぐには，並べ方をランダムに決めます．これを圃場試験における無作為化，または**無作為わりつけ**（random allocation）といいます．その結果，品種の並びは，たとえば反復1でBAECD，反復2でCDBEA，反復3でEACDBなどとなるでしょう（図8.2）．無作為化により場所間の栽培環境の違いという系統誤差は確率誤差に転化され，系統誤差があっても解析結果に与える影響が少なくなります．なおランダムに並べるには**乱数表**（table of random number）やサイコロを用いて決めます．乱数表とは，一様分布（第4章）に従うたがいに独立な数を並べた表のことです．なお一因子実験におけるわりつけは2通りに分けられます．ひとつは，栽培の「場」であるプロットについて環境条件（たとえば施肥量）は同一にして，そこに比較すべき異なる品種をわりつける場合です．もうひとつは，ある設定条件（たとえば施肥量）について異なる水準をもつプロットを準備して，そこに同一品種を植える場合です．この場合プロットにわりつけられるのは品種ではなく施肥量の異な

反復（ブロック）

1	2	3
B	C	E
A	D	A
E	B	C
C	E	D
D	A	B

図8.2　5品種3反復の場合の配置（ランダムに並べた場合の例）

る水準になります．

③ **局所管理**（local control）（系統誤差の減少に必要）：局所管理とは圃場をブロックという区画に分けることです．ブロック内の各品種を植える小区がプロットになります．反復を設ける場合に，通常は5品種の各1プロットを1セットとして，そのセットをそれぞれひとつのまとまった区画，つまり**ブロック**（block）に配置します．ブロック内の環境条件はできるだけ均質になるように管理します．ブロック間では条件の違いが多少あってもかまいません．圃場全体をひとつの広い試験区とするよりも，ブロックという複数の単位に分割するほうが解析結果に及ぼす系統誤差の影響を小さくできます．実際上の管理も，圃場全体の栽培環境を均質にしようとするよりもブロックごとに均質化するほうが，ずっと容易です．なお後述の完全無作為配置ではこの局所管理は省略されます．

8.1.4 実験計画法の用語

実験計画法はもちろん圃場試験だけでなく，工業試験，医療調査，社会現象の解析などさまざまな場面にも応用できます．そこでどのような場面でも共通的に表現できるようにいくつかの用語が決められています．

観測値に影響を及ぼすと考えられる原因のうち，解析対象とするものを**因子**（factor）といいます．上の例では，品種が因子です．実験計画法では解析すべき因子以外の条件はできるだけ均一にすることが必要です．そうでないと因子以外の条件の影響がすべて誤差に含まれ誤差を大きくしてしまいます．なお反復は因子とみなしません．因子が1個の場合の実験を**一因子実験**（one-factor experiment），2個の場合を**二因子実験**（two-factor experiment）と呼びます．

似た用語として**一元配置**（one-way layout），**二元配置**（two-way layout）があります．一元配置はブロックを設けない一因子実験の配置（完全無作為配置），二元配置は二因子実験，つまり因子1と因子2の各水準に対応してデータが二元表で示される実験を指します．そのかぎりではそれぞれ一因子実験，二因子実験に対応しています．しかしブロックを設けた一因子の実験（後述の乱塊法）も二元配置と呼ばれています．このように○元配置といういいかたは統計手法のユーザーから見るとまぎらわしいので，この本では用いないことにし

ます.

　因子には通常いくつかの段階があります．たとえば窒素の施肥効果を調べるには，10アール当たり 0, 5, 10, 15 kg などと，いく段階かの施肥量を設定します（1アールは 100 m^2）．また品種比較では異なる品種を供試します．このような施肥量や品種の種類を**水準** (level) といいます．水準には施肥量のように量的な水準と品種のように質的な水準とがありますが，実験計画法ではふつう区別せずに扱います．

　1因子の場合には各水準を，複数因子の場合には水準の各組み合わせを**処理** (treatment) と呼びます．各処理の各反復が行われる場ないし実験単位が1プロットになります．

8.1.5　母数モデルと変量モデル

　実験で設定された水準の効果を定数（母数）と考え，採用した特定の水準間の比較を目的とする場合を**母数モデル** (fixed model) といいます．それに対して，各水準が無限の集合から無作為にとられた標本にすぎないと考え，各水準の効果そのものではなく水準間の効果のバラツキ（分散）に関心がある場合を**変量モデル** (random model) といいます．たとえば5品種の収量比較試験でいえば，実験に供試した5品種間自体の比較をする場合が母数モデル，5品種が選ばれた背後にある膨大な数の品種の母集団における品種間差異の有無を検定したい場合が変量モデルとなります．詳しくは Eisenhart (1947) などを参照下さい．この本では簡単のため母数モデルを中心に説明します．

8.2　一因子実験の乱塊法

　一因子の水準だけを変化させる実験を**一因子実験** (single factor experiment) といいます．一因子実験では，検定したい因子の異なる水準が処理となります．次の例題では5品種のそれぞれが水準となります．

[例題8.1] 水稲の5品種につき，それぞれ4反復（4ブロック）で栽培しました．ブロック内のプロットへの品種の配置はランダムとしました．1アール当たりの収量（kg/a）を測り，図8.3の結果を得ました．品種間で収量の差があるかどうかを検定しましょう．

ブロック1		ブロック2		ブロック3		ブロック4	
V_2	67	V_1	61	V_5	60	V_3	63
V_4	70	V_2	63	V_3	59	V_1	64
V_3	61	V_5	61	V_2	62	V_4	66
V_5	62	V_4	68	V_1	62	V_5	64
V_1	66	V_3	56	V_4	63	V_2	67

図8.3 1因子実験の乱塊法

8.2.1 乱塊法

圃場をいくつかのブロックに分割して，ブロック内では条件ができるだけ均一になるようにします．反復の数だけブロックを設けます．ブロックをさらに小区画（プロット）に分け，そこに各処理をわりつけます．各ブロック内ですべての処理が1セットとなるようにし，このようなブロックをいくつか反復して設ける配置を，一因子実験における**乱塊法**（randomized block design，略してRBD）といいます．各ブロック内では，どのプロットにどの処理をわりつけるかはランダムに決めます．乱塊法では処理間の比較をブロック別におこなうので，系統的誤差を大きく除くことができます．一因子実験でも二因子実験でも乱塊法が最もよく使われる実験計画法です．

8.2.2 分散分析

例題8.1を見ると，品種によって収量に違いがあるのがわかります．たとえば V_4 はどの反復についても収量が高く，V_3 はやや低い傾向があります．また

同じ品種でも反復間で違いがありそうです．品種間の変動には，本来の品種間差異に加えて反復間の変動も含まれます．反復間の変動には，品種に関係ない平均的変動と，平均的変動では説明できない変動とがあります．前者はブロック（反復）の効果と呼べます．後者は制御できない誤差による変動とみなせます．そこで誤差変動に比べて品種間変動が大きければ，品種間で収量が異なるといえます．

ではどのようにしたら品種間変動が誤差変動より大きいかどうかを判断できるのでしょうか．そのような解析を系統的に行う方法を**分散分析**（analysis of variance, 略してANOVA）といいます．分散分析と呼ばれていますが，実際に分析されるのは分散ではなく（たとえば品種間での）平均の差です．

分散分析では，データ全体のバラツキを表す量をバラツキをもたらす因子別に分解します．バラツキの分解は**平方和**（Sum of Squares, 略してSS）（第1章参照）の形でおこないます．つまり全体の平方和を分解した上で各因子による平方和の大きさを比較することを骨子とします．

いま i 番目の品種（以下品種 i と呼ぶ）の j 番目のブロック（ブロック j）の収量の観測値を x_{ij} と表すとします（表8.1）．$i=1, 2, \cdots, m$, $j=1, 2, \cdots, r$ とします．

このとき x_{ij} は
$$x_{ij} = \bar{x}_{..} + (\bar{x}_{i.} - \bar{x}_{..}) + (\bar{x}_{.j} - \bar{x}_{..}) + (x_{ij} - \bar{x}_{i.} - \bar{x}_{.j} + \bar{x}_{..}) \tag{8.1}$$

表8.1

		ブロック					平均
	T_1	x_{11}	x_{12}	x_{13}	$\cdots\cdots$	x_{1r}	$\bar{x}_{1.}$
	T_2	x_{21}	x_{22}	x_{23}	$\cdots\cdots$	x_{2r}	$\bar{x}_{2.}$
	T_3	x_{31}	x_{32}	x_{33}	$\cdots\cdots$	x_{3r}	$\bar{x}_{3.}$
品種	.	.	.	.		.	.
	.	.	.	.		.	.
	.	.	.	.		.	.
	T_m	x_{m1}	x_{m2}	x_{m3}	$\cdots\cdots$	x_{mr}	$\bar{x}_{m.}$
		$\bar{x}_{.1}$	$\bar{x}_{.2}$	$\bar{x}_{.3}$	$\cdots\cdots$	$\bar{x}_{.r}$	$\bar{x}_{..}$

と書くことができます. 右辺の第1項は統計モデル (次節) の定数, 第2項は品種, 第3項はブロック, 第4項は誤差に相当します.

ここで $\bar{x}_{i.}$ は i 番目の品種について r 個のブロックにわたる平均, $\bar{x}_{.j}$ はブロック j について m 個の品種にわたる平均, $\bar{x}_{..}$ は全プロットの総計を全プロット数 (例題では20) で割った値つまり総平均です. 式で示すと, つぎのとおりです.

$$\bar{x}_{i.} = \sum_{j=1}^{r} x_{ij}/r \tag{8.2 a}$$

$$\bar{x}_{.j} = \sum_{i=1}^{m} x_{ij}/m \tag{8.2 b}$$

$$\bar{x}_{..} = \sum_{i=1}^{m}\sum_{j=1}^{r} x_{ij}/(mr) = \sum_{i=1}^{m} \bar{x}_{i.}/m = \sum_{j=1}^{r} \bar{x}_{.j}/r \tag{8.2 c}$$

式 (8.1) の右辺第1項の $\bar{x}_{..}$ を左辺に移項して, 2乗してから i と j について足すと, 左辺は各観測値の総平均からの差の平方の和, つまり全平方和となります.

$$\sum_{i=1}^{m}\sum_{j=1}^{r}(x_{ij}-\bar{x}_{..})^2 = \sum_{i=1}^{m}\sum_{j=1}^{r}(\bar{x}_{i.}-\bar{x}_{..})^2 + \sum_{i=1}^{m}\sum_{j=1}^{r}(\bar{x}_{.j}-\bar{x}_{..})^2 + \sum_{i=1}^{m}\sum_{j=1}^{r}(x_{ij}-\bar{x}_{i.}-\bar{x}_{.j}+\bar{x}_{..})^2$$

$$+ \sum_{i=1}^{m}\sum_{j=1}^{r}(\bar{x}_{i.}-\bar{x}_{..})(\bar{x}_{.j}-\bar{x}_{..})$$

$$+ \sum_{i=1}^{m}\sum_{j=1}^{r}(\bar{x}_{i.}-\bar{x}_{..})(x_{ij}-\bar{x}_{i.}-\bar{x}_{.j}+\bar{x}_{..})$$

$$+ \sum_{i=1}^{m}\sum_{j=1}^{r}(\bar{x}_{.j}-\bar{x}_{..})(x_{ij}-\bar{x}_{i.}-\bar{x}_{.j}+\bar{x}_{..}) \tag{8.3}$$

ここで 右辺の4番目の項については, 1番目の括弧の中は j に関係なく一定なので

$$\sum_{i=1}^{m}\sum_{j=1}^{r}(\bar{x}_{i.}-\bar{x}_{..})(\bar{x}_{.j}-\bar{x}_{..}) = \sum_{i=1}^{m}(\bar{x}_{i.}-\bar{x}_{..})\sum_{j=1}^{r}(\bar{x}_{.j}-\bar{x}_{..})$$

と書けます. 右辺の j についての和は, 式 (8.2 c) から0に等しくなります. また

$$\sum_{i=1}^{m}\sum_{j=1}^{r}(\bar{x}_{i.}-\bar{x}_{..})(x_{ij}-\bar{x}_{i.}-\bar{x}_{.j}+\bar{x}_{..}) = \sum_{i=1}^{m}\{(\bar{x}_{i.}-\bar{x}_{..})\sum_{j=1}^{r}(x_{ij}-\bar{x}_{i.}-\bar{x}_{.j}+\bar{x}_{..})\}$$

の右辺2番目の小括弧の和は0に等しくなるので，式 (8.3) の右辺5番目の項は0になります．同様にして6番目の項も0となります．したがって式 (8.3) はつぎのとおり簡潔になります．

$$\sum_{i=1}^{m}\sum_{j=1}^{r}(x_{ij}-\bar{x}_{..})^2 = \sum_{i=1}^{m}\sum_{j=1}^{r}(\bar{x}_{i.}-\bar{x}_{..})^2 + \sum_{i=1}^{m}\sum_{j=1}^{r}(\bar{x}_{.j}-\bar{x}_{..})^2 + \sum_{i=1}^{m}\sum_{j=1}^{r}(x_{ij}-\bar{x}_{i.}-\bar{x}_{.j}+\bar{x}_{..})^2$$

$$= r\sum_{i=1}^{m}(\bar{x}_{i.}-\bar{x}_{..})^2 + m\sum_{j=1}^{r}(\bar{x}_{.j}-\bar{x}_{..})^2 + \sum_{i=1}^{m}\sum_{j=1}^{r}(x_{ij}-\bar{x}_{i.}-\bar{x}_{.j}+\bar{x}_{..})^2 \quad (8.4)$$

この式は，全平方和は，統計モデルにおける品種，反復，誤差に対応した平方和に分割できることを示しています．このような分割を分散分析における**平方和の分割** (partition of sum of squares) といいます．分割されるのは平方和であって分散ではありません．

平方和を自由度で割ったものを**平均平方** (Mean Square (単数)，略して MS) といいます．平均平方はそれぞれの変動をもたらす原因による**不偏分散** (unbiased variance) に対応します．

8.2.3 乱塊法の統計モデル

ここで i 番目の品種 (品種 i) を j 番目のブロック (ブロック j) 中のある1プロットで栽培したときに得られた収量 (プロット単位で測定) を，たとえば

$$X_{ij} = \mu + \rho_j + \alpha_i + \varepsilon_{ij} \quad (i=1,2,\cdots,m; j=1,2,\cdots,r) \tag{8.5}$$

と表すとします．X_{ij} は確率変数としての観測値とします．このような表現を**統計モデル** (statistical model) といいます．統計モデルとは観測値の変動を，変動要因の関数として表現したものです．μ は品種やブロックとは無関係で一定な総平均，ρ_j はブロック j の効果，α_i は品種 i の効果を表すとします．ここで μ, α_i, ρ_j は，観測値が抽出された各母集団の特徴を示す値，つまりパラメータです．なお母集団はブロック別，品種別に想定され，その数は全体で mr 個となります．ε_{ij} は品種 i のブロック j における収量に伴う誤差です．μ, α_i, ρ_j は母集団に固有の値です．

統計モデルとしてどのようなモデルを設けるのも自由ですが，よいモデルを設定しなければパラメータについての検定や推定の効率が下がります．よいモ

デルとはつぎの条件を満たすモデルです．
① 現実に即していること．
② 無視できない変動要因を表す変数は必ず含むこと．
③ 変動に関連がない変数は含まないこと．
④ できるかぎり単純な関数であること．つまり推定すべきパラメータの数が少なく，関数の形も単純であること．

式 (8.5) のモデルの下で，ブロック j，品種 i における期待値は $(\mu+\rho_j+\alpha_i)$ となり，これが真の値となります．ここで期待値とは，品種 i をブロック j で無限回栽培したときに得られる無限個の収量の平均に相当します．誤差とは x_{ij} からその期待値を引いたもの $\varepsilon_{ij}=X_{ij}-\mu-\rho_j-\alpha_i$ となります．誤差の定義は統計モデルによって異なることになります．たとえばブロックを設けなければ，誤差は $\varepsilon_{ij}'=X_{ij}-\mu-\alpha_i$ となり，ブロック効果 ρ_j は誤差に組み込まれます．

誤差については，以下の条件が成り立つとします．
① ε_{ij} はブロック効果および品種効果とは独立である．
② 誤差の分散はブロック間および品種間で一定 $(=\sigma^2)$ である．
③ 平均 0，分散 σ^2（定数）の正規分布 $N(0,\sigma^2)$ に従う．

誤差 ε_{ij} は観測値ごとに異なりパラメータではありませんが，その分散 σ^2 はパラメータとなります．誤差が確率変数なので，観測値も確率変数になります．誤差が正規分布に従うと仮定するとき，品種 i，ブロック j に属する観測値は平均 $\mu+\rho_j+\alpha_i$，分散 σ^2 の正規分布に従うことになります．

なお母数モデルでは，パラメータの推定の便宜上，$\sum_{i=1}^{m}\alpha_i=0$，$\sum_{j=1}^{r}\rho_j=0$，という制約条件を設けます．このような条件は結果として品種効果およびブロック効果を相対化します．たとえば品種 1 の収量が 35，品種 2 の収量が 43 であるとするとき，これをそのまま品種効果とするのでなく，収量の平均 (39) からの偏差である $35-39=-4$，$43-39=4$ を品種効果とするわけです．偏差ですから用いた品種すべての品種効果を足すと 0 になります．平均の 39 という値はこのとき定数 μ にくみこまれることになります．ブロック効果についても同様です．（なおブロック効果は母数でなく変量とみなすほうが自然の場合がありますが，その場合には ρ_j はたがいに独立で，また ε_{ij} とも独立で，平均 0 分散が一定 (σ_R^2) の正規分布に従うと仮定されます．）

8.2.4 平均平方の期待値

同じ品種群を同じ配置で栽培しても,各プロットの収量は実験のたびに異なり,したがって平方和も平均平方も異なります.平均平方は,実験を無限回おこなったとするときに,ある分布をもちます.無限回の実験における平均平方の平均,つまり期待値は,式(8.5)の統計モデルに基づいて求められます.品種の平均平方の期待値は $E(MS_T) = \sigma^2 + (\sum_{i=1}^{m} r\alpha_i^2)/(m-1)$ となります(13.5参照).品種効果 α_i の分散は $\sum_{i=1}^{m} \alpha_i = 0$ より $\sigma_T^2 = (\sum_{i=1}^{m} \alpha_i^2)/(m-1)$ となるので,$E(MS_T) = \sigma^2 + r\sigma_T^2$ と表されます.ここで,もし母集団で品種間に差がなければ $\sigma_T^2 = 0$ となり,品種の平均平方の期待値は誤差分散 σ^2 と等しくなることが期待されます.

処理の各水準の効果 $\overline{X}_{i.} - \overline{X}_{..}$ は,平均 0, 分散 $(\sigma^2 + r\sigma_T^2)/r$ の正規分布に従うので,

$$\sum_{i=1}^{m} \left(\frac{\overline{X}_{i.} - \overline{X}_{..}}{\sqrt{(\sigma^2 + r\sigma_T^2)/r}} \right)^2 = r/(\sigma^2 + r\sigma_T^2) \sum_{i=1}^{m} (\overline{X}_{i.} - \overline{X}_{..})^2 = SS_T/(\sigma^2 + r\sigma_T^2)$$

は,自由度 $\phi_1 = m-1$ の χ^2 分布に従います.同様に誤差の平方和を σ^2 で割った値 SS_E/σ^2 は自由度 $\phi_2 = (m-1)(r-1)$ の χ^2 分布に従います.したがって 2つの χ^2 値をそれぞれの自由度で割って調整した値の比は **F 分布**(F distribution)という分布に従います(13.3.3参照).帰無仮説の下では $\sigma_T^2 = 0$ となるので,$\sigma^2 + r\sigma_T^2 = \sigma^2$ となり,σ^2 は比の分子と分母で相殺されます.また平方和を自由度で割った値は平均平方です.これより帰無仮説 $H_0: \sigma_T^2 = 0$ つまり $H_0: \alpha_1 = \alpha_2 = \cdots = \alpha_m$ の下で,(品種の平均平方)/(誤差の平均平方)という比を計算して F 分布の上側棄却限界値と比較すれば,品種効果の有意性を検定できます.なおブロック効果の平均平方の期待値は品種効果の場合と同様に $\sigma^2 + m\sigma_R^2$ と表されます.また母数モデルでは $\sigma_R^2 = (\sum_{j=1}^{r} \rho_j^2)/(r-1)$ となります.

8.2.5 実験配置と解析の手順

[実験配置]

配置1:実験に先立ち,処理(=因子の水準,例題8.1では品種)の数 m とブロック(=反復)の数 r を決めます.

配置2：使用する圃場を r 個のブロックに区分けします．ブロックの形状は主に圃場の地力の勾配や傾向に応じて決めます．

配置3：各ブロックを m 個のプロットに区分けします．

配置4：各ブロック内のプロットに処理（m 個）をランダムに割りつけます．

実験配置のとおりに各品種の種子を播き，栽培し，プロット単位の収量を計ります．

[実験後の解析]

各反復につきランダムに配置されたプロットの観測値を読みとり，解析しやすいように処理別にブロック $1, 2, \cdots, r$ の順に並べます．

母集団　π_{ij} $(i=1, 2, \cdots, m; j=1, 2, \cdots, r)$，総数 mr 個

帰無仮説：$H_0 : \sigma_T^2 = 0$，つまり $H_0 : \alpha_1 = \alpha_2 = \cdots = \alpha_m$

データ　　処理1　$T_1 : x_{11}, x_{12}, \cdots, x_{1r}$

　　　　　処理2　$T_2 : x_{21}, x_{22}, \cdots, x_{2r}$

　　　　　　　　　　　　　$\vdots$

　　　　　処理m　$T_m : x_{m1}, x_{m2}, \cdots, x_{mr}$

手順1：はじめに全平均 $\bar{x}_{..}$ と処理の平均 $\bar{x}_{i.}$ を求め，それよりつぎの平方和を計算します．

全体　　：$SS_{Total} = \sum_{i}^{m} \sum_{j}^{r} (x_{ij} - \bar{x}_{..})^2$

ブロック：$SS_R = \sum_{i}^{m} \sum_{j}^{r} (\bar{x}_{.j} - \bar{x}_{..})^2 = m \sum_{j=1}^{r} (\bar{x}_{.j} - \bar{x}_{..})^2$

処理　　：$SS_T = \sum_{i}^{m} \sum_{j}^{r} (\bar{x}_{i.} - \bar{x}_{..})^2 = r \sum_{i=1}^{m} (\bar{x}_{i.} - \bar{x}_{..})^2$

誤差　　：$SS_E = SS_{Total} - SS_R - SS_T$

手順2：つぎのとおり全体，処理，誤差の自由度を求めます．全プロット数を $N(=mr)$ とします．

全体　　$df_{Total} = N - 1 = mr - 1$

ブロック　$df_R = r - 1$

処理　　$df_T = m - 1$

誤差　　$df_E = df_{Total} - df_R - df_T = mr - r - m + 1 = (m-1)(r-1)$

表8.2 乱塊法による分散分析表

変動要因 (Source)	平方和 (SS)	自由度 (df)	平均平方 (MS)	F	不偏分散の 期待値
ブロック	SS_R	df_R	$MS_R = SS_R/df_R$		
処理	SS_T	df_T	$MS_T = SS_T/df_T$	$F = MS_T/MS_E$	$\sigma^2 + r\sigma_T^2$
誤差	SS_E	df_E	$MS_E = SS_E/df_E$		σ^2
全体	SS_{Total}	df_{Total}			

手順3：表8.2のように**分散分析表**という簡潔な表を作成し，ブロック，処理，誤差，全体の平方和および自由度を書きこみ，ブロック，処理，誤差の平方和をそれぞれの自由度で割って平均平方を求め，それぞれの個所に書きこみます．

手順4：処理の平均平方を誤差の平均平方で割った比を求めます．これを **F 値**（F - value）といいます．分散比に相当します．

手順5：処理の自由度を第1自由度（ϕ_1），誤差の自由度を第2自由度（ϕ_2）として，片側検定のF分布の表（付表4aおよび4b）から有意水準αの値を読みとります．それを$F(\phi_1, \phi_2, \alpha)$とします．$F$値が$F(\phi_1, \phi_2, \alpha)$に等しいかそれより大きいとき，有意水準$\alpha$で処理間に差があると結論されます．この方法を **F 検定**（F - test）といいます．第6章で示した分散比の検定の場合と異なり，処理の平均平方は誤差の平均平方より大きくなる方向しか考慮しません．したがって分散分析でのF検定は片側検定になります．

手順6：変異係数を（誤差の平均平方の平方根）/総平均×100（％）として求めて，分散分析表の下に付記します．変異係数は処理の精度を表し，実験の信頼性の指標になります．

注1）ブロック効果が有意な場合は，次節の完全無作為配置に比べて，乱塊法でブロックを設けたことが誤差変動を縮小する効果があったことを示します．ただし，処理の効果を検定することだけが目的ならば，ブロック効果について平均平方を求めたり，F検定を行う必要はありません．ただしブロックの平方和と自由度は，誤差の平方和と自由度を求めるのに利用するので，表に書き込みます．

注2) 処理やブロックの水準間で誤差分散が一定であることが前提とされていますが，水準の平均が大きく異ならないかぎり，この前提が成り立たなくても有意水準はほとんど変わりません．その意味で**頑健**（robust）な手法と呼ばれます（Mead & Curnow, 1983）．

注3) 乱塊法ではブロック（反復）数が処理間で一定なので，変量モデルでも，α_i が平均0分散 σ_T^2 の正規分布に従うとすると平均平方の期待値は $\sigma^2 + r\sigma_T^2$ となり，母数モデルと形式的に同じになります．

注4) 平均平方の期待値における $\sigma^2, \sigma_R^2, \sigma_T^2$ などを**分散成分**（variance component）といいます．ブロックおよび処理の分散成分の不偏推定値は，

$\hat{\sigma}_R^2 = (MS_R - MS_E)/r$
$\hat{\sigma}_T^2 = (MS_T - MS_E)/r$

で与えられます．ただしこれらの統計量は安定でなく，ときに負になることもあります．

注5) 乱塊法で処理の水準数が2の場合の分散分析（F 検定）は，データに対応のある場合の平均の差の検定（t 検定，6.3.4参照）と内容的に同じです．

8.2.6 データ変換

分散分析にかけるデータは，処理の水準別の平均と分散が独立でなければなりません．たとえば果樹の品種間で果実の重さについて比較したいとき，平均して重い果実をつける品種ほど，分散も大きくなる傾向があります．このような場合にそのまま分散分析を行っても F 検定が正しくできません．そこで平均と分散が無関係になるように，以下のように**データ変換**（data tarnsformation）を行います．これを**分散の安定化**（variance stabilization）といいます．データ変換はデータの観測値ひとつひとつについて行なわなければなりません．どのような変換をすればよいかは，平均と分散の関係によって決まるので，平均をヨコ軸，分散をタテ軸にとって（平均，分散）の点をグラフ上にプロットしてその関係を調べます．ただし完全に平均と分散が独立になるような変換式はないので，それぞれの場合に対してさまざまな変換が工夫されています．ここでは比較的簡単なものを示します．詳しくは竹内・藤野（1981）を参照して下さい．

① 対数変換：平均と標準偏差が比例するとき
$$y = \log(x) \tag{8.6}$$
と変換します．

② 平方根変換：ポアソン分布の場合のように，平均と分散が比例するとき
$$y = 2\sqrt{x+3/8} \tag{8.7}$$
と変換すると，期待値の近傍で y の期待値と分散は近似的に $E(y)=2\sqrt{\lambda}$，$V(y)\approx 1$ となります．λ は平均です．

③ 逆正弦変換：データ x が二項分布 $B(n,p)$ に従うとき
$$y = 2\sqrt{n}\sin^{-1}\sqrt{x/n} \tag{8.8}$$
と変換すると，期待値の近傍で y の期待値と分散は近似的に $E(y) \approx 2\sqrt{n}\sin^{-1}\sqrt{p}$，$V(y)\approx 1$ となります．y はラジアンで示される角度を表すので，この変換は角変換ともいいます．x は％表示でなく，小数点表示でなければなりません．なお，より精度の高い変換式として Anscombe (1948) により
$$y = 2\sqrt{n+\frac{1}{2}}\sin^{-1}\sqrt{\left(x+\frac{3}{8}\right)/\left(n+\frac{3}{4}\right)} \tag{8.9}$$
が提案されています．

8.2.7 一因子実験における乱塊法の例題の解析

以上の手順にしたがって例題8.1を解析すると，以下のとおりになります．

まず圃場配置から，データを整理して表8.3のように品種とブロックの2元表を作成します．

表 8.3

	ブロック1	ブロック2	ブロック3	ブロック4	平均
V_1	66	61	62	64	63.25
V_2	67	63	62	67	64.75
V_3	61	56	59	63	59.75
V_4	70	68	63	66	66.75
V_5	62	61	60	64	61.75
平均	65.20	61.80	61.20	64.80	63.25

8.2 一因子実験の乱塊法

それよりブロックおよび品種の平均を求めます．

つぎに平方和を計算します．

全体 : $SS_{Total} = \sum_{i}^{m}\sum_{j}^{r}(x_{ij} - \bar{x}_{..})^2$
$= (66 - 63.25)^2 + (61 - 63.25)^2 + \cdots + (64 - 63.25)^2$
$= 213.75$

ブロック : $SS_R = \sum_{i}^{m}\sum_{j}^{r}(\bar{x}_{.j} - \bar{x}_{..})^2$
$= 5\{(65.20 - 63.25)^2 + (61.80 - 63.25)^2 + \cdots + (64.80 - 63.25)^2\}$
$= 62.55$

品種 : $SS_T = \sum_{i}^{m}\sum_{j}^{r}(\bar{x}_{i.} - \bar{x}_{..})^2$
$= 4\{(63.25 - 63.25)^2 + (64.75 - 63.25)^2 + \cdots + (61.75 - 63.25)^2\}$
$= 116.00$

誤差 : $SS_E = SS_{Total} - SS_R - SS_T$
$= 213.75 - 62.55 - 116.00$
$= 35.20$

別の見方からすると，表8.3のデータは，統計モデルの式 (8.5) に従い，つぎのように総平均，ブロック効果，品種効果，誤差に「対応する」4部分に分割されます．データなので x_{ij} のように小文字で示します．

$$\begin{array}{c}\text{データ } x_{ij}\\ \begin{vmatrix} 66 & 61 & 62 & 64 \\ 67 & 63 & 62 & 67 \\ 61 & 56 & 59 & 63 \\ 70 & 68 & 63 & 66 \\ 62 & 61 & 60 & 64 \end{vmatrix}\end{array} = \begin{array}{c}\text{総平均 } \bar{x}_{..}\\ \begin{vmatrix} 63.25 & 63.25 & 63.25 & 63.25 \\ 63.25 & 63.25 & 63.25 & 63.25 \\ 63.25 & 63.25 & 63.25 & 63.25 \\ 63.25 & 63.25 & 63.25 & 63.25 \\ 63.25 & 63.25 & 63.25 & 63.25 \end{vmatrix}\end{array} + \begin{array}{c}\text{ブロック効果 } \bar{x}_{.j} - \bar{x}_{..}\\ \begin{vmatrix} 1.95 & -1.45 & -2.05 & 1.55 \\ 1.95 & -1.45 & -2.05 & 1.55 \\ 1.95 & -1.45 & -2.05 & 1.55 \\ 1.95 & -1.45 & -2.05 & 1.55 \\ 1.95 & -1.45 & -2.05 & 1.55 \end{vmatrix}\end{array}$$

$$\begin{array}{c}\text{品種効果 } \bar{x}_{i.} - \bar{x}_{..}\\ \begin{vmatrix} 0 & 0 & 0 & 0 \\ 1.50 & 1.50 & 1.50 & 1.50 \\ -3.50 & -3.50 & -3.50 & -3.50 \\ 3.50 & 3.50 & 3.50 & 3.50 \\ -1.50 & -1.50 & -1.50 & -1.50 \end{vmatrix}\end{array} + \begin{array}{c}\text{誤差 } x_{ij} - \bar{x}_{.j} - \bar{x}_{i.} + \bar{x}_{..}\\ \begin{vmatrix} 0.80 & -0.80 & 0.80 & -0.80 \\ 0.30 & -0.30 & -0.70 & 0.70 \\ -0.70 & -2.30 & 1.30 & 1.70 \\ 1.30 & 2.70 & -1.70 & -2.30 \\ -1.70 & 0.70 & 0.30 & 0.70 \end{vmatrix}\end{array}$$

これより平方和は，

ブロック ： $SS_R = 5\{(1.95)^2 + (-1.45)^2 + (-2.05)^2 + (1.55)^2\} = 62.55$

品種 ： $SS_T = 4\{(0)^2 + (1.50)^2 + (-3.50)^2 + (3.50)^2 + (-1.50)^2\}$
$= 116.00$

誤差 ： $SS_E = \{(0.80)^2 + (-0.80)^2 + (0.80)^2 + \cdots + (030)^2 + (0.70)^2\}$
$= 35.20$

これらの和は213.75で上記の全体の平方和と等しいことがわかります．すなわち平方和について

全体 (SS_{Total}) ＝ ブロック (SS_R) ＋品種 (SS_T) ＋誤差 (SS_E)

が成り立っています．

ブロック，品種，誤差の自由度はそれぞれ $df_R = 3$, $df_T = 4$, $df_E = 19 - 3 - 4 = 12$ となります．これより品種と誤差の平均平方は

$MS_T = SS_T/df_T = 116.00/4 = 29.00$

$MS_E = SS_E/df_E = 35.20/12 = 2.93$

したがって，品種の F 値は，$F = MS_T/MS_E = 29.00/2.93 = 9.897$ となります．結果を分散分析表の形にまとめます（表8.4）．

付表4aおよび4bから品種の自由度4，誤差の自由度12に対応する片側検定の F 表の5％および1％水準の値はそれぞれ3.26，5.41ですので，この実験では品種間に1％水準で有意差があるといえます．なお変異係数は，$\sqrt{2.93}/63.25 \times 100 = 2.71$ ％となります．

注1） 乱塊法は圃場試験にかぎらず，一般の室内実験にも適用できます．たとえば3種類の培地を用意して，植物体から組織（試料）をとって培地上で培養してどれが最も増殖に適するかを調べたいとします．1日に最大6点しか試料

表8.4 例題9.1の乱塊法によるデータの分散分析

変動要因	平方和	自由度	平均平方	F
ブロック	62.55	3		
品　種	116.00	4	29.00	9.89**
誤　差	35.20	12	2.93	
全　体	213.75	19		

を採取できないとします．このとき1日目に培地A，2日目に培地B，3日目に培地Cに6点ずつ試料を置くのではなく，1日目から3日目までA，B，Cの3種類の培地に2点ずつ試料を置くほうが局所管理上有利です．日によって採取する植物組織の条件や培養条件が少しずつ異なり，それらが系統誤差となることがあるからです．また圃場配置に準じて培養棚上での培養瓶の置き場所もランダムにすることが重要です．場所により光や温度条件が異なるからです．

　注2）　乱塊法は処理数があまり多くない試験に適します．一般に圃場内の離れた地点間では近接した地点間よりも地力などの条件の差が大きくなります．そのような条件の不均質性をできるだけブロック間の差に帰するようにし，ブロック内は均質になるようにすることが勧められます．それにはブロックの形状はできるかぎりコンパクトにするのが望ましいとフィッシャーは述べています．通常はブロックは正方形に近い形とします．ただし，不均一性が一方向に勾配をもつ場合には，ブロックを長方形とし，その長辺を不均一性の勾配方向に直角になるようにします．

　注3）　分散分析で処理の効果が有意ということは，水準間で母平均が異なることを意味しますが，これは「すべてたがいに異なる」ことを示すものではありません．上の例でいえば品種効果は有意となりましたが，これは5品種のうち少なくとも1品種が他の品種と異なることを示すもので，5品種すべてがたがいに異なるかどうかはわかりません．またどれとどれが異なるかも分散分析だけではわかりません（8.4参照）．

　注4）　比較すべき品種の数があまり多くなると，乱塊法のブロックのサイズが広くなりすぎ，ブロック内の均一性が保証されなくなります．そのような場合には，1ブロックに含める品種数を全供試品種とせずに一部だけとして，しかも品種間の比較がバランスよくできる**不完備型ブロック計画**（incomplete block design）という方法が考案されています．この場合には，反復数はブロック数より少なくなります．

8.3 一因子実験の完全無作為配置

反復に関係なくすべての処理を無作為に配置する方法を**完全無作為配置**(completely randomized design, CRD)または完全無作為計画といいます.この配置ではフィッシャーの3原則のうち,反復と無作為化は満たされますが,ブロックの設定による局所管理はおこなわれません.室内実験のように,条件をコントロールしやすい試験や,自然観察などでプロットの配置を人為的に決められない場合に用いられます.

[例題8.2] イネの5品種につき,4反復で栽培しました.プロットの配置はブロックにすることなく圃場全体に完全にランダムに並べました.1アール($100\,\mathrm{m}^2$)当たりの収量(kg/a)を計り,図8.4の結果を得ました.品種間で収量の差があるかどうかを検定しましょう.各品種各反復の収量は,例題8.1と同じにしてあります.

V_5	63	V_1	61	V_5	64	V_3	60
V_2	67	V_3	61	V_2	63	V_1	69
V_4	70	V_5	60	V_2	62	V_4	69
V_4	68	V_1	66	V_1	62	V_3	58
V_5	61	V_3	53	V_4	67	V_2	67

図8.4 一因子実験の完全無作為配置

8.3.1 完全無作為配置の統計モデル

ここで i 番目の品種の j 番目の反復の収量をモデルとして

$$X_{ij} = \mu + \alpha_i + \varepsilon_{ij} \quad (i=1, 2, \cdots, m; j=1, 2, \cdots, r_i) \tag{8.10}$$

と表されるとします.ここで,μ は定数で総平均を表します.α_i は品種 i の効果です.ε_{ij} は j 番目のブロックにおける品種 i の収量に伴う誤差で,平均 0,分散 σ^2 (定数)の正規分布に従うとします.誤差の分散 σ^2 は品種間で等しく,

また誤差 ε_{ij} は反復間で独立であるとします．ここで，制約条件 $\sum_{i=1}^{m} a_i = 0$ を設けます．

8.3.2 実験配置と解析手順

[実験配置]

配置1： 実験に先立ち，処理（検定したい因子の水準）数 m と各処理での反復数を決めます．処理ごとに反復数が一定でなくてもかまいません．（処理 i の反復数を r_i，全処理での反復数の和を $N\left(=\sum_{i=1}^{m} r_i\right)$ とします）

配置2： 使用する圃場を N 個のプロットに区分けします．

配置3： 因子の処理 i を r_i 反復として，N 個のプロットに m 個の処理をそれぞれの反復数 r_i だけランダムに割り当てます．実験配置のとおりに各品種の種子を播き，栽培し，収量を計ります．

[解析手順]

ランダムに配置されたプロットの観測値を読みとり，処理別に反復 $1, 2, \cdots, r$ の順に並べます．乱塊法の場合と違って，処理が異なれば，同じ反復番号のデータ間でも関連はありません．

母集団　π_i $(1, 2, \cdots, m)$　処理ごとに異なる

帰無仮説： $H_0 : \sigma_T^2 = 0$，つまり $H_0 : \alpha_1 = \alpha_2 = \cdots = \alpha_m$

データ　　処理1　$T_1 : x_{11}, x_{12}, \cdots, x_{1r1}$

　　　　　処理2　$T_2 : x_{21}, x_{22}, \cdots, x_{2r2}$

　　　　　処理 m　$T_m : x_{m1}, x_{m2}, \cdots, x_{mrm}$

手順1：全平均 $\bar{x}_{..}$ と各処理の平均 $\bar{x}_{i.}$ を求め，それよりつぎの平方和を計算します．

全体　： $SS_{Total} = \sum_{i=1}^{m} \sum_{j=1}^{ri} (x_{ij} - \bar{x}_{..})^2$

処理　： $SS_T = \sum_{i}^{m} \sum_{j}^{ri} (\bar{x}_{i.} - \bar{x}_{..})^2 = \sum_{i=1}^{m} r_i (\bar{x}_{i.} - \bar{x}_{..})^2$

誤差　： $SS_E = SS_{Total} - SS_T$

手順2：全体，処理，誤差の自由度を以下のとおり求めます．全プロット数をNとします．

全体　$df_{Total} = \sum_{i=1}^{m} r_i - 1 = N - 1$

処理　$df_T = m - 1$

誤差　$df_E = \sum_{i=1}^{m} (r_i - 1) = df_{Total} - df_T = N - m$

手順3：下記の表8.5を作成し，全体，処理，誤差の平方和およびそれぞれに対応する自由度を書きこみます．つぎに処理平方和/処理自由度および誤差平方和/誤差自由度を計算し，平均平方の項に書きこみます．

表8.5　完全無作為配置における分散分析表（母数モデル）

変動要因 (Source)	平方和 (SS)	自由度 (df)	平均平方 (MS)	F	不偏分散の期待値
処理	SS_T	df_T	$MS_T = S_T / df_T$	$F = MS_T / MS_E$	$\sigma^2 + \sum_{i=1}^{m} r_i \sigma_i^2 / (m-1)$
誤差	SS_E	df_E	$MS_E = S_E / df_E$		σ^2
全体	SS_{Total}	df_{Total}			

手順4：処理平均平方/誤差平均平方（F値）を計算します．

手順5：処理の自由度を第1自由度（ϕ_1），誤差の自由度を第2自由度（ϕ_2）として，片側検定のF表（付表4）から有意水準αの値を読みとります．それを$F(\phi_1, \phi_2, \alpha)$とします．$F$値が$F(\phi_1, \phi_2, \alpha)$に等しいかそれより大きいとき，有意水準$\alpha$で処理間に差があると結論されます．

手順6：変異係数を誤差の平均平方の平方根/総平均×100（％）として求めて，分散分析表の下に付記します．

注1）　反復数が処理の水準で一定（$r_1 = r_2 = \cdots = r_m = r$）の場合には，処理の平均平方の期待値は

$$\sigma^2 + \left(\sum_{i=1}^{m} r_i \alpha_i^2\right) / (m-1) = \sigma^2 + r \sigma_T^2 \text{ となります．}$$

ここで $\sigma_T^2 = \left(\sum_{i=1}^{m} \alpha_i^2\right)/(m-1)$ です.

乱塊法の場合と同じです. なお変量モデルでは, 反復数が一定でないとき $\sigma^2 + \dfrac{N^2 - \Sigma r_i^2}{N(m-1)}/\sigma_T^2$, 一定のときは $\sigma^2 + r\sigma_T^2$ となります.

注2) 一元配置の完全無作為配置で水準数が2の場合の分散分析（F 検定）は, データに対応のない場合の平均の差の検定（母分散が未知で2集団間で等しい場合の t 検定, 6.3.2参照）と内容的に同じです.

8.3.3 完全無作為配置の例題の解析

例題8.2のデータを整理すると表8.6のとおりとなります. ただし乱塊法の場合と違って, 異なる品種間の反復番号はたがいに対応していないので, 反復別の品種平均は計算できません.

平方和はつぎのとおりになります.

全体 : $SS_{\text{Total}} = \sum_{i}^{m}\sum_{j}^{r}(x_{ij} - \bar{x}_{..})^2$

$= (66 - 63.25)^2 + (61 - 63.25)^2 + \cdots + (64 - 63.25)^2$

$= 213.75$

表8.6

	反復				平均
	1	2	3	4	
V_1	66	61	62	64	63.25
V_2	67	63	62	67	64.75
V_3	61	56	59	63	59.75
V_4	70	68	63	66	66.75
V_5	62	61	60	64	61.75

第8章 実験計画法：一因子実験

品種： $SS_T = \sum_{i}^{m}\sum_{j}^{r}(\bar{x}_{i.} - \bar{x}_{..})^2$

$= r\sum_{i}^{m}(\bar{x}_{i.} - \bar{x}_{..})^2$

$= 4\{(63.25 - 63.25)^2 + (64.75 - 63.25)^2 + \cdots$
$+ (61.75 - 63.25)^2\} = 116.00$

誤差： $SS_E = SS_{Total} - SS_T = 213.75 - 116.00 = 97.75$

品種および誤差の自由度はそれぞれ $df_T = 4$, $df_E = 19 - 4 = 15$ となります．これより品種と誤差の平均平方は，$MS_T = SS_T/df_T = 116.00/4 = 29.00$，$MS_E = SS_E/df_E = 97.75/15 = 6.52$，よって F 値は
$F = MS_T/MS_E = 29.00/6.52 = 4.447$ となります．結果を分散分析表の形にまとめます（表8.7）．

表 8.7 例題 9.4 の完全無作為配置によるデータの分散分析

変動要因	平方和	自由度	平均平方	F
品種	116.00	4	29.00	4.45*
誤差	97.75	15	6.52	
全体	213.75	19		

付表4aおよび4bから品種の自由度4，誤差の自由度15に対応する片側検定の F 表の5％および1％水準の値はそれぞれ3.06，4.89ですので，この実験では品種間に5％水準で有意差があるといえます．なお変異係数は，$\sqrt{6.52}$ / $63.25 \times 100 = 4.04$％となります．

注1）表8.4と表8.7を比較すると，完全無作為計画における誤差の平方和は，乱塊法におけるブロック平方和と誤差平方和の和に等しいことがわかります．同様に完全無作為計画における誤差の自由度は乱塊法におけるブロックの自由度と誤差の自由度の和に等しくなっています．品種の平方和と自由度は変わりません．圃場をブロックで区切り局所的に管理することにより誤差を減らす効果がある場合には，乱塊法を採用すると，完全無作為計画より誤差の平均平方を小さくできます．乱塊法では誤差の自由度も少し小さくなるという損失がありますが，それよりも誤差が縮小することの利益により一般的には処理の

効果が検出しやすくなります．例題8.2の完全無作為計画では5％水準で有意であった品種の効果が，乱塊法では1％水準で有意でした．

8.4 対比較

8.4.1 最小有意差

分散分析における F 検定の結果として処理の効果が有意になったということは，「処理の水準間で母平均がすべて等しい」という帰無仮説が棄却されたことを意味しますが，どの水準間で母平均が異なるかまではわかりません．対にした水準間での母平均の比較を行うには**対比較**(pair comparison) という方法を用います．

第6章で示したように通常母平均の差の検定には t 検定が用いられます．式(6.5) に準じて，水準 i と j の間の平均の差の t 検定の統計量は次式となります．ここで MS_E は分散分析表における誤差の平均平方，r_i および r_j はそれぞれ水準 i と j の反復数です．

$$t_{ij} = \frac{|\bar{x}_i - \bar{x}_j|}{\sqrt{MS_E \left(\frac{1}{r_i} + \frac{1}{r_j}\right)}} \tag{8.11}$$

t 検定では，誤差の自由度を ϕ，有意水準を α とするとき，計算された t_{ij} 値が $t(\phi, \alpha/2)$ より大きければ有意差があると判定されます．このことから

$$LSD = t(\phi, \alpha/2) \sqrt{MS_E \left(\frac{1}{r_i} + \frac{1}{r_j}\right)} \tag{8.12}$$

を計算し，$|\bar{x}_i - \bar{x}_j|$ が LSD より大きいとき，水準 i と j の間で平均の差が有意であると判断できます．処理のすべての水準で反復数が等しい ($r_i \equiv r$) 場合には，式 (8.12) は $LSD = t(\phi, \alpha/2)\sqrt{2MS_E/r}$ となり，これは一定なので，異なる水準間での標本平均の差を LSD 値と比べるだけでどの水準間で平均が有意に異なるかが判定できます．この LSD を**最小有意差** (least significant difference, LSD) といいます．たとえば例題8.1の場合には，誤差の自由度が12なので，5％水準では $LSD = t(12, 0.025)\sqrt{2 \times 2.93/4} = 2.179 \times 1.210 = 2.637$，1％水準では $LSD = 3.055 \times 1.210 = 3.697$ となります．これにより品種

V_1 と V_2 の差 $64.75-63.25=1.50$ は有意ではなく，V_1 と V_3 の差 $63.25-59.75=3.50$ は 5％水準で有意であるといえます．LSD による検定を**LSD検定**または**最小有意差検定**といいます．とくに分散分析において水準間で平均が等しいという帰無仮説が棄却された場合だけ，つぎのステップとして LSD 検定を行う方法を**フィッシャーの制約付LSD**（Fisher's protected LSD, FPLSD）といいます．

LSD 検定には大きな難点があります．それは沢山の対比較を LSD で検定すると，母平均がどの水準間でも差がない場合に誤って有意となる第一種の誤りの確率が統制できなくなることです．いま処理の水準数を m とすると比較すべき対の数は ${}_mC_2$ 通りとなります．たとえば 5 品種間の対比較は ${}_5C_2$ 通りあります．すべての品種間で母平均が等しい（$\mu_1=\mu_2=\cdots=\mu_5$）場合には，これら 10 通りの対についてそれぞれを 5％水準で LSD 検定すると，10 回の検定がたがいに独立として，1 回以上第一種の誤りを犯す確率 α_5 は

$$\alpha_5=1-(1-0.05)^{10}=0.401$$

となります．10 品種では対比較の数は ${}_{10}C_2$ となり，1 回以上第一種の誤りを犯す確率は 0.901 にもなります．このように，水準数が増すにつれて第一種の誤り率が規定された 5％よりはるかに大きくなってしまいます．$\mu_1=\mu_2=\mu_3\neq\mu_4=\mu_5$ のように一部の母平均間で差がある場合でも同様で，母平均が等しい水準間の対の数に応じて第一種の誤りの率は 5％より高くなります（母平均がどれも等しくない水準間では第一種の誤りはおこりません）．制約付 LSD の場合でも対比較の数が 4 以上になると同じ難点があります．

第一種の誤りが無統制になる事態を避けるために LSD 検定における有意水準のように比較ごとに規定される有意水準（**比較当たりの有意水準**）だけでなく，比較全体で規定される有意水準（**実験当たりの有意水準**）を考える必要があります．

8.4.2 テューキーの多重比較

いくつかの対比較をセットにして，その全体での第一種の誤りの確率を規定するための手法を**多重比較**（multiple comparison）といいます．多重比較にはさまざまな方法が提案されていますが，ここでは代表的なものとして**テュー**

8.4 対比較

キーの方法を示します.

テューキー(Tukey)の多重比較では,帰無仮説「すべての水準間で母平均は等しい」が真としたときの,すべての対についての統計量 t_{ij} (式8.11)中の最大値の分布を求め,有意水準 α に対応する上側棄却限界値を求めます.少なくともひとつの t_{ij} がこの限界値よりも大きくなる確率が α となります.

手順は以下の通りです.

帰無仮説　$H_{\{i,j\}}:\mu_i=\mu_j$

手順1:一因子実験の分散分析の場合と同様にして誤差分散 MS_E を求めます.

手順2:すべての水準の対 i と j に対して,式(8.11)の統計量 t_{ij} を計算します.ただし r_i および r_j は,それぞれ水準 i と j の反復数とします.

手順3:付表6 a, bに処理の水準数 m,誤差の自由度 ϕ_E,有意水準 α に対応した**ステューデント化された範囲**(Studentized range)の上側確率 $q(m,\phi_E,\alpha)$ が示されています.m が大きいほど $q(m,\phi_E,\alpha)$ が大きくなります.統計量 t_{ij} を $q(m,\phi_E,\alpha)/\sqrt{2}$ と比較して

$$t_{ij} \geq q(m,\phi_E,\alpha)/\sqrt{2} \tag{8.13}$$

が成り立つとき,有意水準 α で帰無仮説 $H_{\{i,j\}}:\mu_i=\mu_j$ は棄却され,母平均 μ_i と μ_j には差があると判定されます.$t_{ij}<q(m,\phi_E,\alpha)/\sqrt{2}$ の場合には,帰無仮説 $H_{\{i,j\}}$ を「保留する」と結論します.

注1)　$q(m,\phi_E,\alpha)$ は母集団からサイズ m の標本を抽出したときの最大値と最小値の差を母分散の不偏推定値 (s^2) の平方根 (s) で割った値の分布における上側確率を意味します.s で割ることをゴセットのペンネームにちなんで「ステューデント化された」といいます.

注2)　すべての水準で観測個体数が等しい $(n_i \equiv n)$ ときには,式(8.11)の t_{ij} は

$$t_{ij}=\frac{|\bar{x}_i-\bar{x}_j|}{\sqrt{2MS_E/n}} \tag{8.14}$$

となります.この場合には $\dfrac{|\bar{x}_i-\bar{x}_j|}{\sqrt{MS_E/n}} \geq q(m,\phi_E,\alpha)$ の形で検定できます.

注3)　付表6で $a=2$ の列の数値は,t 分布における $\alpha=0.025$ の行の数値を

$\sqrt{2}$ 倍した値に等しいという関係にあります.

注4) 多重比較では,水準数が多くなるほど個々の比較では有意になりにくくなります.たとえば最初から2水準しかない実験ならば5％水準で有意となる対比較が,水準数を多く設けた実験では多重比較により有意でないと判定されることがあります.つまり多重比較では実験全体での第一種の誤りの率を規定できる代わりに,本来は差がある水準間も有意差なしと判断してしまう第二種の誤りの率が高くなります.このことは多重比較を採用する場合に注意が必要です.対比較の結果を提示する際には,LSD の結果と多重比較による結果とを併記するのがよいでしょう.あるいは実験を繰り返すことができるなら,LSD で有意となった対だけを対象として,再実験して確認する方法を勧めます.

注5) 多重比較ではこれまでダンカンの方法（Duncan, 1955）がよく用いられてきましたが,理論的な誤りを含むことが指摘され,使われなくなりました.多重比較法の詳細については Jones (1986),永田・吉田 (2007) などを参照してください.

8.5 一因子実験に関する問題

[**問題 8.1**] (完全無作為配置－反復数不定) 例題8.2において,表8.8のように品種2(V_2) の反復4,品種5(V_5) の反復3と反復4で収量のデータが得られなかったとしたとき,品種間で収量の差があるか検定しなさい.

表 8.8

	反復1	反復2	反復3	反復4
V_1	66	61	62	64
V_2	67	63	62	
V_3	61	56	59	63
V_4	70	68	63	66
V_5	62	61		

(解答 8.1)

全平均は 63.18, $V_1, V_2, \cdots, V_5$ の平均は, 63.25, 64.00, 59.75, 66.75, 61.50 となります. よって平方和はつぎのとおりになります.

全体 ： $SS_{Total} = (66 - 63.18)^2 + (61 - 63.18)^2 + \cdots + (61 - 63.18)^2$
$= 188.47$

品種 ： $SS_T = 4\{(63.25 - 63.18)^2 + (64.00 - 63.18)^2 + \cdots$
$+ (61.50 - 63.18)^2\} = 105.72$

誤差 ： $SS_E = SS_{Total} - SS_T = 188.47 - 105.72 = 82.75$

品種および誤差の自由度はそれぞれ $df_T = 4$, $df_E = 16 - 4 = 12$ です.

品種および誤差の平均平方は, $MS_T = 105.72 / 4 = 26.430$, $MS_E = 82.75 / 12 = 6.895$

よって F 値は, $F = 26.430 / 6.895 = 3.83$ となります. 分散分析表は表8.9のとおりです.

表8.9 表8.8の完全無作為配置によるデータの分散分析

変動要因	平方和	自由度	平均平方	F
品種	105.72	4	26.43	3.83*
誤差	82.75	12	6.90	
全体	188.47	16		

品種の自由度4, 誤差の自由度12に対応する片側検定の F 分布（付表4）の5％および1％水準の値はそれぞれ3.26, 5.41であるので, この実験では品種間に5％水準で有意差があるといえます. なお変異係数は, $\sqrt{6.895}/63.18 \times 100 = 4.16$％となります.

[問題 8.2]

表8.10のデータは第6章の例題6.4で扱ったものです.

① これを一因子完全無作為配置における分散分析により解析し, 対応のないデータにおける平均の差の t 検定の結果と比較しなさい.

② これを一元配置乱塊法における分散分析により解析し, 対応のあるデータにおける平均の差の t 検定の結果と比較しなさい.

表8.10　10人の患者に睡眠薬AとBを服用させたときの睡眠効果

患者	1	2	3	4	5	6	7	8	9	10
睡眠薬A(時間)	1.9	0.8	1.1	0.1	−0.1	4.4	5.5	1.6	4.6	3.4
睡眠薬B(時間)	0.7	−1.6	−0.2	−1.2	−0.1	3.4	3.7	0.8	0.0	2.0

(出典:Student(1908) Biometrika 6:1−25)

(解答8.2)

① 完全無作為配置による分散分析の結果は表8.11のとおりとなり、睡眠薬AとBの効果の差は有意ではありませんでした。この結果は例題6.4で示した対応のないデータの平均の差のt検定の結果と一致しています。なおt検定におけるt_0値の2乗は、水準2の一元配置分散分析におけるF値と等しくなります。実際に$t_0^2 = (1.861)^2 = 3.463$で、まるめの誤差の範囲で一致します。

表8.11

変動要因	平方和	自由度	平均平方	F
睡眠薬	12.48	1	12.48	3.46
誤　差	64.89	18	3.60	
全　体	77.37	19		

② 乱塊法による分散分析の結果は表8.12のとおりとなり、睡眠薬AとBの効果の差は1％水準で有意となりました。この結果は例題6.6の対応のあるデータの平均の差のt検定の結果と一致しています。また$t_0^2 = (4.062)^2 = 16.500$となります。

表8.12

変動要因	平方和	自由度	平均平方	F
ブロック	58.08	9	6.45	
睡眠薬	12.48	1	12.48	16.50**
誤　差	6.81	9	0.76	
全　体	77.37	19		

[**問題 8.3**] 表 8.8 が示すデータに基づいて，5 品種の間の比較でどの対が有意となるか，テューキーの多重比較を行って調べなさい．

(解答 8.3) 式 (8.14) に従い，品種 1 と 2 の比較における t 値を求めると，
$t_{12} = |63.25 - 64.00| / \sqrt{6.895(1/4 + 1/3)} = 0.75 / 2.0055 = 0.374$
となります．以下 t 値は表 8.13 の通りとなります．誤差の自由度は $12(\phi_E = 12)$ なので，$m = 5$，$\alpha = 0.05$ に対応するステューデント化された範囲 $q(5, 12, 0.05)$ の値を付表 6a から読むと 4.508 となります．ゆえに $4.508/\sqrt{2} = 3.1876$ より大きい t 値を示す品種間で母平均の差が有意となります．すなわち品種 3 と品種 4 の間だけが 5% 水準で異なると結論されます．

表 8.13

	V_2	V_3	V_4	V_5
V_1	0.374	1.884	1.884	0.769
V_2		2.119	1.371	1.042
V_3			3.769*	0.769
V_4				2.308

第9章 実験計画法：二因子実験

9.1 二因子実験とは

9.1.1. 要因実験

2つ以上の因子を解析する実験では**要因実験**（factorial design）というタイプの実験が主流です．要因実験とは，すべての因子の間ですべての水準の組合わせの処理を実行する実験をいいます．factorialの語はフィッシャー（1935）が名づけました．要因実験では，すべての水準の組合せに対して観測値を得ることにより，一度の実験で複数因子の主効果を解析できるだけでなく，因子間の交互作用（後述）も解析できます．

一方，要因実験の難点は処理の数が大きくなることです．たとえば2品種 (V_1, V_2) を施肥量の3水準 (N_1, N_2, N_3) で実験する場合の要因実験では，処理の組合せは $V_1N_1, V_1N_2, V_1N_3, V_2N_1, V_2N_2, V_2N_3$ で，その数は品種の水準と施肥量の水準の積（2×3）である6通りとなります．一般的にいえば k 個の因子があり，i 番目の因子は $m_i (i=1, 2, \cdots, k)$ の水準で実験されるときの要因実験では，処理数は $m_1 m_2 \cdots m_k$ となります．水準の数がすべての因子について同じ ($m_1 = m_2 = \cdots = m_k = m$) ときには，処理数は m^k となります．因子数 (k) が大きいと処理数は莫大になります．そこで実際には，多くの場合に因子の数を小さく2ないし3とするか，水準数を全因子について2に設定して実験をします．因子数が多い場合の実験計画法として直交表による**多因子計画**（multifactorial experimental design）があります（奥野，1994）.

9.1.2 二因子実験

2つの因子を同時に解析する実験を**二因子実験**(two factor experiment)といいます．この「同時に」という点が重要です．一因子実験にはない二因子実験の利点は交互作用の有無を検定できることです．

たとえば3品種(V_1, V_2, V_3)を3段階の施肥量(N_1, N_2, N_3)で栽培して，最も高い収量が得られる品種と施肥量の組合せを調べる実験で，収量が表9.1のような結果だったとしましょう．

表9.1 イネ3品種(V_1, V_2, V_3)を3段階の施肥量(N_1, N_2, N_3)で栽培したときの収量 (kg/10 a)

	N_1	N_2	N_3
V_1	573	614	641
V_2	605	654	638
V_3	619	627	632

最高の収量は2番目の品種と2番目の施肥量という組合せ（これを記号で V_2N_2 と書くことにします）で得られています．これをまず特定の施肥量の下で品種の収量を比較して最高の収量を示す品種を選び，つぎにその品種が最高の収量を示す施肥量を決定するという順に，一因子実験を品種と施肥量の場合の2種類で行ったとしたらどうでしょうか．たとえば3品種を施肥量 N_1 で栽培すると最高の収量を与える品種は V_3 となります．つぎに V_3 を3段階の施肥量で栽培すると最適の施肥量は N_3 となります．つまり，最適組合せとして選ばれるのは V_2N_2 ではなく，それより収量が低い V_3N_3 になってしまいます．

このようなことが起こるのは施肥量を変えたときの収量の変化のパターンが品種によって違うためです．V_1 と V_3 では，施肥量が N_1, N_2, N_3 と変わるにつれて多かれ少なかれ収量が増加しています．しかし V_2 では N_1 から N_2 になったときには大きく増加しますが，N_2 から N_3 になるとかえって減少しています．

9.1.3 主効果と交互作用

いま2品種 (V_1, V_2) を2段階の施肥量 (N_1, N_2) で栽培して収量を比較する実験を考えます．最も簡単な要因実験です．処理の組み合わせは V_1N_1, V_1N_2, V_2N_1, V_2N_2 の4通りです．これらの処理で得られた収量をそれぞれ $x_{11}, x_{12}, x_{21}, x_{22}$ と書くことにします（表9.2）．

表9.2

	N_1	N_2
V_1	x_{11}	x_{12}
V_2	x_{21}	x_{22}

ここで $x_{21}-x_{11}$ を施肥量水準 N_1 での品種の**単純効果** (simple effect)，$x_{22}-x_{12}$ を施肥量水準 N_2 での品種の単純効果といいます．同様に $x_{12}-x_{11}$ を品種 V_1 での施肥量の単純効果，$x_{22}-x_{21}$ を品種 V_2 での施肥量の単純効果といいます．

また施肥量水準 N_1 および N_2 での品種の単純効果の平均を品種の**主効果** (main effect)，品種 V_1 と V_2 での施肥量の単純効果の平均を施肥量の主効果と呼びます．つまり

品種の主効果 ：$\{(x_{21}-x_{11})+(x_{22}-x_{12})\}/2$ (9.1 a)

施肥量の主効果 ：$\{(x_{12}-x_{11})+(x_{22}-x_{21})\}/2$ (9.1 b)

です．

一方，施肥量 N_2 の下における品種の単純効果 $(x_{22}-x_{12})$ から施肥量 N_1 の下における単純効果 $(x_{21}-x_{11})$ を引いた値の $1/2$ を**交互作用** (interaction) といいます．これは品種 V_2 における施肥量の単純効果 $(x_{22}-x_{21})$ から品種 V_1 における施肥量の単純効果 $(x_{12}-x_{11})$ を引いた値の $1/2$ でもあります．つまり

交互作用 ：$\{(x_{22}-x_{12})-(x_{21}-x_{11})\}/2=(x_{11}-x_{12}-x_{21}+x_{22})/2$ (9.2)

です．

交互作用が0の場合には，

$x_{21}-x_{11}=x_{22}-x_{12}$ (9.3 a)

$x_{12}-x_{11}=x_{22}-x_{21}$ (9.3 b)

となります．つまり品種の単純効果は施肥量の水準に関係なく一定となり，品種の主効果と等しくなります．また施肥量の単純効果は品種の水準に関係なく一定となり，施肥量の主効果と等しくなります．施肥量と品種のように，2つ

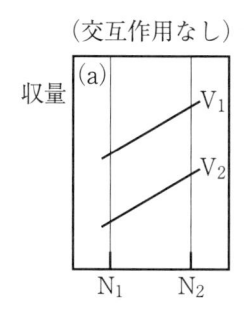

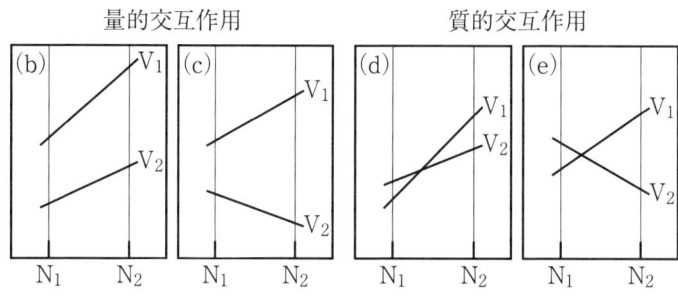

図 9.1 品種×施肥量の組合せに対する収量反応のパターン

の因子の間の交互作用を**二因子交互作用**といいます．施肥量を N，品種を V で表すとき，$N \times V$ のように記します．同様に施肥量，品種，播種期 (D) の3因子の間の交互作用は，$N \times V \times D$ のように表し，三因子交互作用といいます．

品種1(V_1)と品種2(V_2)の施肥量1(N_1)と施肥量2(N_2)に対する収量反応は図9.1のように5通りのパターンに分けられます．

図9.1のaは，施肥量が N_1 から N_2 になるとき V_1 と V_2 はともに収量が増加し，しかも増加分が等しい場合です．このように品種間の差が施肥量によって変わらないとき，あるいは施肥量間の差が品種によって変わらないとき，品種と施肥量の間に交互作用がないといいます．一般的にいえば，二因子実験において，因子Aの水準が a_i から $a_{i'}$ に変化したときの効果の差が，因子Bの水準 (b_j) が何であるかに無関係ならば，因子Aと因子Bとは独立であるといい，因子Bの水準に依存する場合には交互作用があるといいます．

それに対して，図のbからeは交互作用がある場合で，施肥量が N_1 から N_2 に変わると品種 V_1 と V_2 の差が変化します．図bでは，施肥量が N_1 から N_2

に変わるとき2品種とも収量が増加しますがその差が変化しています．一方，図 c では V_1 は増加しますが V_2 は減少しています．図 b と c ではともに，施肥量が変わっても品種の優劣順位は変わりません．図 d では施肥量が N_1 から N_2 に変わるとき2品種とも収量が増加しますが，順位が逆転します．さらに図 e では，V_1 は増加しますが V_2 は減少し，順位も逆転しています．図 b と図 c のように，品種の順位が変わらない場合の交互作用を**量的交互作用**（quantitative interaction），図 d と図 e のように順位が変わる場合の交互作用を**質的交互作用**（qualitative interaction）といいます．なお統計学では「相互作用」とはあまりいいません．なお品種や施肥量の水準が3以上になると，交互作用のパターンは図9.1より複雑になります．

9.2 二因子実験における乱塊法

9.2.1 配　置

二因子実験の要因配置では上述のとおり，反復数を r，因子AとBの水準数をそれぞれ a, b とすると，ブロックごとの処理数は ab で，全プロット数は rab となります．乱塊法では，ab 通りの処理を各ブロック内のプロットにランダムにわりつけます．一因子実験の乱塊法に比べて反復ごとの処理数は多くなりがちです．

9.2.2 乱塊法の統計モデル

交互作用がない場合には，因子Aの水準 i，因子Bの水準 j，ブロック k における確率変数としての観測値 X_{ijk} は，

$$X_{ijk} = \mu + \rho_k + \alpha_i + \beta_j + \varepsilon_{ijk}$$

と表されます．ここで，μ は定数で総平均に等しく，ρ_k は k 番目のブロックの効果です．α_i は因子Aの水準 i の主効果，β_j は因子Bの水準 j の主効果を表わします．ε_{ijk} は k 番目のブロック，因子Aの水準 i，因子Bの水準 j に伴う誤差を表し，平均0，分散一定 (σ^2) の正規分布 $N(0, \sigma^2)$ に従うとします．このモデルでは観測値は本質的に α_i と β_j の和によって表されるので，**相加的**（additive）であるといいます．

交互作用があるときはその効果を $(\alpha\beta)_{ij}$ とすると,観測値は,

$$X_{ijk} = \mu + \rho_k + \alpha_i + \beta_j + (\alpha\beta)_{ij} + \varepsilon_{ijk}$$
$$(i=1,2,\cdots,a; j=1,2,\cdots,b; k=1,2,\cdots,r) \quad (9.4)$$

と表されます.ここで制約条件

$$\sum_{i=1}^{a}\alpha_i = 0, \sum_{j=1}^{b}\beta_j = 0, \sum_{k=1}^{r}\rho_k = 0, \sum_{i=1}^{a}(\alpha\beta)_{ij} = \sum_{j=1}^{b}(\alpha\beta)_{ij} = 0$$

を設けます.なおブロック(反復)と因子との交互作用は考慮しないことにします.実際にそのような交互作用がある場合には,誤差の中に含まれることになります.

9.2.3 解析手順

[例題9.1] 以下の結果は,オオムギ5品種 (V_1, V_2, V_3, V_4, V_5) を標準日に播いた場合(標準播き)(D_1) およびそれより遅い日に播いた場合(晩播き)(D_2) の収量(kg/10 a)です.播種期を因子A,品種を因子Bとする二因子の要因実験で,実験配置は2ブロック(反復)の乱塊法です.

品種および播種期の主効果および品種×播種期の交互作用の有無を検定しなさい.

ブロック1

V_3D_1	515	V_2D_2	427
V_4D_2	461	V_5D_1	507
V_5D_2	529	V_1D_2	402
V_2D_1	523	V_4D_1	492
V_3D_2	457	V_1D_1	454

ブロック2

V_2D_1	585	V_5D_2	505
V_2D_2	454	V_1D_1	536
V_4D_2	487	V_3D_1	551
V_4D_1	506	V_3D_2	449
V_1D_2	449	V_5D_1	531

図9.2 二因子実験の乱塊法における配置の例
(関東東山農業試験場麦育種研究室データ(1956), 一部データとわりつけ改変)

第9章 実験計画法：二因子実験

表 9.3 整理されたデータ x_{ijk}

播種期・品種	ブロック1 $k=1$	ブロック2 $k=2$	平均 ($\bar{x}_{ij\cdot}$)
$D_1 V_1$	454 (x_{111})	536 (x_{112})	495.0 ($\bar{x}_{11\cdot}$)
$D_1 V_2$	523 (x_{121})	585 (x_{122})	554.0 ($\bar{x}_{12\cdot}$)
$D_1 V_3$	515 (x_{131})	551 (x_{132})	533.0 ($\bar{x}_{13\cdot}$)
$D_1 V_4$	492 (x_{141})	506 (x_{142})	499.0 ($\bar{x}_{14\cdot}$)
$D_1 V_5$	507 (x_{151})	531 (x_{152})	519.0 ($\bar{x}_{15\cdot}$)
$D_2 V_1$	402 (x_{211})	449 (x_{212})	425.5 ($\bar{x}_{21\cdot}$)
$D_2 V_2$	427 (x_{221})	454 (x_{222})	440.5 ($\bar{x}_{22\cdot}$)
$D_2 V_3$	457 (x_{231})	449 (x_{232})	453.0 ($\bar{x}_{23\cdot}$)
$D_2 V_4$	461 (x_{241})	487 (x_{242})	474.0 ($\bar{x}_{24\cdot}$)
$D_2 V_5$	529 (x_{251})	505 (x_{252})	517.0 ($\bar{x}_{25\cdot}$)
平均 $\bar{x}_{\cdot\cdot k}$	476.7 ($\bar{x}_{\cdot\cdot 1}$)	505.3 ($\bar{x}_{\cdot\cdot 2}$)	491.0 ($\bar{x}_{\cdots}$)

例題9.1に基づいて手順を説明します．

手順1：ランダムにわりつけられた実験配置から観測値を読みとって，表9.3のように整理します．各処理ごとの平均およびブロックごとの平均を求めます．

手順2：全体，ブロック，処理，誤差の平方和を求めます．

全体 ： $SS_{Total} = \sum_{i=1}^{a} \sum_{j=1}^{b} \sum_{k=1}^{r} (x_{ijk} - \bar{x}_{\cdots})^2$

$= \{(454 - 491.0)^2 + (536 - 491.0)^2 + \cdots + (505 - 491.0)^2\}$

$= 40138.0$

ブロック ： $SS_R = ab \sum_{k=1}^{r} (\bar{x}_{\cdot\cdot k} - \bar{x}_{\cdots})^2$

$= 2 \times 5\{(476.7 - 491.0)^2 + (505.3 - 491.0)^2\} = 4089.8$

処理 ： $SS_T = r \sum_{i=1}^{a} \sum_{j=1}^{b} (\bar{x}_{ij\cdot} - \bar{x}_{\cdots})^2$

$= 2\{(495.0 - 491.0)^2 + (554.0 - 491.0)^2 + \cdots + (517.0 - 491.0)^2\}$

$= 31693.0$

誤差 ： $SS_E = SS_{Total} - SS_R - SS_T$

$= 40138.0 - 4089.8 - 31693.0 = 4355.2$

9.2 二因子実験における乱塊法

表 9.4 因子 A・因子 B (AB) の平均

	品種 (因子 B)					平均 $\bar{x}_{\cdot j \cdot}$
	V_1	V_2	V_3	V_4	V_5	
播種期 (因子 A)						
D_1	495.0 ($\bar{x}_{11\cdot}$)	554.0 ($\bar{x}_{12\cdot}$)	533.0 ($\bar{x}_{13\cdot}$)	499.0 ($\bar{x}_{14\cdot}$)	519.0 ($\bar{x}_{15\cdot}$)	520.0 ($\bar{x}_{1\cdot\cdot}$)
D_2	425.0 ($\bar{x}_{21\cdot}$)	440.5 ($\bar{x}_{22\cdot}$)	453.0 ($\bar{x}_{23\cdot}$)	474.0 ($\bar{x}_{24\cdot}$)	517.0 ($\bar{x}_{25\cdot}$)	462.0 ($\bar{x}_{2\cdot\cdot}$)
平均 $\bar{x}_{i\cdot\cdot}$	460.25 ($\bar{x}_{\cdot 1\cdot}$)	497.25 ($\bar{x}_{\cdot 2\cdot}$)	493.00 ($\bar{x}_{\cdot 3\cdot}$)	486.50 ($\bar{x}_{\cdot 4\cdot}$)	518.00 ($\bar{x}_{\cdot 5\cdot}$)	491.00 ($\bar{x}_{\cdots}$)

手順 3：つぎに処理ごとの平均を表 9.4 のように整理しなおして，因子 A と因子 B の水準ごとの平均を求めます．

手順 4：因子 A，因子 B，交互作用の平方和を求めます．

因子 A (播種期) ：$SS_A = rb \sum_{i=1}^{a} (\bar{x}_{i\cdot\cdot} - \bar{x}_{\cdots})^2$

$= 2 \times 5 \{(520.0 - 491.0)^2 + (462.0 - 491.0)^2\} = 16{,}820.0$

因子 B (品種) ：$SS_B = ra \sum_{j=1}^{b} (\bar{x}_{\cdot j \cdot} - \bar{x}_{\cdots})^2$

$= 2 \times 2 \{(460.25 - 491.0)^2 + (497.25 - 491.0)^2 + \cdots$

$+ (518.00 - 491.0)^2\} = 6951.5$

交互作用 ：$SS_A \times B = SS_T - SS_A - SS_B$

$= 31{,}693.0 - 16{,}820.0 - 6{,}951.5 = 7{,}921.5$

手順 5：各平方和を表 9.5 の分散分析表に書きこみます．つぎに自由度を書きこみます．自由度は以下のとおりです．

ブロック　　　$df_R = r - 1$

処理　　　　　$df_T = ab - 1$

因子 A　　　　$df_A = a - 1$

因子 B　　　　$df_B = b - 1$

交互作用　　　$df_{A \times B} = (a-1)(b-1)$

誤差　　　　　$df_E = (r-1)(ab-1)$

表9.5 二因子の乱塊法による分散分析表

変動要因 (Source)	平方和 (SS)	自由度 (df)	平均平方 (MS)	F	平均平方の 期待値
ブロック	SS_R	df_R	$MS_R = SS_R/df_R$	$F = MS_R/MS_E$	
処理	SS_T	df_T	$MS_T = SS_T/df_T$	$F = MS_T/MS_E$	
因子 A	SS_A	df_A	$MS_A = SS_A/df_A$	$F = MS_A/MS_E$	$\sigma^2 + rb\sigma_A^2$
因子 B	SS_B	df_B	$MS_B = SS_B/df_B$	$F = MS_B/MS_E$	$\sigma^2 + rb\sigma_B^2$
交互作用 $A \times B$	$SS_{A \times B}$	$df_{A \times B}$	$MS_{A \times B} = SS_{A \times B}/d_{A \times B}$	$F = MS_{A \times B}/MS_E$	$\sigma^2 + rb\sigma_{A \times B}^2$
誤差	SS_E	df_E	$MS_E = SS_E/df_E$		σ^2
全体	SS_{Total}	df_{Total}			

全体 $df_{Total} = rab - 1$

交互作用の自由度は,因子Aと因子Bの自由度の積となります.平方和/自由度より平均平方を求めます.ブロック,処理,因子A,因子B,交互作用の平均平方を誤差平均平方で割ってそれぞれのF値を求めます.乱塊法(母数モデル)では,品種,播種期,交互作用の有意性は,すべてそれらの平均平方を誤差平均平方に対して比較し検定します.求められたF値を付表4a, 4bのF値と比較して有意性を検定します.

注1)「ブロック」は検定すべき因子ではないので,多くの場合F値は求めません.

注2) 母数モデルでも変量モデルでも,平方和,自由度,平均平方の計算値は同じです.しかし,平均平方の期待値が異なり,そのため検定方式も異なります.たとえば,因子Aが変量モデルの場合には,平均平方の期待値は$\sigma^2 + r\sigma_{A \times B}^2 + rb\sigma_A^2$となり,その検定は誤差ではなく交互作用に対して行われます.つまり$F = MS_A/MS_E$ではなく,$F = MS_A/MS_{A \times B}$を求めて,$\phi_1 = df_A$,$\phi_2 = df_{A \times B}$の$F(\phi_1, \phi_2, \alpha)$と比較して検定します.

注3) 分散分析の結果,交互作用が有意にならなかった場合に,交互作用を誤差にプールする,つまり交互作用の平方和と自由度をそれぞれ誤差の平方和

と自由度に足して，それを修正した誤差としてあらためて主効果の検定をおこなうことがしばしばみかけられます．プールすると自由度が増えるので検定の検出力が高くなり分散の推定精度があがります．しかし，このようなことは実験上の経験から $\sigma_{A\times B}^2 = 0$ とみても妥当と考えられる場合に限定すべきで，単に交互作用が有意でなかったという理由だけでプールしてはいけません．

9.2.4 二因子実験における乱塊法の例題の解析

例題9.1について分散分析をした結果は表9.6のとおりとなります．交互作用の自由度は $1 \times 4 = 4$ となります．播種期は1％水準で，交互作用は5％水準で有意でした．品種は有意ではありませんでした．交互作用が有意のときには，主効果の意味は薄らぎます．

注1) あるブロックで因子Aの水準 i と因子Bの水準 j の測定値がなにかの原因で得られず**欠測値**（missing data）になった場合には，その推定値を次式で求めます．

$$x_{ij}' = \frac{aT_{i.} + bT_{.j} - T}{(a-1)(b-1)} \tag{9.5}$$

ここで，a と b はそれぞれ因子AとBの水準数です．また $T_{i.}$ は因子 B_j の列の和，$T_{.j}$ は因子 A_i の行の和，T は総和です．当然ながら $T_{i.}, T_{.j}, T$ には欠測値である x_{ij} は含まれません（表9.7）．推定値 x_{ij}' をあたかも測定されたものとみなして，通常の二因子分散分析をおこないます．ただし，交互作用および全体の自由度から1を引きます．推定値については誤差が0となることから，因

表9.6 二因子の乱塊法によるオオムギ収量の分散分析

変動要因	平方和	自由度	平均平方	F
ブロック	4,089.8	1	4,089.80	8.45*
処理	31,693.0	9	3,521.44	7.27**
播種期	16,820.0	1	16,820.00	34.75**
品種	6,951.5	4	1,737.88	3.59
播種期×品種	7,921.5	4	1,980.38	4.09*
誤差	4,355.2	9	483.91	
全体	40,138.0	19		

(注) 変異係数 $= \sqrt{483.91}/491.0 \times 100 = 4.48$ ％

表9.7 欠測値のあるデータ

	B_1	……	B_j	……	B_b	計
A_1	x_{11}	……	x_{1j}	……	x_{1b}	$T_{1.}$
:	:		:		:	:
A_i	x_{i1}	……	x_{ij}'	……	x_{ib}	$T_{i.}+x_{ij}'$
:	:		:		:	:
A_a	x_{a1}	……	x_{aj}	……	x_{ab}	$T_{a.}$
計	$T_{.1}$	……	$T_{.j}+x_{ij}'$	……	$T_{.b}$	$T+x_{ij}'$

子 A および因子 B の効果の平方和はやや過大評価となります．

9.2.5 効果の推定

乱塊法の統計モデル

$$X_{ijk}=\mu+\rho_k+\alpha_i+\beta_j+(\alpha\beta)_{ij}+\varepsilon_{ijk}$$

において，つぎのように各母数を推定できます．

総平均 : $\hat{\mu}=\bar{x}_{...}$ (9.6 a)

因子 A の効果 : $\hat{\alpha}_i=\bar{x}_{i..}-\bar{x}_{...}$ (9.6 b)

因子 B の効果 : $\hat{\beta}_j=\bar{x}_{.j.}-\bar{x}_{...}$ (9.6 c)

交互作用 : $(\widehat{\alpha\beta})_{ij}=\bar{x}_{ij.}-\bar{x}_{i..}-\bar{x}_{.j.}+\bar{x}_{...}$ (9.6 d)

誤差分散 : $\hat{\sigma}^2=MS_E$ (9.6 e)

また有意水準 α の信頼区間は以下のとおりとなります（$df_E=(ab-1)(r-1)$）．

$\mu+\alpha_i$ の信頼区間 :

$$\bar{x}_{i..}-t(df_E,\alpha/2)\sqrt{\frac{MS_E}{br}}<\mu+\alpha_i<\bar{x}_{i..}+t(df_E,\alpha/2)\sqrt{\frac{MS_E}{br}} \quad (9.7\text{ a})$$

$\mu+\beta_j$ の信頼区間 :

$$\bar{x}_{.j.} - t(df_E, \alpha/2)\sqrt{\frac{MS_E}{ar}} < \mu+\beta_j < \bar{x}_{.j.} + t(df_E, \alpha/2)\sqrt{\frac{MS_E}{ar}} \quad (9.7\text{ b})$$

σ^2 の信頼区間 : $df_E \cdot \dfrac{\hat{\sigma}^2}{\chi^2(df_E, \alpha/2)} < \sigma^2 < df_E \cdot \dfrac{\hat{\sigma}^2}{\chi^2(df_E, 1-\alpha/2)} \quad (9.7\text{ c})$

9.3 分割区法

　乱塊法ではすべての種類の処理がひとつのブロック内に配置されるので，処理数が多いと1ブロックに必要な面積も広くなり「局所化」の効果が薄らいでしまいます．また施肥量や水田における水位のように小区画であるプロットごとに水準を変えることが実施しにくい場合があります．収穫期や草丈が著しく異なる品種をプロットにランダムにわりつけると，隣接するプロット間で競合が生じてしまうこともあります．このような場合にブロック内のプロットを入れ子状に分けて，主と副の2つの因子にわりつける配置が採用されます．これを**分割区配置**（split-plot design）といいます．英語の split-plot は細分化（split）されたプロットという意味です．分割区配置もはじめ農業試験で工夫されたものですが，現在では工業試験などでも重要な方法として使われています．

9.3.1 配　置

　分割区配置では，ブロックをまず大きいプロットにわけてひとつの因子にわりつけ，そのうえで大きいプロット内を通常のサイズ（たとえば乱塊法と同じサイズ）のプロットに分割して，もうひとつの因子にわりつけます．大きいプロットを**主プロット**（main plot, whole plot），主プロットを細分化した小さいプロットを**副プロット**（subplot）といいます．副プロットにとって主プロットはひとつのブロックになります．主プロットに因子Aを副プロットに因子Bを割りあてるとするとき，因子Aを**主プロット因子**（main-plot factor）または一次因子，因子Bを**副プロット因子**（subplot factor）または二次因子と呼びます．

実際に因子AとBのうちどちらを主プロット因子にするかは,実験の作業上の理由により決めます.水準の設定が煩雑だったり労力がかかる因子を主プロット因子とし,設定が比較的楽な因子を副プロット因子とします.次頁の例題9.2でいえば,播種期を副プロットごとに変えるよりは,大きな主プロットごとに変えるほうが,栽培や収穫の作業がしやすくなるので,播種期を主プロット因子とし,品種を副プロット因子とします.工業試験でいえば,タイヤの種類と走行速度の2因子について自動車のブレーキ性能をテストする場合には,タイヤ交換の労力からみてタイヤの種類を主プロット因子,走行速度を副プロット因子にします.

分割区配置でも処理の数は乱塊法と同じです.反復数を r,主プロット因子の水準数を a,副プロット因子の水準数を b とすると,反復(ブロック)ごとの処理数は ab,全副プロット数は rab となります.圃場配置はブロック内の主プロットに主プロット因子の水準をランダムにわりつけたあと,主プロット内の副プロットに副プロット因子の水準をランダムにわりつけます.

9.3.2 分割区法における統計モデル

因子Aを主プロット因子,因子Bを副プロット因子とするとき,因子Aの水準 i,因子Bの水準 j,ブロック k における観測値は,

$$X_{ijk} = \mu + \rho_k + \alpha_i + \delta_{ik} + \beta_j + (\alpha\beta)_{ij} + \varepsilon_{ijk}$$
$$(i=1, 2, \cdots, a;\ j=1, 2, \cdots, b;\ k=1, 2, \cdots, r) \quad (9.8)$$

と表されます.ここで制約条件

$$\sum_{i=1}^{a} \alpha_i = 0,\ \sum_{j=1}^{b} \beta_j = 0,\ \sum_{k=1}^{r} \rho_k = 0,\ \sum_{i=1}^{a}(\alpha\beta)_{ij} = \sum_{j=1}^{b}(\alpha\beta)_{ij} = 0$$

を設けます.μ は定数で総平均に等しく,ρ_k は k 番目のブロックのブロック効果,α_i は主プロット因子Aの水準 i の主効果,β_j は副プロット因子Bの水準 j の主効果,$(\alpha\beta)_{ij}$ は因子Aの水準 i と因子Bの水準 j との交互作用を示します.δ_{ik} は一次誤差で,因子Aの水準 i とブロック k に伴う誤差です.ε_{ijk} は二次誤差で,因子Aの水準 i の因子Bの水準 j とブロック k に伴う誤差です.2種類の誤差はともに平均0,分散一定の正規分布に従うとします.δ_{ik} の分散を σ_δ^2,

ε_{ijk} の分散を σ_ε^2 とします.

9.3.3 解析手順

[例題9.2] 以下（図9.3）の結果は，オオムギ5品種（V_1, V_2, V_3, V_4, V_5）を標準播き（D_1）および晩播き（D_2）をしたときの収量（kg/10 a）です．播種期を主因子，品種を副因子とする2因子の要因実験で，実験配置は2反復（ブロック）の分割区配置です．品種および播種期の主効果および品種×播種期の交互作用の有無を検定しなさい．収量値は図9.2と同じにしてあります.

ブロック1　　　　　　　　　　　ブロック2

V_3D_1	515	V_2D_2	427	V_5D_2	505	V_2D_1	585
V_4D_1	492	V_4D_2	461	V_2D_2	454	V_1D_1	536
V_5D_1	507	V_1D_2	402	V_4D_2	487	V_3D_1	551
V_2D_1	523	V_5D_2	529	V_3D_2	449	V_4D_1	506
V_1D_1	454	V_3D_2	457	V_1D_2	449	V_5D_1	531

図9.3　二因子実験の分割区配置の例
（関東東山農業試験場麦育種研究室データ（1956），一部データとわりつけ改変）

例題9.2に基づいて解析手順を説明しましょう.

手順1：ランダムにわりつけられた実験配置から観測値を読み取って，表9.8，表9.9のとおり整理します．

手順2：分割区計画では，乱塊法での誤差の平均平方が一次誤差と二次誤差に分割されます．一次誤差はブロック×播種期の交互作用に相当します．表9.8のデータから，表9.9のようにブロック×主プロットの各組合わせについて副プロットの平均を求めます．全体，ブロック，主プロット因子，一次誤差の平方和を求めます.

表9.8 整理されたデータ (x_{ijk})

播種期・品種	ブロック1 $k=1$		ブロック2 $k=2$	
D_1V_1	454	(x_{111})	536	(x_{112})
D_1V_2	523	(x_{121})	585	(x_{122})
D_1V_3	515	(x_{131})	551	(x_{132})
D_1V_4	492	(x_{141})	506	(x_{142})
D_1V_5	507	(x_{151})	531	(x_{152})
D_2V_1	402	(x_{211})	449	(x_{212})
D_2V_2	427	(x_{221})	454	(x_{222})
D_2V_3	457	(x_{231})	449	(x_{232})
D_2V_4	461	(x_{241})	487	(x_{242})
D_2V_5	529	(x_{251})	505	(x_{252})

表9.9 ブロック×主プロット(RA)表の平均

主プロット		ブロック1 $k=1$		ブロック2 $k=2$		平均 $\bar{x}_{i..}$	
D_1	$i=1$	498.2	($\bar{x}_{1\cdot 1}$)	541.8	($\bar{x}_{1\cdot 2}$)	520.0	($\bar{x}_{1..}$)
D_2	$i=2$	455.2	($\bar{x}_{2\cdot 1}$)	468.8	($\bar{x}_{2\cdot 2}$)	462.0	($\bar{x}_{2..}$)
平均 $\bar{x}_{..k}$		476.7	($\bar{x}_{..1}$)	505.3	($\bar{x}_{..2}$)	491.0	($\bar{x}_{...}$)

全体： $SS_{Total} = \sum_{i=1}^{a} \sum_{j=1}^{b} \sum_{k=1}^{r} (x_{ijk} - \bar{x}_{...})^2$

$= (454 - 491.0)^2 + (536 - 491.0)^2 + \cdots + (505 - 491.0)^2 = 40{,}138.0$

ブロック： $SS_R = ab \sum_{k=1}^{r} (\bar{x}_{..k} - \bar{x}_{...})^2$

$= 2 \times 5 \{(476.7 - 491.0)^2 + (505.3 - 491.0)^2\} = 4089.8$

主プロット： $SS_A = rb \sum_{i=1}^{a} (\bar{x}_{i..} - \bar{x}_{...})^2$

$= 2 \times 5 \{(520.2 - 491.0)^2 + (462.0 - 491.0) = 16820.0$

一次誤差： $SS_\delta = b \sum_{i=1}^{a} \sum_{k=1}^{r} (\bar{x}_{i\cdot k} - \bar{x}_{...})^2 - SS_R - SS_A$

$= 5\{(498.2 - 491.0)^2 + (455.2 - 491.0)^2 + (541.8 - 491.0)^2$
$+ (468.8 - 491.0)^2\} - 4089.8 - 16820.0$

$= 1125.0$

手順3：つぎに処理ごとの平均を表9.10のように整理しなおして，主プロッ

9.3 分割区法

表9.10 主プロット×副プロット (AB) の平均

	副プロット因子					平均 $\bar{x}_{i..}$
	V_1	V_2	V_3	V_4	V_5	
主プロット因子						
D_1	495.0 ($\bar{x}_{11.}$)	554.0 ($\bar{x}_{12.}$)	533.0 ($\bar{x}_{13.}$)	499.0 ($\bar{x}_{14.}$)	519.0 ($\bar{x}_{15.}$)	520.0 ($\bar{x}_{1..}$)
D_2	425.0 ($\bar{x}_{21.}$)	440.5 ($\bar{x}_{22.}$)	453.0 ($\bar{x}_{23.}$)	474.0 ($\bar{x}_{24.}$)	517.0 ($\bar{x}_{25.}$)	462.0 ($\bar{x}_{2..}$)
平均 $\bar{x}_{.j.}$	460.25 ($\bar{x}_{.1.}$)	497.25 ($\bar{x}_{.2.}$)	493.00 ($\bar{x}_{.3.}$)	486.50 ($\bar{x}_{.4.}$)	518.00 ($\bar{x}_{.5.}$)	491.00 ($\bar{x}_{...}$)

ト因子×副プロット因子の各組合せの平均を求めます.

手順4:副プロット因子,交互作用,二次誤差の平方和を求めます.

副プロット因子 (品種):

$$SS_B = ar \sum_{j=1}^{b} (\bar{x}_{.j.} - \bar{x}_{...})^2$$
$$= 2 \times 2\{(490.25 - 491.0)^2 + (497.25 - 491.0)^2 + \cdots + (518.00 - 491.0)^2\}$$
$$= 6951.5$$

交互作用:

$$SS_{AB} = r \sum_{i=1}^{a} \sum_{j=1}^{b} (\bar{x}_{ij.} - \bar{x}_{...})^2 - SS_A - SS_B$$
$$= 2\{(495.0 - 491.0)^2 + (554.0 - 491.0)^2 + \cdots + (517.0 - 491.0)^2\}$$
$$- 16,820.0 - 6,951.5 = 7921.5$$

二次誤差:$SS_\varepsilon = SS_{Total} - SS_R - SS_A - SS_\delta - SS_B - SS_{AB}$
$$= 40138.0 - 4089.8 - 16820.0 - 1125.0 - 6951.5 - 7921.5 = 3230.2$$

手順5: 各平方和をつぎの分散分析表に書きこみます.つぎに自由度を書きこみます.

自由度は以下のとおりです.

　　ブロック　　　　$df_R = r - 1$

　　主プロット因子 (A)　　$df_A = a - 1$

　　一次誤差　$df_\delta = (r-1)(a-1)$

　　副プロット因子 (B)　　$df_B = b - 1$

交互作用　$df_{A \times B} = (a-1)(b-1)$
二次誤差　$df_\varepsilon = a(r-1)(b-1)$
全体　　　$df_{Total} = rab - 1$

交互作用の自由度は，因子Aと因子Bの自由度の積となります．一次誤差の自由度はブロックの自由度と主プロット因子の自由度の積に等しくなります．二次誤差の自由度は，全体の自由度から二次誤差以外のすべての変動要因の自由度の和を引いたものとなります．一次誤差はブロック×主プロット因子交互作用に，二次誤差はブロック×副プロット因子交互作用とブロック×主プロット因子×副プロット因子交互作用の和に相当します．

すべての変動要因について平方和/自由度より平均平方を求めます．

主プロット因子（播種期）の平均平方を一次誤差の平均平方で割ってF値を求めます．また副プロット因子（品種）および交互作用の平均平方を二次誤差の平均平方で割ってF値を求めます．求められたF値を付表4のF値と比較して有意性を検定します．

表9.11　二因子の分割区法による分散分析表

変動要因 Source	平方和 SS	自由度 df	平均平方 MS	F	平均平方の期待値
ブロック	SS_R	df_R	$MS_R = SS_R / df_R$	$F = MS_R / MS_\delta$	1)
一次因子 A	SS_A	df_A	$MS_A = SS_A / df_A$	$F = MS_A / MS_\delta$	2)
一次誤差（δ）	SS_δ	df_δ	$MS_\delta = SS_\delta / df_\delta$		$\sigma_\varepsilon^2 + b\sigma_\delta^2$
二次因子 B	SS_B	df_B	$MS_B = SS_B / df_B$	$F = MS_B / MS_e$	3)
交互作用 $A \times B$	$SS_{A \times B}$	$df_{A \times B}$	$MS_{A \times B} = SS_{A \times B} / df_{A \times B}$	$F = MS_{A \times B} / MS_e$	4)
二次誤差（ε）	SS_e	df_e	$MS_e = SS_e / df_e$		σ_ε^2
全体	SS_{Total}				

1) $\sigma_\varepsilon^2 + b\sigma_\delta^2 + ab\sigma_R^2$

2) $\sigma_\varepsilon^2 + b\sigma_\delta^2 + \dfrac{rb}{a-1}\sum_i \alpha_i^2$

3) $\sigma_\varepsilon^2 + \dfrac{ra}{b-1}\sum_j \beta_j^2$

4) $\sigma_\varepsilon^2 + \dfrac{r}{(a-1)(b-1)}\sum_i \sum_j (\alpha\beta)_{ij}^2$

分割区法における平均平方の期待値の説明については，広津（1983, p. 145）を参照して下さい．

注1）　分散分析表の主プロット因子の検定については，副プロット因子についての平均をデータと考えたときの一因子実験とみなせます．

注2）　分割区法では乱塊法に比べて，主プロット因子の有意性について検出感度が低く，そのぶん副プロット因子および交互作用の検出感度が高いという特徴があります．

例題9.2について分散分析をした結果は表9.12のとおりとなります．主プロット因子の播種期はF値は大きくても自由度が小さいため有意でなく，副プロット因子の品種と交互作用は5％水準で有意でした．分割区配置では主プロット因子の効果の検出力を犠牲にして副プロット因子の効果の検出力を高めているといえます．主プロット因子の播種期は一次誤差と，副プロット因子の品種と交互作用は二次誤差と比較して検定されます．一次誤差は乱塊法における誤差よりも大きく，反対に二次誤差はやや小さくなりました．その結果，乱塊法の場合と異なり，播種期は有意でなく，品種は5％水準で有意となりました．

表9.12　二因子の分割区配置による分散分析

変動要因	平方和	自由度	平均平方	F
反復	4,089.8	1	4,089.80	
播種期	16,820.0	1	16,820.00	14.95
一次誤差	1,125.0	1	1,125.00	
品種	6,951.5	4	1,737.88	4.30*
品種×播種期	7,921.5	4	1,980.38	4.90*
二次誤差	3,230.2	8	403.78	
計	40138.0	19		

（注）変異係数（1）＝$\sqrt{1125.00/491.0} \times 100 = 6.83$ ％
　　　変異係数（2）＝$\sqrt{403.78/491.0} \times 100 = 4.09$ ％

9.4 二因子実験に関する問題

[問題9.1]（交互作用）図9.4は，4水準のチッソ施肥量（0，40，80，120 kg/ha）で3品種の水稲を2反復の乱塊法で栽培したときの収量（kg/10 a）のデータを示します．分散分析により施肥量，品種および交互作用が有意かどうか検定しなさい．交互作用が有意な場合には，そのグラフを描きなさい．N_i は水準 i の施肥量，V_j は水準 j の品種を示します．

ブロック1

$N_1 V_3$	441	$N_2 V_1$	465
$N_4 V_2$	598	$N_3 V_3$	705
$N_4 V_3$	345	$N_4 V_1$	634
$N_2 V_2$	552	$N_1 V_1$	408
$N_1 V_2$	453	$N_2 V_3$	533
$N_3 V_2$	634	$N_3 V_1$	543

ブロック2

$N_2 V_3$	497	$N_3 V_1$	572
$N_4 V_1$	651	$N_1 V_2$	411
$N_1 V_1$	377	$N_3 V_2$	605
$N_4 V_3$	303	$N_2 V_1$	419
$N_2 V_2$	611	$N_1 V_3$	472
$N_3 V_3$	662	$N_4 V_2$	518

図9.4 二因子実験の乱塊法

（解答9.1）圃場配置からまずデータを整理して並べなおすと，表9.13のとおりになります．

つぎに全体，反復，処理，誤差の平方和を求めます．r, a, b はそれぞれブロック数，施肥量の水準，品種数とします．

全体：$SS_{Total} = \sum_{i=1}^{a} \sum_{j=1}^{b} \sum_{k=1}^{r} (x_{ijk} - \bar{x}_{...})^2$

$= (408 - 517.04)^2 + (377 - 517.04)^2 + \cdots + (303 - 517.04)^2 = 272{,}728.9$

ブロック：$SS_R = ab \sum_{k=1}^{r} (\bar{x}_{..k} - \bar{x}_{...})^2$

$= 4 \times 3\{(525.92 - 517.04)^2 + (508.17 - 517.04)^2\} = 1{,}890.3$

処理：$SS_T = r \sum_{i=1}^{a} \sum_{j=1}^{b} (\bar{x}_{ij.} - \bar{x}_{...})^2$

9.4 二因子実験に関する問題

表 9.13

施肥量・品種	反復1	反復2	平均
N_1V_1	408	377	392.5
N_1V_2	453	411	432.0
N_1V_3	441	472	456.5
N_2V_1	465	419	442.0
N_2V_2	552	611	581.5
N_2V_3	533	497	515.0
N_3V_1	543	572	557.5
N_3V_2	634	605	619.5
N_3V_3	705	662	683.5
N_4V_1	634	651	642.5
N_4V_2	598	518	558.0
N_4V_3	345	303	324.0
平均	525.92	508.17	517.04

$$= 2\{(392.5-517.04)^2+(432.0-517.04)^2+\cdots+(324.0-517.04)^2\}$$
$$= 261,447.4$$

誤差： $SS_E = SS_{Total} - SS_R - SS_T$
$$= 272,728.9 - 1,890.3 - 261,447.4 = 9,391.1$$

つぎに処理ごとの平均を表9.14のように整理しなおして，因子 A と因子 B の水準ごとの平均を求めます．

因子 A，因子 B，交互作用の平方和を求めます．

因子 A（施肥量）： $SS_A = br \sum_{i=1}^{a} (\bar{x}_{i..} - \bar{x}_{...})^2$

$$= 3 \times 2\{(427.0-517.04)^2+(512.8-517.04)^2+\cdots+(508.1-517.04)^2\}$$
$$= 113,032.4$$

因子 B（品種）： $SS_B = ar \sum_{j=1}^{b} (\bar{x}_{.j.} - \bar{x}_{...})^2$

$$= 4 \times 2\{(508.6-517.04)^2+(547.7-517.04)^2+(494.7-517.04)^2\}$$
$$= 12,086.1$$

交互作用： $SS_{A \times B} = SS_T - SS_A - SS_B$
$$= 261,447.4 - 113,032.4 - 12,086.1 = 136,328.9$$

表 9.14

品種	施肥量				平均
	N_1	N_2	N_3	N_4	
V_1	392.5	442.0	557.5	642.5	508.6
V_2	432.0	581.5	619.5	558.0	547.7
V_3	456.5	515.0	683.5	324.0	494.7
平均	427.0	512.8	620.1	508.1	517.04

表 9.15 二因子の乱塊法の分散分析

変動要因	平方和	自由度	平均平方	F
ブロック	1,890.3	1	1,890.3	2.21
処理	261,447.4	11	23,767.9	27.84**
施肥量	113,032.4	3	37,677.4	44.13**
品種	12,086.0	2	6,043.0	7.07*
施肥量×品種	136,328.9	6	22,721.4	26.61*
誤差	9,391.1	11	853.7	
全体	272,728.9	23		

各平方和および自由度を表9.15の分散分析表に書きこみます.

交互作用は1％水準で有意です．交互作用のグラフは右のとおりとなります．

品種の順位が施肥量水準によって変化しているので，これは質的交互作用といえます．

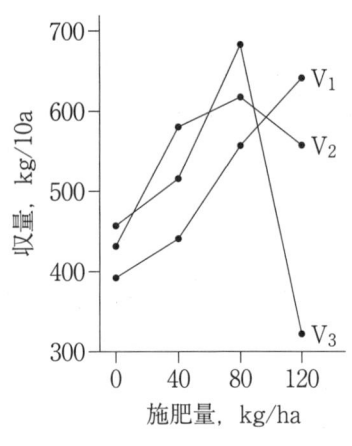

図 9.5 質的交互作用の例

第 10 章　回帰分析

10.1　回帰分析の歴史

　食事の量が多くなると体重が増えるとか，施肥量を増やせばイネの収量が高くなるとか，収入が多い世帯ほど消費支出が高いとか，ある事が増えると他のある事がそれと関連して増える（あるいは減る）ことが少なくありません．

　このような関連を最初に調べたのは，ダーウィンの従兄弟にあたるゴールトン（Francis Galton, 1822-1911）でした（Gillham, 2001）．彼は1875年にスイートピーのある品種の種子を数千粒買ってきて，1粒ずつ直径を測り大きさ別に7階級に分けました．各階級から10粒ずつ種子をとって袋に入れ，7袋を1セットにして英国各地に住む友人に送って栽培を頼みました．うち7人から収穫期に種子をつけたままの植物体が親の階級別に包装されて送られてきました．株別に子供の種子の直径を測ると，送った種子（親種子）が大きい階級ほど次代の種子（子種子）も平均して大きいことがわかりました（例題10.1）．

　[例題10.1]　つぎのデータは，ゴールトン（1877）によるスイートピーの種子の直径とそれを自殖して得た子種子の平均直径です（単位は1/100インチ）．

親種子	子種子の平均
15	15.98
16	16.17
17	16.13
18	16.40
19	16.37
20	17.07

親の値をヨコ軸に，子供の平均をタテ軸にしてグラフにすると，両者の関係は直線で近似できました（図10.1）．ゴールトンはグラフを見て子種子の大きさは親種子の大きさよりも全平均からの差が小さくなり，いわば平均に戻る傾向があることを知り，これを regression（回帰）と名づけました．彼はその後，人の身長についてもスイートピーの種子の大きさと同様の関係があることを見出しました．これが回帰分析の始まりです．

ゴールトンは回帰を生物の遺伝に応用しただけでしたが，ユール（Udny Yule, 1871-1951）とピアソンが回帰を一般的な統計解析法に拡張しました．現在の「回帰」の語には，ゴールトンが意図した「平均への回帰」という意味はなく，「最小二乗法によるデータへの直線ないし曲線のあてはめ」と同義です．

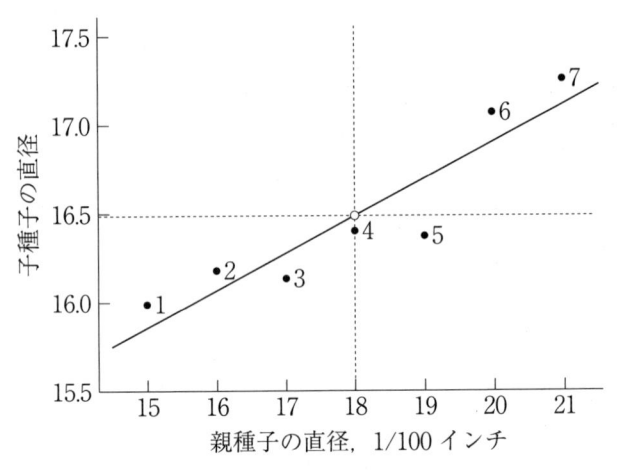

図10.1 ゴールトンによるスイートピーの種子の直径についての親子間の関係．黒丸は親株の大きさ別に7階級に分類した個体を栽培したときの子の種子の平均直径．直線は回帰直線．白丸は総平均．

10.2 回帰モデル

1個あるいは複数の変数 $(X_1, X_2, \cdots, X_p)$ に対して確率変数 Y が次の関係をもつとき，回帰関係にあるといいます．

$$Y = f(X_1, X_2, \cdots, X_p) + \varepsilon \tag{10.1}$$

このモデルにおいて，$X_1, X_2, \cdots, X_p$ を**説明変数**(explanatory variable)または**独立変数**(independent variable)，Y を**応答変数**(response variable)または**従属変数**(dependent variable)といいます．説明変数が1個の場合を**単回帰**(simple regression)，2個以上の場合を**重回帰**(multiple regression)といいます．ここで，説明変数は確率変数ではなく，「与えられた値」で一般に誤差を含まないと仮定されます．ε は Y の値に含まれる誤差を表します．

本書では，単回帰の場合だけを扱うことにします．この場合には式(10.1)の関数は

$$Y = f(X) + \varepsilon \tag{10.2}$$

となります．これを Y の X の上への回帰と呼びます．

2つの量 X と Y の間の関係で最も簡単なのは直線関係です．X と Y の直線関係の式は中学で習うように，

$$Y = a + bX \tag{10.3}$$

で表されます．a と b は定数です．a は直線と Y 軸との交点，つまり Y 切片を，b は直線の勾配を示します．このような関数関係では，X を与えれば Y の値が正確に定まります．たとえば $a=3$，$b=2$ の $Y=2X+3$ という関係では，X を1，2，3とすれば，Y はそれぞれの場合に5，7，9となります．

しかし，現実の世界では2つの事象の値が正確に式(10.3)のような関数で表されるとはかぎりません．図10.1は例題10.1をグラフにしたものです．例題10.1の種子の直径についての親子間の関係は，大まかには直線関係が認められるのですが，正確には各観測値の点が直線から少しずれています．なぜこのようなことが起こるのでしょうか？ずれの主因は誤差によります．Y の観測値には避けられない誤差が伴います．この誤差は計測上の不正確さや，X とは別のさまざまな要因による変動などに起因します．

そこで誤差を考慮したモデルとして X と Y の関係を

$$Y = \alpha + \beta X + \varepsilon \tag{10.4}$$

と表すことにします．これを**回帰直線**（regression line）のモデルといい，直線の勾配を表す β を**回帰係数**（regression coefficient）と呼びます．式 (10.3) と違って ε の項が加わっていることに注意しましょう．観測値 Y は，与えられた X の値に対応した回帰直線で説明できる部分（予測値）$\alpha + \beta X$ と，回帰直線では説明できない誤差部分 ε から成るといえます．α と β は定数で，モデルの**パラメータ**（parameter）または**母数**といいます．

ε は定数ではなく Y の値ごとに異なります．また正，負，0のどれにもなります．回帰モデルでは，Y は誤差を含むが X は含まないとします．なお X はどのような分布に設定してもかまいません．たとえば等間隔でも，ランダムでもかまいません．

モデルでは誤差について次のことが成り立つとします（中川・小柳，1982）．
① ε は確率変数で，平均は 0 である．つまり偏りがない．
② ε の分散は既知（σ^2 とおく）である．
③ 異なる Y に含まれる ε は，たがいに独立である．
④ ε の分布は正規分布に従う（図 10.2）．

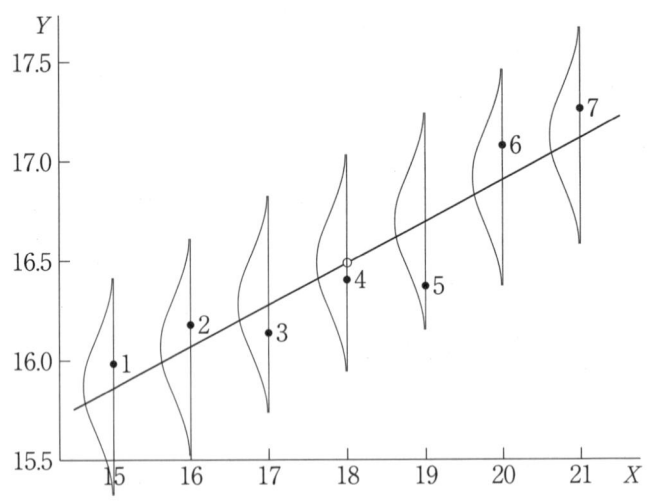

図 10.2　回帰直線のまわりの誤差はたがいに独立で平均 0 分散一定の正規分布に従うと仮定されます．

回帰分析にはつぎのような利用法があります.

① 回帰を求めれば，それを用いて任意の独立変数に対する従属変数の値を予測できます．たとえば肥料を10アール当たり5，10，15，20 kg施したときのコムギの収量を測るとします．このとき施肥量に対する収量の関係が回帰直線で表されれば，実際に施した量以外の場合，たとえば12 kgでどの程度の収量が期待されるかが予測できます．

② 応答変数の変動が説明変数の変動によってどの程度説明できるかを定量的に示すことができます．

③ 説明変数と応答変数との関係をモデル的に示すことができます．またそれにより科学上の仮説を検証できることがあります．

10.3 回帰直線の求めかた

いま説明変数 X とそれに対応する応答変数 Y のペア (X_i, Y_i) が n 組あるとします．このデータからどのようにして回帰直線の式を決めればよいでしょうか？グラフ上で手書きで近似直線を引くこともできますが，それでは描く人によって違ってしまい，客観性がありません．回帰直線を求めるにはルジャンドル（Adrien-Marie Legendre, 1752-1833）およびガウスによって19世紀初めに創案された**最小2乗法**（method of least squares）という手法が使われます．i 番目の観測値ペアに対応する誤差 ε_i は次式で表されますが，

$$\varepsilon_i = Y_i - \alpha - \beta X_i \quad (i=1, 2, \cdots, n) \tag{10.5}$$

与えられたデータに対する理想的な回帰直線は，ε_i が総体として最小になるような直線であるべきです．ただし ε_i は正にも負にもなるので，単にその和をとったのでは正負が相殺されてしまいます．そこで誤差を2乗した値 ε_i^2 の和（2乗和）で評価します．つまり

$$SS_E = \sum_{i=1}^{n} \varepsilon_i^2 = \sum_{i=1}^{n} (Y_i - \alpha - \beta X_i)^2 \tag{10.6}$$

を最小にするような直線を求めればよいことになります．これを誤差の最小二乗といいます．以下では見やすくするために記号 $\sum_{i=1}^{n}$ を単に $\sum$ と書くことにします．

SS_E は α と β の値によって変わるので,SS_E を最小にする α と β の値を求めればよいことになります.放物線 $y = ax^2 + bx + c$ で,y の最小値(a が正の場合)または最大値(a が負の場合)を与える x^* を求めるとき,y を x で微分してそれを 0 と等しいとおいた式を解いて得られることを思い出してください.つまり $2ax + b = 0$ より $x^* = -b/2a$ となります.

それと同じように β を一定にした上での α についての SS_E の微分と,α を一定にした上での β についての SS_E の微分が 0 に等しいとおいた式を求めます.すなわち

$$\partial SS_E / \partial \alpha = -2 \sum (Y_i - \alpha - \beta X_i) \tag{10.7 a}$$

$$\partial SS_E / \partial \beta = -2 \sum (Y_i - \alpha - \beta X_i) X_i \tag{10.7 b}$$

これより,観測値から得られる α や β の推定値を a および b で表すと,

$$\sum (Y_i - a - bX_i) = 0 \tag{10.8 a}$$

$$\sum (Y_i - a - bX_i) X_i = 0 \tag{10.8 b}$$

となります.これを解いて a と b を求めます.式 (10.8 a) および (10.8 b) を書き直すと

$$an + b\sum X_i = n\sum Y_i \tag{10.9 a}$$

$$a\sum X_i + b\sum X_i^2 = \sum X_i Y_i \tag{10.9 b}$$

となります.この 2 つの式をセットでモデル (10.4) における**正規方程式**(normal equation)と呼びます.モデルが変わって説明変数 X が 2 つ以上 $(X_1, X_2, X_3, \cdots)$ になった場合でも,上式を拡張したような形としてパラメータを推定する連立方程式がたやすく書き下せます.式 (10.9 a, b) を連立方程式として解くと,

$$a = \overline{Y} - b\overline{X} \tag{10.10 a}$$

$$b = \frac{\sum X_i Y_i - \sum X_i \sum Y_i / n}{\sum X_i^2 - (\sum X_i)^2 / n} = \frac{\sum (X_i - \overline{X})(Y_i - \overline{Y})}{\sum (X_i - \overline{X})^2} \tag{10.10 b}$$

となります.式 (10.10 b) の最右辺の分子は X と Y の**積和**(sum of products)といいます.b はこの積和と X の平方和との比で表されます.式 (10.10 a) の a を切片,(10.10 b) の b を勾配とする直線

$$Y = a + bX$$

が観測された回帰直線です.b は観測された回帰係数です.回帰係数は正と負

の場合があります．回帰係数の正負は，式 (10.10 b) の右辺分子の積和の正負で決まります．X_i が平均より大きいときは Y_i も平均より大きく，X_i が平均より小さいときは Y_i も平均より小さい場合に，積 $(X_i-\overline{X})(Y_i-\overline{Y})$ は正となり

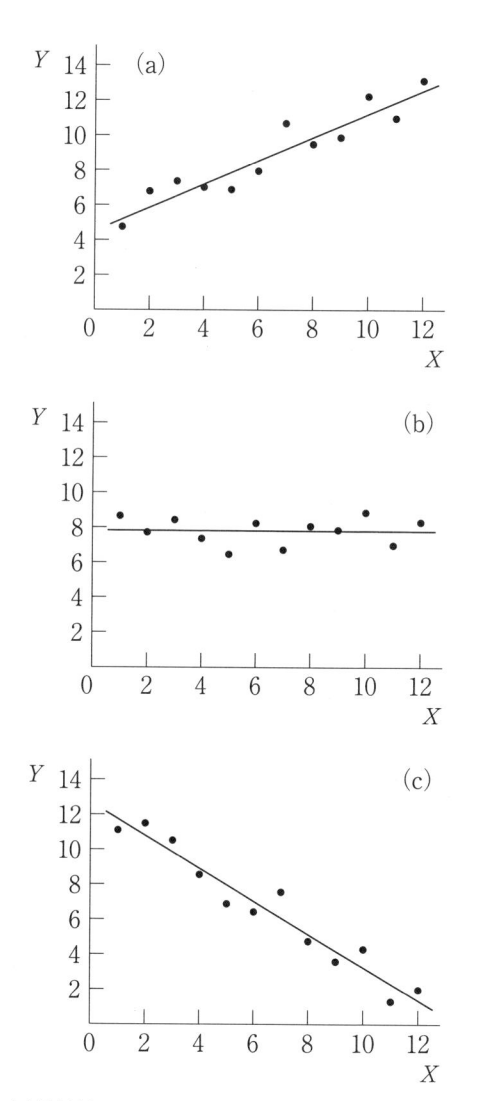

図 10.3 回帰係数が正 (a)，ほとんど 0 (b)，負 (c) の場合の回帰直線

ます．一方，X_i が平均より大きいときは Y_i は平均より小さく，X_i が平均より小さいときは Y_i は平均より大きい場合には，積 $(X_i-\overline{X})(Y_i-\overline{Y})$ は負となります．したがって全体として説明変数 X の値が増加するにつれて応答変数 Y の値も増加する傾向があるときには回帰係数 b は正，X の増加にともない Y が減少する傾向があるときには b は負となります．$b=0$ のときは，回帰直線は X 軸に平行となり，X と Y の間に回帰関係はありません（図10.3 a-c）．

　回帰直線の式に X_i を代入して得られる Y の値 Y_i を **予測値**（predicted value）といいます．予測値 Y_i（Y_i ハットと読みます）は

$$Y_i = a + bX_i = \overline{Y} + b(X_i - \overline{X}) \tag{10.11}$$

によって求められます．

　X が平均と等しいとき，予測値は Y の平均となることがわかります．つまり回帰直線はつねに点 $(\overline{X}, \overline{Y})$ を通ります．これは回帰直線を X-Y グラフに書きこむときに便利な性質です．

　例題 10.1 では，回帰係数は $b=5.88/28.00=0.210$ で，また Y 切片 a は $\overline{X}=18.00$，$\overline{Y}=16.48$ から，$a=16.48-0.210\times 18.00=12.70$ となります．すなわち回帰直線は $Y=12.70+0.210X$ となります．

　スイートピーは自家受精ですから親種子と子種子は遺伝的にまったく同じはずです．それなら $\overline{Y}=\overline{X}$ で $b=1.00$ となるはずですが，実際には子供の平均は親の平均よりずっと小さく，また回帰係数も 0.21 と小さい結果となりました．これは種子の大きさを決めるのは遺伝子だけでなく栽培環境が大きく影響するためです．ゴールトンが実験のために買った親種子は販売用なので良い栽培条件で稔った種子中から比較的大きいものが選ばれたのでしょう．それに対して英国各地で栽培された株の子種子は，本来の平均的な育ちかたをしたものと推測されます．いずれにしても，回帰分析の結果を正しく読むには，統計学だけでなく実際上の（ここではスイートピーの遺伝と栽培についての）知識を必要とします．

10.4 回帰係数の検定

回帰係数が求められてもそれが本当に統計的に有意かどうかを検定しなければなりません。測定値が少ない場合には X と Y の間にまったく関係がなくても偶然に高い回帰係数が得られる場合があるからです。それには「回帰係数は 0 である」を帰無仮説として分散分析を行います。

i 番目の観測値 Y_i と予測値 $\hat{Y}_i$ との差 $Y_i - \hat{Y}_i$ を回帰分析における**残差**(residual)といいます。残差と誤差はしばしば混同されていますが,残差は観測値に基づき直接観測できる値であるのに対し,誤差はモデル中で定義されるだけで直接には観測できません。式(10.11)より残差の和はつねに0となります $\left(\sum_{i=1}^{n}(Y_i - \hat{Y}_i) = 0\right)$。したがって誤差と違って残差はたがいに独立ではありません。誤差分散が一様でも(観測値の精度が一様でも),残差分散は一様ではなく,回帰直線上で平均の点で最大になります。

残差は

$$Y_i - \hat{Y}_i = (Y_i - \overline{Y}) - (\hat{Y}_i - \overline{Y}) \tag{10.12}$$

と表されます。いいかえると,Y の偏差 $Y_i - \overline{Y}$ は,予測値と $\overline{Y}$ の差 $\hat{Y}_i - \overline{Y}$ と残差 $Y_i - \hat{Y}$ の和になります。これを図で表すと,図 10.4 a‒c のようになります。

式(10.12)の両辺を 2 乗して $i=1$ から n までの和をとると,

$$\sum(Y_i - \hat{Y}_i)^2 = \sum(Y_i - \overline{Y})^2 + \sum(\hat{Y}_i - \overline{Y})^2 - 2\sum(Y_i - \overline{Y})(\hat{Y}_i - \overline{Y})$$

となります。ここで右辺の第 3 項は

$$\begin{aligned}
&-2\sum(Y_i - \overline{Y})(\hat{Y}_i - \overline{Y}) \\
&= -2b\sum(Y_i - \overline{Y})(X_i - \overline{X}) \quad (\text{式}(10.11)\text{より}) \\
&= -2b^2\sum(X_i - \overline{X})^2 \quad (\text{式}(10.10\text{ b})\text{より}) \\
&= -2\sum(\hat{Y}_i - \overline{Y})^2 \quad (\text{式}(10.11)\text{より})
\end{aligned} \tag{10.13}$$

したがって

$$\sum(Y_i - \hat{Y}_i)^2 = \sum(Y_i - \overline{Y})^2 - \sum(\hat{Y}_i - \overline{Y})^2$$

これより

$$\sum(Y_i - \overline{Y})^2 = \sum(\hat{Y}_i - \overline{Y})^2 + \sum(Y_i - \hat{Y}_i)^2 \tag{10.14}$$

すなわち Y の平方和 SS_Y は,「回帰によって説明される部分 $SS_R = \sum(\hat{Y}_i -$

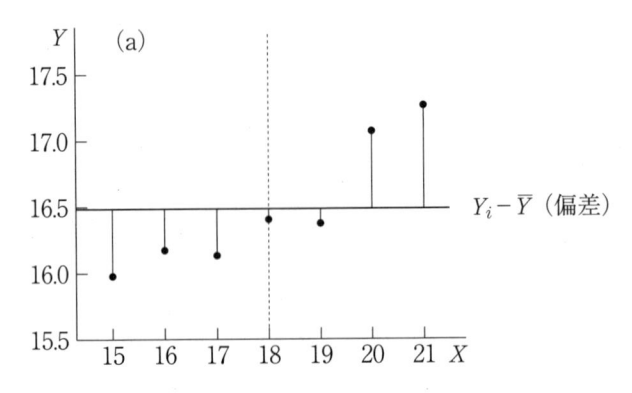

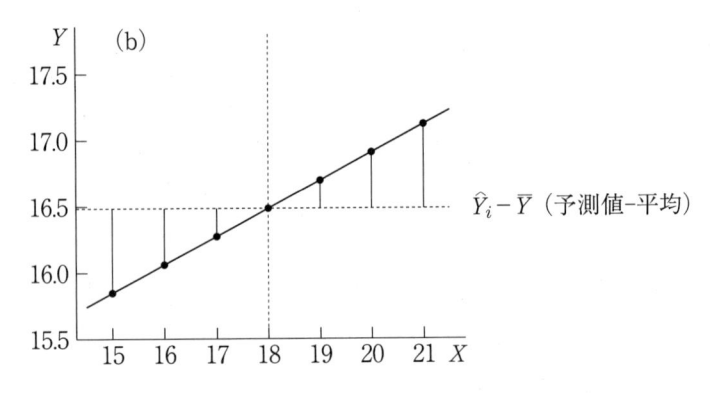

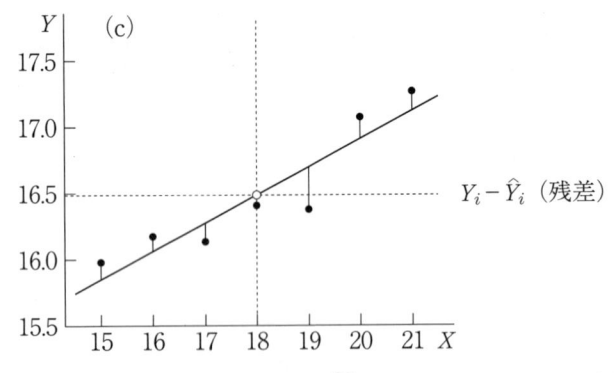

図 10.4 観測値 Y_i の Y の平均 $\overline{Y}$ からの偏差 (a) は，回帰直線上の予測値 $\hat{Y}_i$ と $\overline{Y}$ との差 (b) と観測値 Y_i と予測値 $\hat{Y}_i$ との差つまり残差 (c) に分割できます．

10.4 回帰係数の検定

表 10.1

要因	平方和	自由度	平均平方
回帰	$SS_R = \sum(\hat{Y}_i - \overline{Y})^2 = b\sum(X_i - \overline{X})(Y_i - \overline{Y})$	1	$MS_R = SS_R$
残差	$SS_E = \sum(Y_i - \hat{Y}_i)^2$ 差 $SS_Y - SS_R$ より	$n-2$	$MS_E = SS_E/(n-2)$
全体	$SS_Y = \sum_{i=1}^{n}(Y_i - \overline{Y})^2$	$n-1$	

$\overline{Y})^2$」と「回帰では説明できない部分 $SS_E = \sum(Y_i - \hat{Y}_i)^2$」に分割できます. なお,前者は式 (10.11) と式 (10.10 b) から

$$\sum(\hat{Y}_i - \overline{Y})^2 = b\sum(X_i - \overline{X})(Y_i - \overline{Y}) \tag{10.15}$$

となります.そこで分散分析表を表 10.1 のとおり書くことができます.

ここで「回帰で説明できない部分」の平均平方 MS_E はモデル (10.4) の下で,誤差分散 σ^2 の不偏推定値となります.また回帰の平均平方 MS_R の期待値は $\sigma^2 + b^2\sum(X_i - \overline{X})^2$ となります.帰無仮説「回帰係数は 0 である」の下では,回帰の平均平方の期待値は σ^2 となり,回帰の平均平方と誤差の平均平方の比 $F = MS_R/MS_E$ は,自由度が 1 と $n-2$ の F 分布に従います.そこで F 検定により回帰係数の有意性を検定できます.

一般的には,データ y の x に対する直線関係が明瞭なほど回帰の F 値が高くなります(図 10.5)が,逆に F 値が高いからといって必ずしも直線関係がよくあてはまるとはいえません.分散分析だけでなく,必ず x と y の関係をグラフに描いて確認することが必要です.

例題 10.1 では,x および y の平方和はそれぞれ 28.000, 1.4435, また x と y の積和は 5.880 です.よって回帰係数は $b = 5.880/28.000 = 0.210$ で,分散分析

表 10.2

要因	平方和	自由度	平均平方	F
回帰	$SS_R = 0.210 \times 5.880 = 1.2348$	1	1.2348	29.58**
残差	$SS_E = 1.4435 - 1.2348 = 0.2087$	5	0.0417	
全体	$SS_Y = 1.4435$	6		

の結果は表10.2のとおりとなります.

F 値は $F=MS_R/MS_E=29.58$ で,付表4bより第1自由度 $\phi_1=1$,第2自由度 $\phi_2=5$ の1%水準での F 分布の棄却限界値は $F(1,5,0.01)=16.26$ なので,「例題10.1における回帰は1%水準で有意である」と結論されます.

注1) 単回帰の解析では「X と Y の関係は直線」ということが前提条件となっています.しかし実際のデータでは,残差が Y の誤差変動だけでなく,Y の X に対する反応が直線関係でないためによる回帰からのずれを含むことがあります.そのとき前者を**純誤差**(pure error),後者を**モデル不適合**(lack of

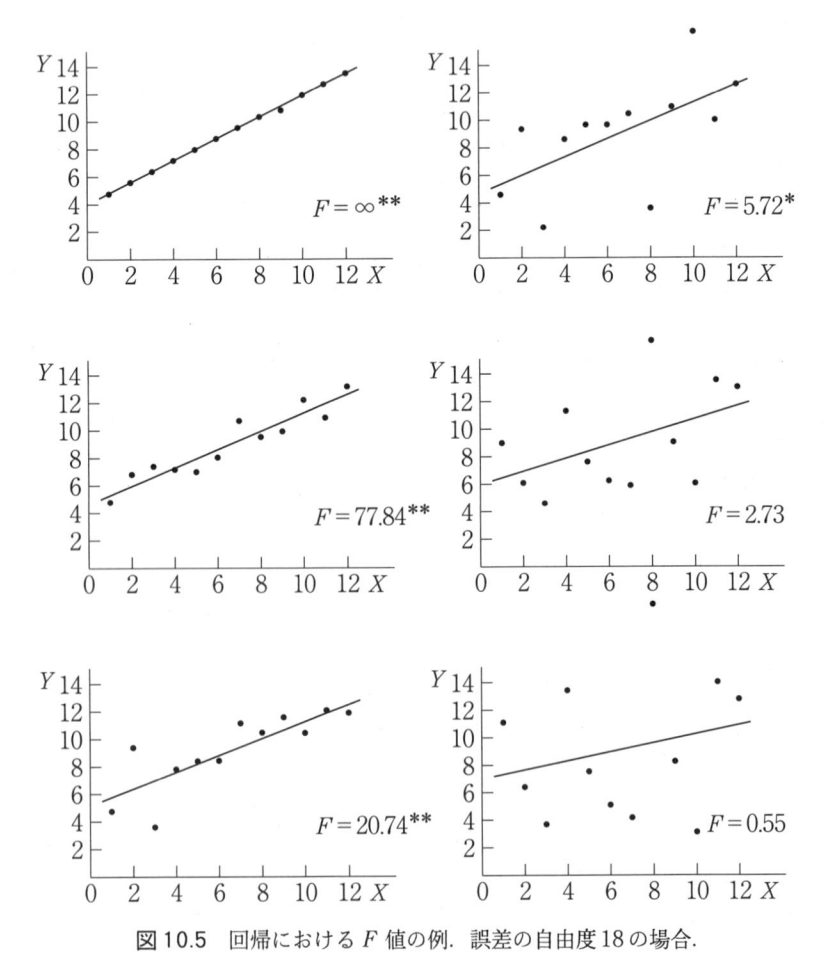

図10.5 回帰における F 値の例.誤差の自由度18の場合.

fit)によるずれと呼びます(ドレーパーとスミス, 1968). 表10.2に示すような通常の分散分析ではこの2つを区別できません. 回帰の F 値が高くても X と Y が直線関係でない場合もあります. X と Y の散布図に求めた回帰直線を描き入れてみること, とくに残差の大きさが X 値の大きさと関連がないかをよく調べることが大切です.

注2) 同じ x に対して y の複数の観測値がある場合には,「回帰で説明できない部分」の平方和をさらに純誤差による部分とモデル不適合による部分に分割できます. ここで「y の複数の観測値」とは, 実験として反復試行されたデータで同じ試行を複数回読み取った測定値ではありません. それぞれの平方和を SS_{pe}, SS_{lf}, 平均平方を MS_{pe}, MS_{lf} と表すとき, $F = MS_{lf}/MS_{pe}$ を計算して, 有意ならば直線回帰は不適合と判断します(問題10.4参照). モデルが不適合と結論された場合には, たとえば $Y = \alpha + \beta X + \gamma X^2 + \varepsilon$ のような**曲線回帰**(Curvilinear regression)などを考えなければなりません.

10.5 回帰係数の信頼区間

回帰が有意であるとき, つぎに回帰係数の信頼区間を求めます.
$$\sum (X_i - \overline{X}) \overline{Y} = \overline{Y} \sum (X_i - \overline{X}) = 0$$
より
$$b = \sum (X_i - \overline{X})(Y_i - \overline{Y})/SS_X$$
$$= \sum (X_i - \overline{X}) Y_i / SS_X$$
$$= \{(X_1 - \overline{X}) Y_1 + \cdots + (X_n - \overline{X}) Y_n\}/SS_X$$

ここで $Y_1, Y_2, \cdots, Y_n$ の変動はたがいに独立で, また $(X_i - \overline{X})/SS_X$ は定数とみなせるので,

$$V(b) = \left(\frac{X_1 - \overline{X}}{SS_X}\right)^2 V(Y_1) + \cdots + \left(\frac{X_n - \overline{X}}{SS_X}\right)^2 V(Y_n)$$
$$= \frac{\sum (X_1 - \overline{X})^2}{(SS_X)^2} \sigma^2$$
$$= \frac{\sigma^2}{\sum (X_1 - \overline{X})^2} \tag{10.16}$$

となります．つまり誤差分散と X の平方和の比となります．

これより信頼限界は

$$b \pm t \cdot \frac{s}{\sqrt{\Sigma(X_1 - \overline{X})^2}} \qquad (10.17)$$

となります．ここで t は自由度 $n-2$ における両側5％または1％水準の棄却限界値です．

例題10.1では $b = 0.210$, $s^2 = MS_E = 0.0417$, $SS_x = 28.00$, $t(5, 0.025) = 2.571$ より，95％信頼限界は $0.210 \pm 2.571 \times \sqrt{0.0417/28.00}$ となります．これより信頼区間は $(0.111, 0.309)$ です．

10.6 予測値の信頼区間

式 (10.11) より k 番目の X 値に対応する Y の予測値 $\hat{Y}$ は

$$\hat{Y}_k = \overline{Y} + b(X_k - \overline{X})$$

となります．標本の抽出ごとに観測値の平均 $\overline{Y}$ も推定される回帰係数 b も変動します．したがって，予測値 $\hat{Y}_k$ も変動します．$\hat{Y}_k$ の分散は

$$\begin{aligned} V(\hat{Y}_k) &= V(\overline{Y}) + (X_k - \overline{X})^2 V(b) \\ &= \frac{\sigma^2}{n} + \frac{(X_k - \overline{X})^2 \sigma^2}{\Sigma(X_i - \overline{X})^2} \end{aligned} \qquad (\text{式 (10.16) より}) \qquad (10.18)$$

となります．第1項は観測値の平均の分散に，第2項は回帰係数の推定値のバラツキに伴う分散に対応しています．予測値の分散は $X_k = \overline{X}$ の場合に最小となり，X_k が $\overline{X}$ から離れるほど大きくなります．いいかえると観測値がつねに同じ精度で測定されたとしても，予測値の精度は同じではないといえます．

k 番目の測定値 X_k に対応する予測値 $\hat{Y}_k$ の信頼限界は

$$\hat{Y}_k \pm t \cdot s \sqrt{\frac{1}{n} + \frac{(X_k - \overline{X})^2}{\Sigma(X_i - \overline{X})^2}} \qquad (10.19)$$

となります．

例題10.1では95％信頼限界は

$$\hat{Y}_k \pm 2.571 \cdot \sqrt{0.0417}\sqrt{\frac{1}{7}+\frac{(X_k-18)^2}{28}},$$

書き直すと

$$\hat{Y}_k \pm 0.0992\sqrt{4+(X_k-18)^2}$$

となります．平均の $X=18$ で信頼区間は最も狭く 16.48 ± 0.1984，つまり $(16.2816, 16.6784)$ となります．信頼区間は $X=15$ または $X=21$ で最も広くなり，たとえば $X=21$ では $(16.7524, 17.4676)$ となります．信頼区間が狭いということは，予測値の信頼度が高いことを表します．

なお任意の値 X_k における Y の母平均を μ_k とするとき，帰無仮説 $H_0:\mu_k=\mu_{k0}$ (μ_{k0} は定数) を検定するには，

$$t_0 = \frac{\hat{\mu}_k - \mu_{k0}}{s\sqrt{\dfrac{1}{n}+\dfrac{(X_k-\overline{X})^2}{\Sigma(X_i-\overline{X})^2}}} \tag{10.20}$$

を求め，絶対値 $|t_0|$ と $t(n-2,\alpha)$ とを比較します．ここで $\hat{\mu}_k$ は $\hat{\mu}_k = a + bX_k$ から求めます．

またここで，たとえば $X_k=0$, $\mu_{k0}=0$ とおけば，母回帰直線がグラフ上の原点を通るかどうかを検定できます．

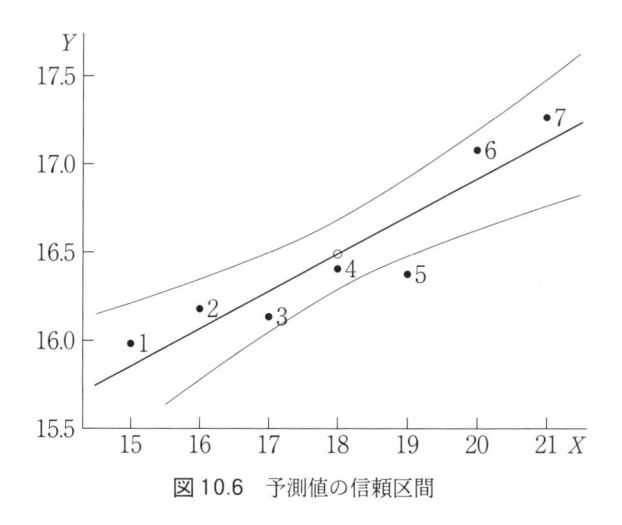

図 10.6 予測値の信頼区間

10.7 その他

(1) 回帰直線の図を描くときには，回帰直線を観測値の範囲を大きく超えた領域まで延ばして描いてはいけません．どうしても必要な場合は，その超えた領域の回帰直線は点線で描くべきです．回帰直線による予測値の推定は X の観測値の最小値から最大値の範囲内でのみ有効です．その範囲を超えた領域で予測値を求めることは避けるべきです．

(2) Y の X の上への回帰と X の Y の上への回帰とは異なります（問題10.1参照）．

(3) 説明変数が1個でなく2個以上の場合には，多変量解析のひとつである**重回帰分析**（mutiple regression）という手法により解析されます．

10.8 回帰分析の手順

上に述べた解析手順を要約して，以下に示します．

特性値 X については，実験者によって与えられ，確率変数ではありません．
母集団：特性値 Y について，平均 μ_Y（未知），分散 σ_Y^2（未知）
　　　　X と Y の共分散 σ_{XY}（未知）
→サイズ n の標本を抽出．n 個体についての2種の特性値対 (x_1, y_1), $(x_2, y_2), \cdots (x_n, y_n)$

帰無仮説 $H_0: \beta = 0$ 「回帰係数が0に等しい」

手順1：まず，x-y 座標上に観測値の点 (x_i, y_i) をプロットします．

手順2：x の平均 $\bar{x}$ と平方和 SS_x，y の平均 $\bar{y}$ と平方和 SS_y，および x と y の積和（sum of product）S_{xy} を求めます．

$$SS_x = \sum (x_i - \bar{x})^2$$
$$SS_y = \sum (y_i - \bar{y})^2$$
$$S_{xy} = \sum (x_i - \bar{x})(y_i - \bar{y})$$

手順3：回帰係数 b および y 切片 a を計算します．

$$b = \frac{S_{xy}}{SS_x}$$

要因	平方和	自由度	平均平方
回帰	$SS_R = \sum(\hat{y}_i - \bar{y})^2 = b\sum(x_i - \bar{x})(y_i - \bar{y})$	1	$MS_R = SS_R$
残差	$SS_E = \sum(y_i - \hat{y}_i)^2 = SS_Y - SS_R$	$n-2$	$MS_E = SS_E/(n-2)$
全体	$SS_y = \sum_{i=1}^{n}(y_i - \bar{y})^2$	$n-1$	

$$a = \bar{y} - b\bar{x}$$

これより以下の回帰直線の式を求め，そのグラフを観測値をプロットした図上に描きます．

$$y = a + bx$$

手順4：分散分析をして，$F = MS_R/MS_E$ が第1自由度1，第2自由度 $n-2$ の F 分布をするので，F 検定により回帰係数の有意性を検定します．すなわち F 値が付表4aの $F(1, n-2, 0.05)$ より大きければ5％水準で，付表4bの $F(1, n-2, 0.01)$ より大きければ1％水準で回帰は有意となります．

手順5：必要ならば以下のとおり回帰係数の信頼区間，予測値の信頼区間などを求めます．

回帰係数の信頼区間　：　$b \pm t \cdot \dfrac{s}{\sqrt{\sum(x_i - \bar{x})^2}}$

予測値の信頼区間　：　$\hat{y}_k \pm t \cdot s \sqrt{\dfrac{1}{n} + \dfrac{(x_k - \bar{x})^2}{\sum(x_i - \bar{x})^2}}$

ここで $\hat{y}_k = \bar{y} + b(x_k - \bar{x})$

10.9 回帰に関する問題

[**問題10.1**] 以下のデータは，チッソ肥料（kg/ha）を4水準で施したときの，水稲の収量（kg/10 a）です．これより収量の施肥量の上への回帰直線の式を求めなさい．また分散分析により回帰の有意性を検定しなさい．

窒素施肥量(x)	0	40	80	120	160
収量 (y)	33	37	49	51	65

（解答10.1）x の平均は80，y の平均は47.0．また

表10.3

要因	平方和	自由度	平均平方	F
回帰	$SS_R = 608.4$	1	608.4	57.76**
残差	$SS_E = 31.6$	3	10.53	
全体	$SS_y = 640.0$	4		

x の平方和　：$(0-80)^2 + (40-80) + \cdots + (160-80) = 16000$

x と y の積和　：$(0-80)(33-47) + (40-80)(37-47) + \cdots$
$\hspace{6cm} + (160-80)(65-47) = 3120$

よって回帰係数は $b = 3{,}120 / 16{,}000 = 0.195$，$y$ 切片は $a = 47.0 - 0.195 \times 80 = 31.4$

これより回帰直線の式は $y = 31.4 + 0.195x$ となります．

平方和を計算すると，

y の平方和　：$SS_y = (33-47)^2 + (37-47)^2 + \cdots + (65-47)^2 = 640.0$

回帰の平方和　：$SS_R = 3{,}120^2 / 16{,}000 = 608.4$

残差平方和は　$SS_E = 640.0 - 608.4 = 31.6$

となります．また全平方和の自由度は4，回帰の自由度は1，よって残差の自由度は $4 - 1 = 3$，以上より分散分析表は表10.3のとおりとなります．$F(1, 3) = 608.4 / 10.533 = 57.76$ で，付表4bより第1自由度 $\phi_1 = 1$，第2自由度 $\phi_2 = 3$ の1％水準の棄却限界値は $F_0(1, 3, 0.01) = 34.1$ なので，「回帰は1％水準で有意である」と結論されます．

[問題10.2] 問題10.1のデータで回帰係数の信頼区間を求めなさい．また予測値の信頼区間を示す式を求めなさい．

(解答10.2) 回帰係数の信頼上限は $0.195 + t \cdot \sqrt{10.533} / \sqrt{16{,}000}$．ここで t の自由度は誤差の自由度と等しく $\phi = n - 2 = 5 - 2 = 3$．5％水準での t 分布の棄却限界値は付表2より $r(3, 0.025) = 3.182$ なので，信頼上限は $0.195 + 3.182 \cdot \sqrt{10.533} / \sqrt{16{,}000} = 0.195 + 0.0816 = 0.277$ となります．同様にして信頼下限は $0.195 - 3.182 \cdot \sqrt{10.533} / \sqrt{16{,}000} = 0.113$．よって信頼区間は $(0.113, 0.277)$．

予測値の信頼限界を表す式は，5％水準で
$$\hat{y}_k \pm 3.182 \cdot \sqrt{10.53} \sqrt{\frac{1}{5} + \frac{(X_k - 80)^2}{16{,}000}}$$
で，書きなおすと
$$\hat{y}_k \pm 10.33 \sqrt{\frac{1}{5} + \frac{(X_k - 80)^2}{16{,}000}}$$
となります．

[問題10.3] 例題10.1において「X の Y の上への回帰」を求めなさい．またその回帰式は「Y の X の上への回帰」である $y = 12.70 + 0.21x$ とは同じにはならないことを確かめなさい．

（解答10.3） モデルは $X = \alpha + \beta Y + \varepsilon$ となり，
$$SS_e = \sum_{i=1}^{n} \varepsilon_i^2 = \sum_{i=1}^{n} (X_i - \alpha - \beta Y_i)^2$$
を最小にすると α と β の推定値である a と b は
$$a = \bar{x} - b\bar{y}$$
$$b = \frac{\sum (x_i - \bar{x})(y_i - \bar{y})}{\sum (y_i - \bar{y})^2}$$
となります．これより $b = 5.880 / 1.4435 = 4.073$，$a = 18 - 4.073 \times 16.48 = -49.12$ となり，$x = -49.12 + 4.073 y$ となります．これを書き直すと $y = 12.06 + 0.2455 x$ となります．

[問題10.4] ある作物におけるチッソ施肥量と収量の関係を示す以下のデータに基づき，回帰直線を求め図に描きなさい．また回帰係数の直線からのずれが有意かどうか検定しなさい．

表 10.4

要因	平方和	自由度	平均平方	F
回帰	$SS_R = 17.0253$	1	17.0253	63.02**
残差	$SS_e = 3.5120$	13	0.2702	
モデル不適合	$SS_{nl} = 2.5153$	3	0.8384	8.41**
純誤差	$SS_{pe} = 0.9967$	10	0.0997	

$y = 2.8467 + 0.0188x$

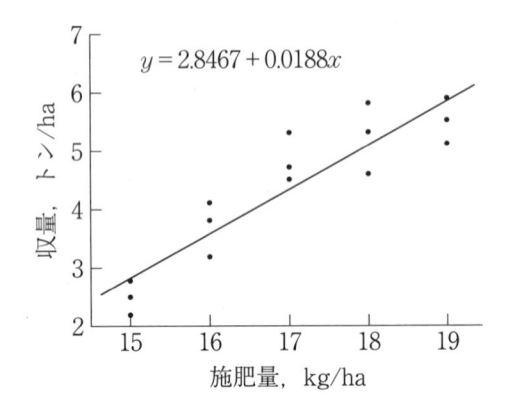

図10.7 収量の施肥量の上への回帰. 直線回帰への
データの不適合が認められる.

施肥量（kg/ha）	収量	（トン/ha）	（3反復）
0	2.5	2.8	2.2
40	4.1	3.2	3.8
80	4.5	5.3	4.7
120	5.3	5.8	4.6
160	5.9	5.1	5.5

（解答10.4） 回帰直線の式は $y = 2.8467 + 0.0188x$ です. 散布図は図10.7のとおりとなります. 分散分析では1％水準で回帰は有意となります. しかし y 値に反復がある場合には,「回帰で説明できない部分」の平方和は「モデル不適合」による部分と純誤差による部分とに分割できるので, モデルの適合性の検定を行います.

モデルの不適合による平均平方を, 純誤差による平均平方で割って F 値を求め, 相当する自由度において F 分布の棄却限界値より大きければ, 回帰モデルは直線回帰とは見なせないといえます. 計算により

$F(3, 10) = 0.8384/0.0997 = 8.41$

で, 1％水準の棄却限界値 $F(3, 10, 0.01) = 6.55$ より大きいので,「このデータに対して直線回帰のモデルは1％水準で不適合である」と結論されます. 実際に図10.7のデータは直線よりも上に凸の曲線に適合するようです.

第11章 相関分析

11.1 相関とは

背の高い人は体重が大きいとか，暑い夏ほどクーラーがよく売れるとか，実質経済成長率が高い国は失業率が低いとか，異なる特性値の間に正または負の関連がある場合が少なくありません．その関連の程度を表わすのが**相関**（correlation）です．相関の考えも回帰と同じくゴールトンによるもので，1888年の英国王立協会紀要に発表されました．

いま，ある母集団の各要素について，要素がもつ2つの特性の値 X と Y の間の相関を考えます．たとえば日本の中学1年生という母集団について，各個人の身長（X）と体重（Y）という2特性の値の間に関連があるかどうかを考えるとします．

ある1特性の分布のバラツキを表すには，平均からの偏差を用いました（第1章）．2特性値間の関連を調べる場合にも平均からの偏差で表します．いま X と Y の平均の点 (μ_X, μ_Y) を原点とすると，X の平均からの偏差と Y の平均からの偏差の関係は第1象限から第4象限までの4通りにわけられます（図11.1）．

このうち (1) と (3) は X と Y が正負同方向に変化するという点で共通していま

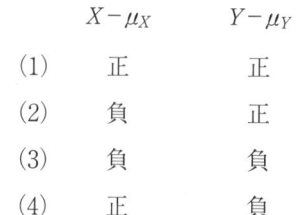

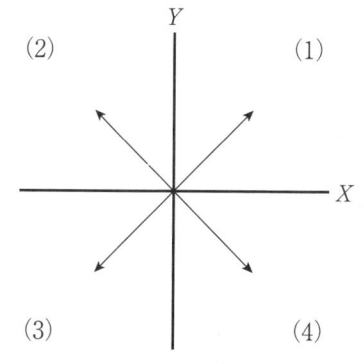

	$X-\mu_X$	$Y-\mu_Y$
(1)	正	正
(2)	負	正
(3)	負	負
(4)	正	負

図11.1 X と Y の偏差の増減関係（4通り），中心の点は (μ_X, μ_Y)

す．一方，(2) と (4) は正負逆方向に変化します．X と Y に間に関連があるということは，(1) と (3) が多く (2) と (4) が少ない場合か，反対に (2) と (4) が多く (1) と (3) が少ない場合になります．

そこで偏差の積 $(X-\mu_X)(Y-\mu_Y)$ を考えると，積は (1) と (3) ではともに正，(2) と (4) ではともに負となります．関連が高い場合には正の積と負の積のどちらかが多くなり，関連がない場合には正の積と負の積が混在して 0 に近くなります．そこで 2 特性の偏差の積をすべての個人（要素）について足した和（積和）の大きさで特性間の関連の強さを表わすことが考えられます．関連の程度が高ければ積和の絶対値が大きくなります．

しかし，積和の絶対値は個人の数が多いときにも大きくなります．そのため積和の絶対値が大きくても，それが関連性が高いためか個人の数が多いためか区別つきません．そこで積和を個人の数で割って調整した値を考えます．これは共分散です．共分散 (σ_{XY}) は

$$\sigma_{XY}=E\{(X-\mu_X)(Y-\mu_Y)\}$$

で定義されます．E は期待値を表します．しかし共分散にも欠点があります．X や Y のバラツキの大きさによって値が変わります．また計量値の次元や単位に依存します．

そのため，共分散を X および Y の標準偏差で割った値である

$$\rho=\frac{\sigma_{XY}}{\sigma_X \cdot \sigma_Y} \tag{11.1}$$

を考え，X と Y の間の関連の程度を示す指標とします．この ρ を**母相関係数**（population correlation coefficient），または**ピアソンの積率相関係数**（Pearson's product-moment correlation）といいます．相関係数という語は 1892 年にアイルランド生まれの統計学者で経済学者のエッジワース（Francis Ysidro Edgeworth, 1845-1926）がなづけました．

相関係数についてつぎのことがいえます．

① ρ は -1 から 1 までの値をとり，その領域を超えることはありません（$-1 \leq \rho \leq 1$）．

② $\rho>0$ の場合を**正相関**（positive correlation），$\rho<0$ の場合を**負相関**（negative correlation）と呼びます．いいかえると，X が大きくなるとき Y が大

きくなれば正相関, X が大きくなるとき Y が小さくなれば負相関です. なお, X が負方向に変化するときに Y も負方向に変化することを負相関と呼ぶのは誤りです. $\rho=1$ または $\rho=-1$ の場合を**完全相関** (complete correlation) といいます.

③ $\rho=0$ のときは, X と Y の間には直線的関係がないことを示し, これを**無相関** (no correlation) といいます.

④ 相関係数には次元がなく, X と Y をどのような単位で計測しても変わりません. たとえば身長と体重の間の相関係数は, 身長を cm, 体重を kg で測っても, 身長をインチ, 体重をポンドで測っても同じです.

11.2 二変量正規分布

第4章で正規分布の話をしましたが, そこでは確率変数はひとつでした. これを**一変量正規分布** (univariate normal distribution) といいます. それに対して2つ以上の正規分布を同時に考慮した場合の分布を**多変量正規分布** (multivariate normal distribution) といいます. 多変量正規分布の中で最も簡単なのは, 変数が2つの場合の**二変量正規分布** (bivariate normal distribution) です.

一変量正規分布は, 平均 (μ) と分散 (σ^2) が母数で, $N(\mu, \sigma^2)$ と表示されました. つまり平均と分散が決まれば分布全体が決まりました. 二変量正規分布でも, 2つの変数 X と Y が独立の場合には, それぞれの平均 (μ_X, μ_Y) と分散 (σ_X^2, σ_Y^2) がわかれば, 分布全体が決まります. しかし, 2変数間に関連がある場合の分布を決めるには, 2組の平均と分散に加えて共分散 (σ_{XY}) が必要となります. 二変量正規分布は5つの母数の関数として $N_2(\mu_X, \mu_Y, \sigma_X^2, \sigma_Y^2, \sigma_{XY})$ と書けます. ここで相関係数を用いれば, 共分散は $\sigma_{XY}=\rho\sigma_X\sigma_Y$ と表わされるので, 二変量正規分布は $\mu_X, \mu_Y, \sigma_X^2, \sigma_Y^2, \rho$ の関数, つまり $N_2(\mu_X, \mu_Y, \sigma_X^2, \sigma_Y^2, \rho)$ とも表わせます.

その確率密度関数は $\rho\neq1$ のとき以下の式 (11.2) で表わされます. なお $\rho^2=1$ の場合は, X と Y の関係は直線となり, 一次元で表されます.

$$f(X,Y) = \frac{1}{2\pi\sigma_X\sigma_Y\sqrt{1-\rho^2}} \exp\left[-\frac{1}{2(1-\rho^2)}\right.$$

$$\left\{\frac{(X-\mu_X)^2}{\sigma_X^2} - \frac{2\rho(X-\mu_X)(Y-\mu_Y)}{\sigma_X \sigma_Y} + \frac{(Y-\mu_Y)^2}{\sigma_Y^2}\right\}\right] \quad (11.2)$$

式 (11.2) で X, Y を標準化して

$$u_X = \frac{X-\mu_X}{\sigma_X}, \quad u_Y = \frac{Y-\mu_Y}{\sigma_Y}$$

とおくと, 確率密度関数は

$$f(X, Y) = \frac{1}{2\pi\sqrt{1-\rho^2}} \exp\left[-\frac{1}{2(1-\rho^2)}(u_X^2 - 2\rho \cdot u_X u_Y + u_Y^2)\right] \quad (11.3)$$

となります. これを**二変量標準正規分布** (bivariate standardized normal distribution) といい, $N_2(0, 0, 1, 1, \rho)$ と表わします. $u_X^2 - 2\rho \cdot u_X u_Y + u_Y^2 = (u_X - \rho u_Y)^2 + (1-\rho^2)u_Y^2 \geq 0$ より, (11.3) の右辺の大括弧の中は負または0で, $X=\mu_X$, $Y=\mu_Y$ のときすなわち $u_X=0$, $u_Y=0$ のとき0に等しくなり, $\exp(0)=1$ から, 確率密度は最大値 $1/(2\pi\sqrt{1-\rho^2})$ をもちます.

2変量標準正規分布を二次元座標上に示すと図11.2および図11.3のようになります.

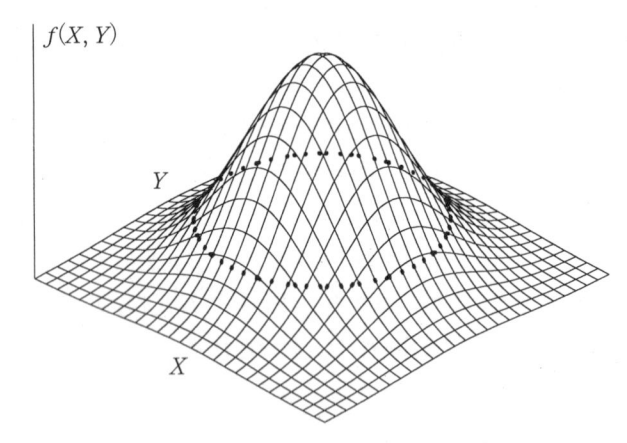

図11.2　$\rho=0$ の場合の二変量正規分布の形.
分布の山の中腹にみられる円は, 一定の確率密度 ($f(X, Y)=0.04$) の値を与える点 (X, Y) の軌跡.

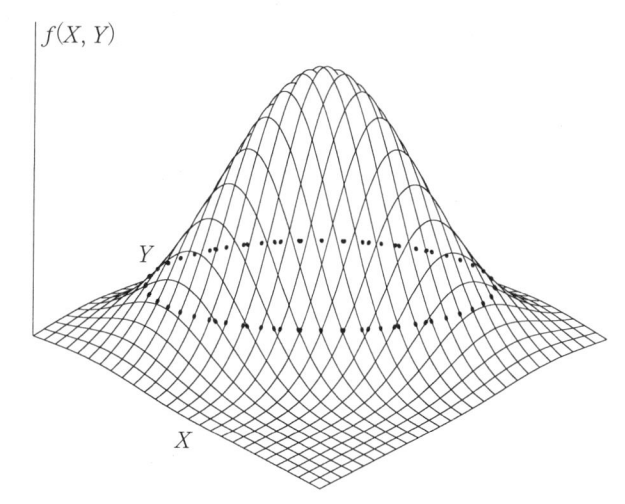

図11.3 $\rho=0.6$ の場合の二変量標準正規分布.
分布の山の中腹にみられる楕円は, 一定の確率密度 ($f(X, Y)=0.04$) の値を
与える点 (X, Y) の軌跡.

前者は相関がない場合 ($\rho=0$), 後者は0.6の相関がある場合 ($\rho=0.6$) です.
相関がない場合には, 分布の形はまさに教会の鐘のような形になります. なおこれらの図は X 軸を45°時計回りに回転し, 俯角30°で眺めた場合です. 左端のタテ棒の長さは確率密度の最大値を示します. X と Y に相関がある場合には, 3次元図は図11.2と比べて, ρ が大きいほど頂点が高く, また $Y=X$ を軸としてつぶれた形になります.

いま, c を定数として

$$c^2 = \frac{1}{1-\rho^2}(u_X^2 - 2\rho \cdot u_X u_Y + u_Y^2)$$

とおくと,

$$u_x^2 - 2\rho \cdot u_X u_Y + u_Y^2 = c^2(1-\rho^2)$$

と表されます. これは $\rho=0$ のとき円を, $\rho \neq 0$ のとき楕円を表します. したがって, 二変量標準正規分布において, 一定の確率密度

$$f(X, Y) = \frac{1}{2\pi\sqrt{1-\rho^2}} \exp\left[-\frac{c^2}{2}\right] \tag{11.4}$$

の値を与える点 (X, Y) の軌跡は，母相関係数が0の場合 $(\rho=0)$ は円に，0でない場合 $(\rho \neq 0)$ には楕円になります．

$\rho \neq 0$ のとき，確率密度の値を変えるとさまざまな大きさの相似な楕円となります（図11.4）．これを**等確率楕円**（probability ellipse）と呼びます．なお，等確率楕円の内側の点の全確率は

$$1 - \exp\left(-\frac{c^2}{2}\right)$$

となります．

等確率楕円は相関のある2変数 X と Y を (X, Y) 平面上にプロットしたときに，点 (X, Y) が楕円状に分布することを意味します．小さい楕円ほど高い確率密度を表し，実際の点 (x, y) も楕円の中央に近いほど分布の密度が高くなることが期待されます．ただし実際のデータでは，とくにサイズが小さい場合には，必ずしも楕円状になるとはかぎりません．楕円の形状は母相関係数が1または-1に近いほど細くなります．X または Y を固定したときの他方の変数の分布は正規分布となります．

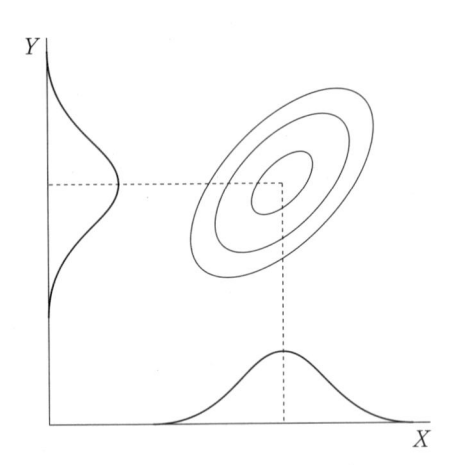

図11.4 2次元平面に投影された等確率楕円

11.3 相関係数の求め方

$\sigma_X^2, \sigma_Y^2, \sigma_{XY}$ はそれぞれつぎの s_x^2, s_y^2, s_{xy} によって標本の測定値から推定できるので,

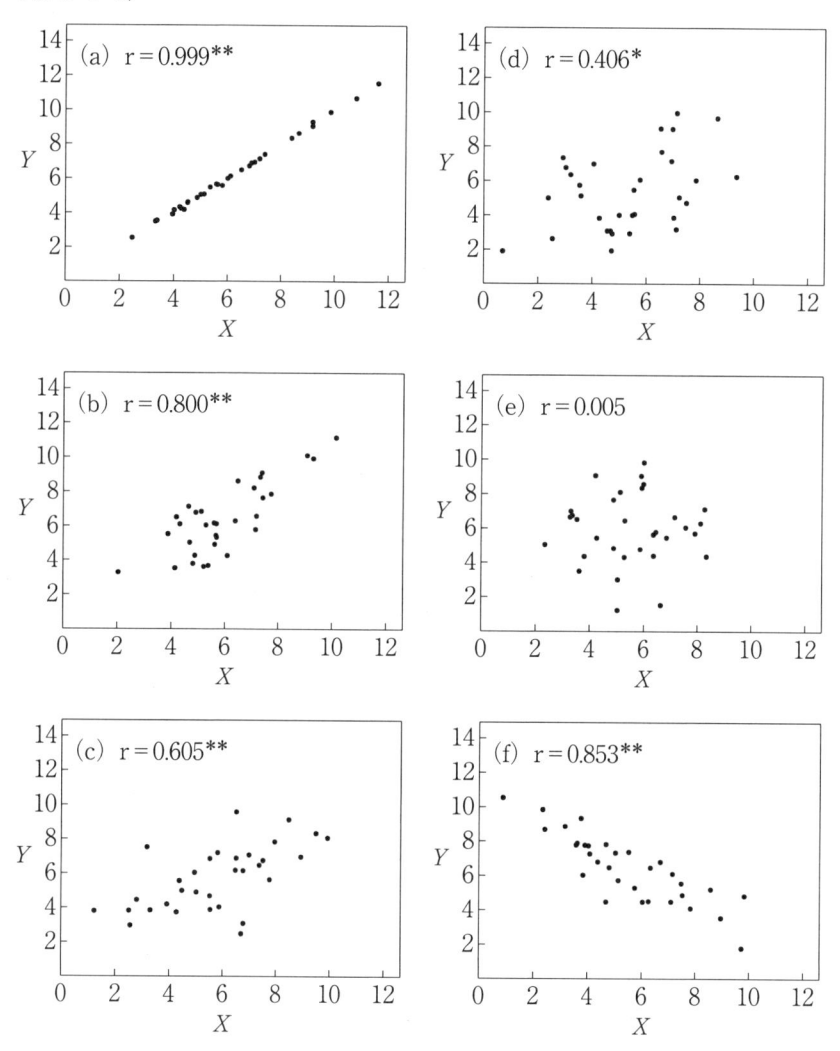

図 11.5 種々の程度の相関の例. 自由度 30
(a) 正の完全相関, (b)〜(d) 種々の程度の正相関, (e) 無相関に近い, (f) 負相関

$$s_x^2 = \sum(x_i - \bar{x})^2/(n-1)$$
$$s_y^2 = \sum(y_i - \bar{y})^2/(n-1)$$
$$s_{xy} = \sum(x_i - \bar{x})(y_i - \bar{y})/(n-1)$$

標本から相関係数は

$$r = \frac{s_{xy}}{\sqrt{s_x^2 \cdot s_y^2}} = \frac{S_{xy}}{\sqrt{SS_x \cdot SS_y}} = \frac{\sum(x_i - \bar{x})(y_i - \bar{y})}{\sqrt{\sum(x_i - \bar{x})^2 \sum(y_i - \bar{y})^2}} \tag{11.5}$$

として求められます.これを**標本相関係数**(sample correlation coefficient)とよびます.以下では標本相関係数だけを話題にしますので,単に相関係数とよぶときは標本相関係数を指すことにします.r も母相関係数 ρ と同じく -1 から 1 までの値をとり,その領域を超えることはありません.

実際に計算するときは,s_x^2, s_y^2, s_{xy} でなく,x の平方和 $SS_x = \sum(x_i - \bar{x})^2$,$y$ の平方和 $SS_y = \sum(y_i - \bar{y})^2$,$x$ と y の積和 $S_{xy} = \sum(x_i - \bar{x})(y_i - \bar{y})$ から計算するほうが簡単です.Σ は $i=1$ から n までの和を示します.

いま X と Y の平均からの偏差の比が一定であるとすると,つまり

$$Y_i - \bar{Y} : X_i - \bar{X} = b : 1$$

であるとすると,

$$Y_i = \bar{Y} + b(X_i - \bar{X}) \tag{11.6}$$

となり,これは勾配が b で点 $(\bar{X}, \bar{Y})$ を通る直線です.このとき式 (11.5) より $r = b/|b|$ となります.b が正ならば $r = 1$,負ならば $r = -1$ となります.つまり相関係数は X と Y がどれだけ直線関係に近いかを表す値といえます.

観測値 x と y の値を 2 次元のグラフにプロットしたものを**散布図**(scattergram)といいます.散布図における x と y のさまざまな関連程度から,どのような相関係数が得られるかを図 11.5 に示します.

11.4 母相関係数の信頼区間

正規分布や t 分布を用いて母平均の信頼区間が得られたように(第 5 章),標本相関係数の分布がわかれば,母相関係数の信頼区間が求められます.標本相関係数の分布はフィッシャー(1921)によって与えられていますが,とても複雑です.分布の形状は母相関係数の値によって異なります.さらに,n がよほ

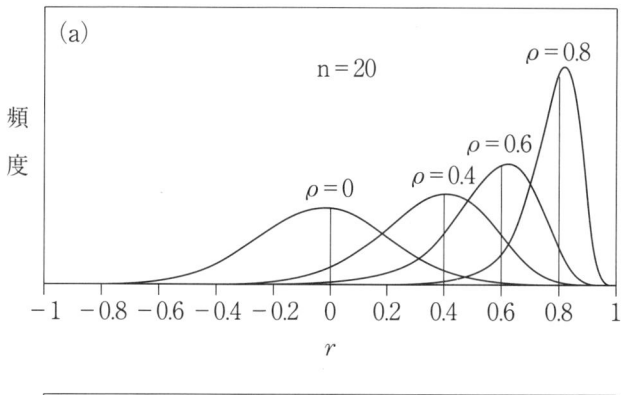

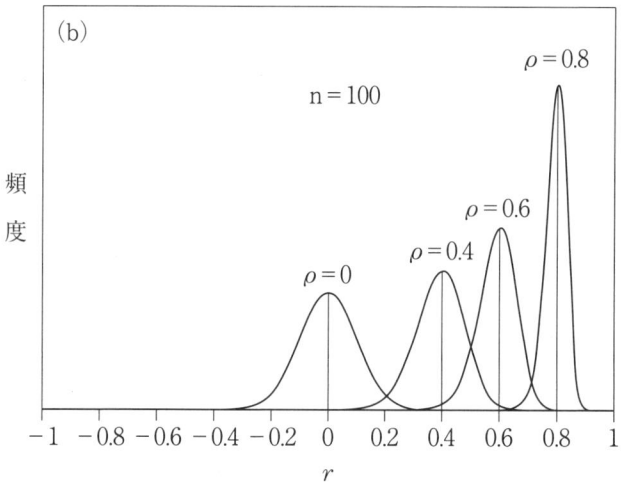

図 11.6 フィッシャーの式による r の分布.
(a) $n=20$, (b) $n=100$ の場合.

ど大きくないと分布は非対称でゆがんだものになります（図 11.6 a, b）. そこで母相関係数の信頼区間の求めかたは, n が小さい場合と大きい場合にわけて扱います.

（1） 標本サイズ n が小さいとき （$n<30$）

　標本サイズが 3 から 400 までの信頼区間を読み取れる図が英国のデヴィッド (Florence Nightingale David, 1909‒1993) により発表されています (David, 1938). 計算は複雑で彼女はピアソンの下で手回し計算機を数百万回まわして

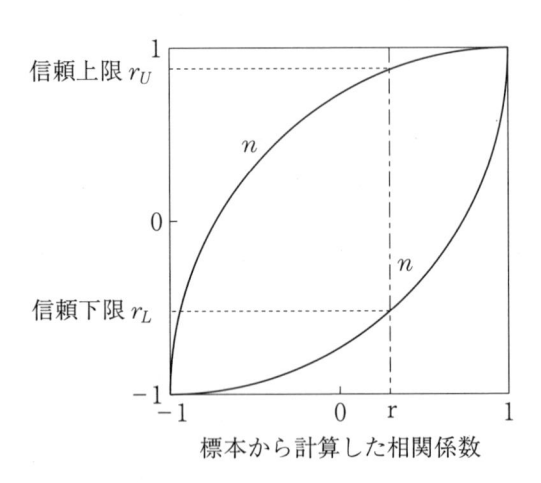

図 11.7 標本が小さいときの標本相関係数から母相関係数の信頼区間を求める図のよみとりかた.

数年がかりで作成しました．北川・増山「新編統計数値表」(1952)にも転載されています．本書ではデヴィッドの計算式にもとづいて著者が作成したものを巻末の付図1a, bに示しました．図中で標本の大きさ n に該当する曲線を探します (図11.7)．曲線は2つあり，下の曲線は信頼下限，上の曲線は信頼上限を示します．つぎに横軸上の標本相関係数の値を通りタテ軸に平行な直線を引き，それら2曲線との交点を求めます．2交点の値を r_L, r_U ($r_L < r_U$) とすると，信頼区間は (r_L, r_U) となります．

(2) 標本サイズ n が大きいとき ($n \geq 30$)

$$z = f(r) = \frac{1}{2} \ln\left(\frac{1+r}{1-r}\right) \tag{11.7}$$

とおくと，z は近似的に平均が $\frac{1}{2} \ln \frac{1+\rho}{1-\rho}$ で分散が $\frac{1}{n-3}$ の正規分布に従います (図11.8)．式 (11.7) を**フィッシャーの z 変換** (Fisher's z - transformation) と呼びます．

標本相関係数 r を式 (11.7) に代入して得られる値を z_r とします．そのとき信頼下限と信頼上限は，第5章の正規分布の場合における信頼区間の求め方である式 (5.11) に準じて，

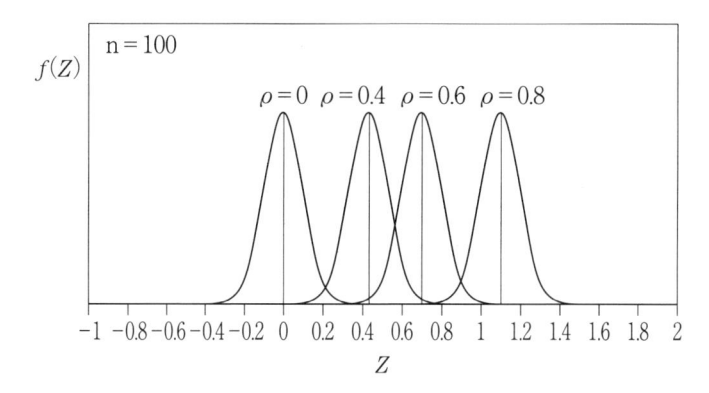

図 11.8 フィッシャーの z 変換によって得られる正規分布

$$z_L = z_r - \frac{z(\alpha/2)}{\sqrt{n-3}} \tag{11.8 a}$$

$$z_U = z_r + \frac{z(\alpha/2)}{\sqrt{n-3}} \tag{11.8 b}$$

となります.ここで $z(\alpha/2)$ は正規分布における上側確率 $\alpha/2$ に対応する棄却限界値の値を表します.これまでもたびたび説明したように,$\alpha = 0.05$ のときは $z(\alpha/2) = 1.960$,$\alpha = 0.01$ のときは $z(\alpha/2) = 2.576$ です.この z_L と z_r を相関係数に戻すためには,式 (11.7) の逆関数である次式を用います (問題 11.1 参照).

$$r_L = f^{-1}(z_L) = \frac{\exp(2z_L) - 1}{\exp(2z_L) + 1} \tag{11.9 a}$$

$$r_U = f^{-1}(z_U) = \frac{\exp(2z_U) - 1}{\exp(2z_U) + 1} \tag{11.9 b}$$

信頼区間を求めるもうひとつの方法が提示されています (Muddapur, 1988).これによると信頼下限と信頼上限は次式で求められます.

$$r_L = \frac{(1+F)r + (1-F)}{(1+F) + (1-F)r} \tag{11.10 a}$$

$$r_U = \frac{(1+F)r - (1-F)}{(1+F) - (1-F)r} \tag{11.10 b}$$

ここで,F は自由度 $\phi_1 = \phi_2 = n-2$ の F 値,つまり $F(n-2, n-2, \alpha/2)$ で

す.

11.5 相関係数の検定

相関係数の有意性をきちんとチェックすることが必要です.ただ散布図だけを示して,直感(?)から相関の有無を速断してはいけません.とくに測定値の数が少ないときには,一見相関があるように見えても,統計学的には有意でない場合が少なくありません.

帰無仮説 $H_0 : \rho = 0$ として,

(1) 標本の大きさ n が小さいとき ($n < 100$)

相関係数 r の分布は母相関係数 $\rho = 0$ のとき,統計量

$$t = \frac{r}{\sqrt{1-r^2}}\sqrt{n-2} \tag{11.11}$$

は自由度 $n-2$ の t 分布に従います(証明略).そこで

$$t = \frac{|r|}{\sqrt{1-r^2}}\sqrt{n-2} > t\,(n-2, \alpha/2) \quad \text{ならば} \quad \text{帰無仮説を棄却します.}$$

$$t = \frac{|r|}{\sqrt{1-r^2}}\sqrt{n-2} \leq t\,(n-2, \alpha/2) \quad \text{ならば} \quad \text{帰無仮説を採択します.}$$

式 (11.11) から $t^* = t(n-2, \alpha/2)$ とおくとき

$$r^* = \frac{t^*}{\sqrt{t^{*2}+n-2}} \tag{11.12}$$

を求め,標本相関係数 r が r^* より大きいときに,有意水準 α で有意であると結論します.$\alpha/2 = 0.025$ および $\alpha/2 = 0.005$(両側検定)または $\alpha = 0.05$ および $\alpha = 0.01$(片側検定)の場合の種々の自由度における r^* 値を付表 5 に示します.これを利用すると標本相関係数の検定が簡単になります.

(2) 標本の大きさ n が大きいとき ($n \geq 100$)

相関係数 r を式 (11.7) により z 変換をして,

$|z| \cdot \sqrt{n-3} > u(\alpha/2)$ ならば帰無仮説を棄却します.

$|z| \cdot \sqrt{n-3} \leq u(\alpha/2)$ ならば帰無仮説を採択します.

11.6 解析手順

母集団：特性値 X について，平均 μ_X（未知），分散 σ_X^2（未知）
特性値 Y について，平均 μ_Y（未知），分散 σ_Y^2（未知）
X と Y の共分散 σ_{XY}（未知）
→サイズ n の標本を抽出．n 個体についての2種の特性値対
$(x_1, y_1), (x_2, y_2), \cdots, (x_n, y_n)$

帰無仮説：$\rho = 0$

手順1：まず，x-y 座標上にデータ点をプロットして散布図を描きます．外れ値が見つかったら，外れ値を含めた場合と除いた場合にわけて以下の解析をします．また，データが群別できないかを検討し，群別できる場合には，群ごとに以下の解析をおこないます．

手順2：x の平均 $\bar{x}$ と分散 s_x^2，y の平均 $\bar{y}$ と分散 s_y^2，および x と y の共分散 s_{xy} を求めます．または s_x^2, s_y^2, s_{xy} の代わりに x の平方和 SS_x，y の平方和 SS_y，x と y の積和 S_{xy} を求めます．

$$s_x^2 = SS_x/(n-1) = \sum (x_i - \bar{x})^2/(n-1)$$
$$s_y^2 = SS_y/(n-1) = \sum (y_i - \bar{y})^2/(n-1)$$
$$s_{xy} = S_{xy}/(n-1) = \sum (x_i - \bar{x})(y_i - \bar{y})/(n-1)$$

手順3：相関係数を計算します．

$$r = \frac{s_{xy}}{\sqrt{s_x^2 \cdot s_y^2}} = \frac{S_{xy}}{\sqrt{SS_x^2 \cdot SS_y^2}}$$

手順4：自由度は $\phi = n-2$ です．有意水準0.05の値（$r(0.025)$）および0.01（$r(0.005)$）の値を付表5から読みとります．$|r| < r(0.005)$ で $|r| > r(0.025)$ ならば，有意水準5％で有意と判定し，危険率5％で X と Y の間に相関があると判定します．$|r| < r(0.005)$ ならば，有意水準1％で有意と判定します．$|r| > r(0.025)$ のときは，「X と Y の間に相関があるとはいえない」と結論されます．

手順5：必要ならば相関係数の信頼区間を求めます．

手順6：散布図に相関係数を書き入れます．5％で有意ならば星印 * を，1％で有意ならば ** を相関係数の右肩につけます（たとえば $r=0.84^{**}$ のよう

に).有意でない場合には,無印のままにするか,nonとつけます.

11.7 相関係数の例題の解析

［例題11.1］ 日本のダイコンの品種には世界でも珍しいさまざまな形状があります．次の表はダイコンの10品種について，根の平均的な長さと重さを調べた結果です．長さと重さの散布図を描きなさい．長さと重さの間の相関計数を求めなさい．

表11.1 日本のダイコン品種の根の長さと重さ

品種	長さ(x) cm	重さ(y) g	品種	長さ(x) cm	重さ(y) g
守口	86.5	400	大阪横門	19.9	582
練馬	71.9	836	大和白上り	15.7	242
美濃早生	55.2	820	桜島	17.7	482
方領	32.6	522	聖護院	9.4	369
赤筋	24.6	316	かきば	11.6	47

(西山1958)

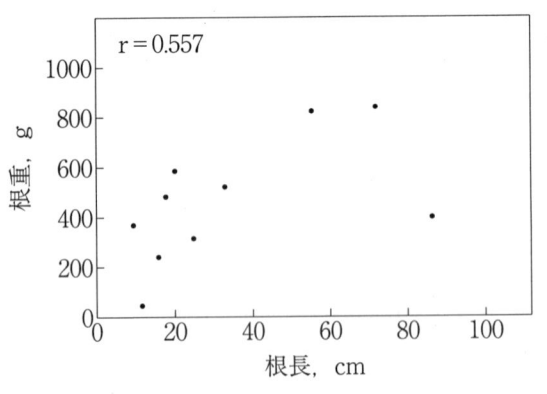

図11.9 問題11.1のデータの散布図

11.7 相関係数の例題の解析

長さを x,重さを y とします.散布図を描くと図11.9のとおりとなります.それぞれの平均は $\bar{x}=34.51$,$\bar{y}=461.6$ となります.これより各測定値について偏差,偏差の2乗,偏差の積和を求めると以下のとおりとなります.

x の平方和 SS_x
$$\Sigma(x_i-\bar{x})^2=(86.5-34.51)^2+(71.9-34.51)^2+\cdots+(11.6-34.51)^2$$
$$=6,636.13$$

y の平方和 SS_y
$$\Sigma(y_i-\bar{y})^2=(400-461.6)^2+(836-461.6)^2+\cdots+(47-461.6)^2$$
$$=540,872$$

x と y の積和 S_{xy}
$$\Sigma(x_i-\bar{x})(y_i-\bar{y})=(86.5-34.51)(400-461.6)$$
$$+(71.9-34.51)(836-461.6)+\cdots+(11.6-34.51)(47-461.6)$$
$$=33,391$$

これより相関係数は,$r=33,391/\sqrt{6636.13\cdot 540,872}=0.5574$

このように比較的高い値が得られました.この相関係数は有意でしょうか? 付表5より自由度 $\phi=10-2=8$ の5%水準の棄却限界値は0.6319で,観察された相関係数 r はこれより低いので有意ではありません.なお式 (11.11) を用いて t 分布による検定を行ってみると,$t=0.5574\cdot\sqrt{10-2}/\sqrt{1-0.5574^2}=1.898$ となり,5%水準での t 値2.306より小さいのでやはり有意ではありません.

また母相関係数の95%信頼区間を求めてみましょう.ここでは n が比較的小さいのですが,まず z 変換による近似で求めてみましょう.5%水準での z 値で表した信頼上限は $0.6290+1.960/\sqrt{10-3}=1.3698$,信頼下限は $0.6290-1.960/\sqrt{10-3}=-0.1118$ となります.この上限と下限を式 (11.9 a, b) を用いて r 値に戻すと,信頼下限は -0.1113,信頼上限は 0.8786 となります.

また Muddapur の方法では,$r=0.5574$,$n=10$ のとき,5%水準の F 分布の棄却限界値は $F=4.43$ なので,$(1+F)r=5.43\times 0.5574=3.026$,$(1-F)r=-3.43\times 0.5574=-1.912$ より,信頼下限 $r_L=(3.026-3.43)/(5.43-1.912)=-0.1148$,信頼上限 $r_U=(3.026+3.43)/(5.43+1.912)=0.8793$ が得られます.ここでは比較のためケタ数を多めに表しました.

なお n が小さいので付図1を利用して、信頼下限は -0.11、信頼上限は 0.86 と読みとれます。上の近似式による計算とくらべて $n=10$ 程度でもそれほど違わないことがわかります。

いずれにしても信頼区間がとても広く、したがって標本相関係数のみかけの高さは当てにならないことがわかります。上の散布図をみたときの直感と一致していたでしょうか？長さと重さの相関が有意とならない実際上の理由は、守口ダイコンのように細長い品種から桜島ダイコンのように短く太い品種まで形状がさまざまなのに、形態の指標として長さだけで太さを考慮にいれてないことによります。

11.8 相関と回帰の関係

回帰と相関はつぎの点で異なります。

(1) 計算の目的が異なります。回帰では説明変数 X に対する応答変数 Y の値を予測することを目的とします。それに対して相関では2変量 X と Y の間の関係はまったく対等で、たがいの関連の度合いを調べます。

(2) 背景にあるモデルが異なります。回帰では説明変数 X は通常正確に設定でき誤差を含まないとされ、X の分布は問題とされません。また目的変数 Y は回帰からの残差が正規分布すると仮定されています。Y の分布自体は X のとりかたによって変わりますが、X は正規分布に従っていなくてもかまいません。それに対して相関では2変量 X と Y はともに正規分布をすることが前提になっています。

一方、回帰と相関はたがいに密接な関係をもっています。

(1) ここで Y の分散中で回帰によって説明できる部分は前章から
$$SS_R = b\sum(x_i-\bar{x})(y_i-\bar{y}) = bS_{xy} = S_{xy}^2/SS_x$$
これより相関係数の2乗は
$$r^2 = \frac{S_{xy}^2}{SS_x \cdot SS_y} = \frac{SS_R}{SS_y} \tag{11.13}$$

これより r^2 は、Y の平方和 SS_y 中の回帰で説明される割合に等しいことがわかります。$1-r^2$ は Y の平方和中で回帰では説明されない部分、つまり残差

による部分の割合になります．たとえば $r=0.6$ のとき，$r^2=0.36$ で Y の平方和の約 $1/3$ が回帰で説明されることになります．r の値が 0.5 を超えていても，r^2 は $1/3$ にすぎず，$2/3$ が回帰で説明されずに残っていることに注意して下さい．このことから相関の強さを考えるときには r 自体よりも r^2 の値のほうが適切といえます．r^2 を**寄与率**（contribution ratio）または**決定係数**（coefficient of determination）といいます．

(2) y の x への回帰係数を $b_{x\cdot y}$，x の y への回帰係数を $b_{y\cdot x}$ と書くと，

$$b_{x\cdot y} b_{y\cdot x} = \frac{S_{xy}}{SS_x} \cdot \frac{S_{xy}}{SS_y} = \frac{S_{xy}^2}{SS_x SS_y} = r^2 \tag{11.14}$$

このように，r^2 は Y の X への回帰係数と X の Y への回帰係数の積に等しくなります．相関係数は，$b_{x\cdot y}$ と $b_{y\cdot x}$ の幾何平均であるともいえます．2種類の回帰直線は，完全相関（$r^2=1$）では一致し，r^2 が小さくなるにつれてたがいの開きが大きくなり，無相関では 90 度で交わります．

(3) 無相関の検定は，回帰係数の有意性の検定と同じです．回帰係数の有意性は第 10 章より，

$$F = MS_R/MS_E = (SS_R/1)/(SS_E/(n-2)) = (n-2)SS_R/(SS_y - SS_R)$$

ここで式 (11.13) より $SS_R = r^2 SS_y$ ですから，

$$F = (n-2)r^2 SS_y/(SS_y - r^2 SS_y) = r^2(n-2)/(1-r^2) \tag{11.15}$$

この式の右辺は式 (11.11) の右辺の 2 乗に等しく，式 (11.11) で自由度 ϕ の t 検定をすることと，上式で第 1 自由度 1，第 2 自由度 ϕ の F 検定をすることは，検定結果はまったく同じになります．つまり，相関が有意であるときは，回帰も有意となります．

11.9 相関係数についての注意点

(1) 相関があることは，大別すると，つぎの 2 通りの場合を表します．

① 因果関係．相関が X と Y の間に**因果関係**（causality）があることを意味する場合があります（図 11.10 a）．たとえば圃場の肥沃度と作物の収穫量の間の相関です．ただし，因果関係の道筋に解析対象でないほかの要因がひとつ以上関与していることがあります（図 11.10 の (b)）．また X と Y のどちらかま

第11章　相関分析

(a)

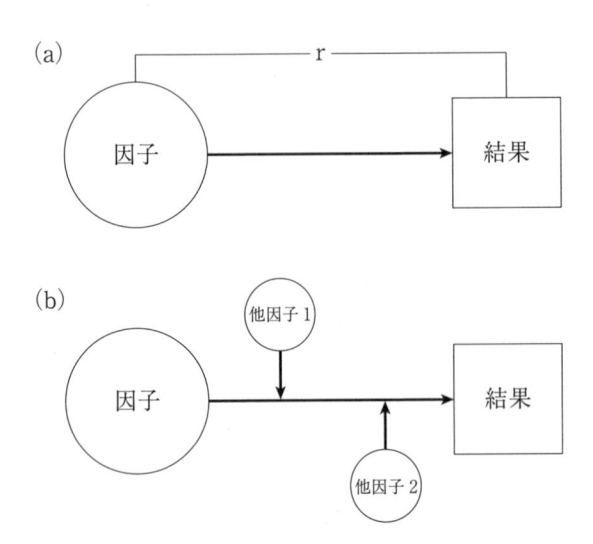

因子 — r — 結果

(b)

因子 ← 他因子1 → 結果 ← 他因子2

図11.10　相関が因果関係を示す場合

たは両方に測定誤差などの誤差が加わることもあります．ほかの要因や誤差の関与の程度によって相関の強弱が決まります．因果関係といっても，図11.10に示されるような簡単なものではなく，「風が吹けば桶屋が儲かる」式のまわりまわって相関が観察されるような場合も少なくありません．

② 共通要因．X と Y の間には因果関係はないが，あるひとつまたは複数の要因が X と Y に共通して関与しているために X-Y 間に相関が生じることがあります（図11.10 b）．これを**共通要因**（common factor）といいます．ヨーロッパのある町の長年にわたる調査から「コウノトリの数と町の人口に正の相関がある」ことが認められたときに，それはもちろん「コウノトリが赤ちゃんを運んできた」ことを表すのではなく，町が発展して家の戸数が増えて，それに応じてコウノトリが営巣しやすいような煙突が増えて，コウノトリが増えたことを示すのでしょう．年次別のガンの死亡率と肉食の普及率を比較して相関が有意であったからといって，それだけでただちに肉食が普及したためにガンが増えたとはいえません．このように一見常識的には関連がありそうな場合にはとくに相関を因果関係とみなしがちです．実際には相関関係が因果関係と共通要因のどちらによるかはっきりしない場合も少なくありません．数学の成績と

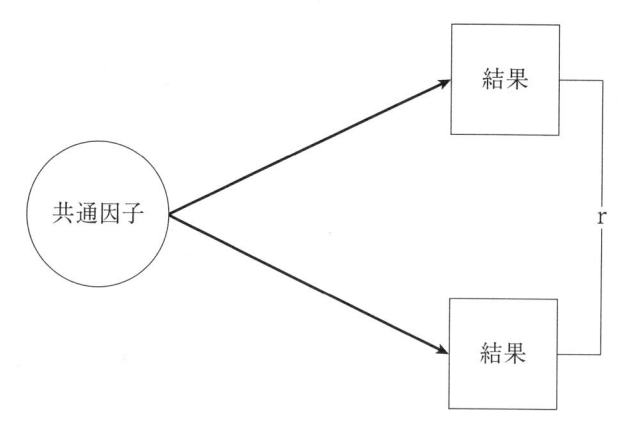

図 11.11 ある共通因子の影響をうける 2 種の結果の間の相関

理科の成績に相関がある場合には,数学ができるようになったために理科が好きになり成績が上がる場合もあるでしょうし,勉強に集中した結果として両科目の成績が上がる場合もあるでしょう.

(2) 相関係数だけを計算するのではなく,点 (X, Y) を散布図に描いて必ず両者の関係を視覚的にもチェックすることが必要です.同じ程度の相関係数であっても X と Y の関係が非常に異なることがあります.

(3) 反対に,散布図だけをみて「相関がありそう」などと結論してはいけません.とくに標本が小さい場合には,散布図では関連がありそうに見えても,検定すると相関は有意ではない場合があります.

(4) 標本相関係数 r が高い値で得られて,それが有意である場合には,その高い値が信頼できると思いがちです.相関係数が有意であるということは,単に母相関係数について $\rho \neq 0$ であることを意味するだけで,それ以上のことを意味しません.高い r 値が真に母相関係数が高いことを示しているかを調べるには,信頼区間を求める必要があります.とくに観測値が少ない場合には,信頼区間はとても広くなるので,r 値の高低が母相関係数の高低を必ずしも示しません.

(5) 相関係数は 2 つの特性値の対からなる標本であれば,特性値がどのような分布をしていても計算はできます.それだけに,相関係数を求める場合にはつぎのことに注意する必要があります.

① 外れ値．X と Y の散布図で，他の点とはかけ離れた位置にある点が見出されることがあります．X-Y 平面上の散布図で認められる外れ値が，X または Y どちらかだけの1次元分布上では検出できない場合があります．外れ値があると多くの場合に相関係数が著しく変化します．外れ値が記録や測定上の単純なミスによるのであれば，まずそれらの点をデータから除いてから相関係数を求めます．また外れ値が存在する理由がわからないときには，外れ値を含むときと除いたときの両方の場合の相関係数を併記するのがよいでしょう（図11.12）．外れ値が実は実験者が予想しなかった重要な事実を示唆している場合があるので，理由なく除くことは慎むべきです．

② 非直線的関係．X と Y の間に直線的でなく曲線的あるいは折れ線的な関

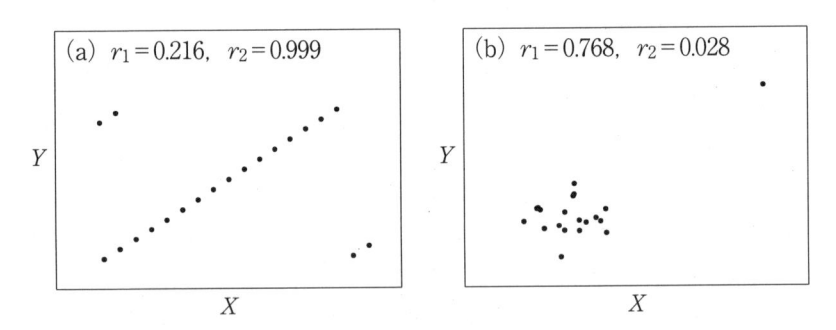

図11.12 外れ値を含む場合の相関 (r_1) と含まない場合の相関 (r_2)
(a) では左上の2点と右下の2点が外れ値，(b) では右上の1点が外れ値

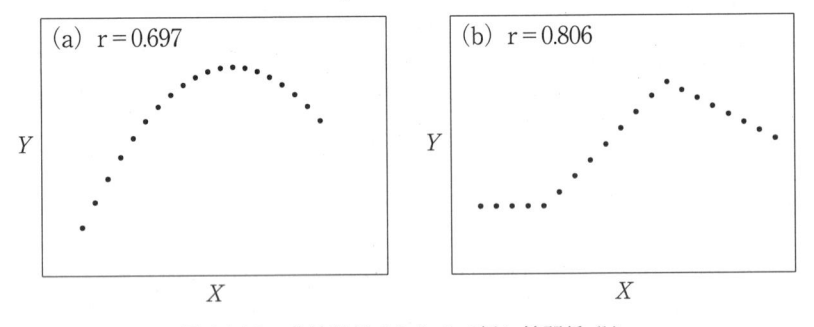

図11.13 曲線関係 (a) および折れ線関係 (b)

r = 0.817

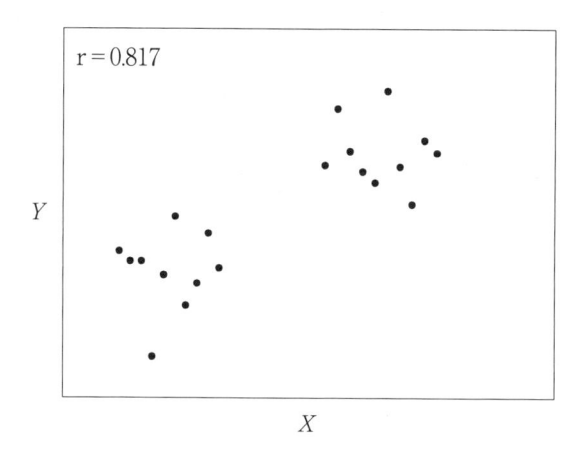

図11.14 非連続なデータ

係がある場合があります（図11.13 a, b）．この場合には，X と Y の間に明瞭な関数関係があっても相関係数は多かれ少なかれ低くなります．

③ 非連続な観測値．X か Y または両方について，観測値がいくつかの少数の群に分かれるような非連続性を示す場合には，相関係数の計算は適切ではありません（図11.14）．

④ 観測値の集中．ある特定の値に観測値が集中しすぎている場合には，そのままで相関係数を求めるのは適切ではありません．たとえば，低線量放射線

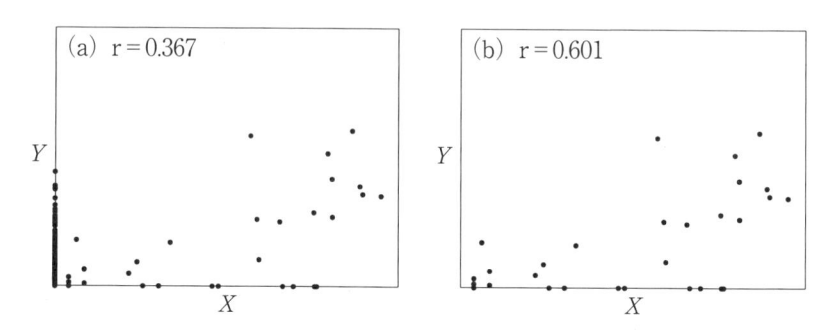

(a) r = 0.367　　　　　　　　(b) r = 0.601

図11.15 ある特定の X 値（この図では $X=0$）におけるデータが圧倒的に多い場合に，そのデータを含めたままでは低い相関係数（$r_1 = 0.367$）が，除くと高い相関係数（$r_1 = 0.601$）が得られる場合の例．

による白血病の頻度の増加を相関の有無で検定する場合に，無照射の対照区の観測例が照射区に対して多数になりがちです．この場合に対照区と照射区とをこみにしたまま相関係数を求めると，対照区の観測例が多いほど相関係数が低くなります．図11.15は，実験区では30，対照区では500の事例を集めた場合を示した模擬データです．対照区を含めると相関係数は低い（$r_1 = 0.367$）のに，対照区を除いて実験区だけで相関係数を求めると高く（$r_2 = 0.601$）なります．

⑤ データに隠れた因子が潜んでいる場合があります．

全体としては相関が有意であるのに，層別すると各層では相関が認められないことがあります．たとえば，よく例に出されるのは，中学生における身長と英語の成績の関係です．図11.16 a, bにおいて，全体では身長（ヨコ軸）が高いほど，英語の成績（タテ軸）がよいようにみえますが，じつは1学年（×），2学年（○），3学年（●）が混在していて，それらを分けると，学年別ではXとYの間に相関は見られません．

反対に全体としては相関が有意でないのに，層別すると各層では相関が認められることがあります（図11.17 a, b）．このような例にはサリドマイドの裁判でのデータがあります（吉村，1971）．サリドマイドの1人当たり服用量と出産児中の先天性四肢異常の間には，データ全体では相関が認められなかったのですが，データを県別に分けてみると，それぞれの県では高い相関が認められま

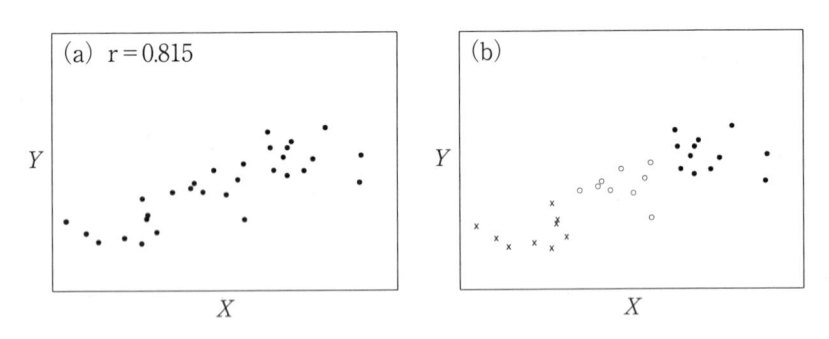

図11.16 全体では高い相関（$r_1 = 0.815$）が認められるが，隠れた群別にすると，群内では有意な相関が認められない例．

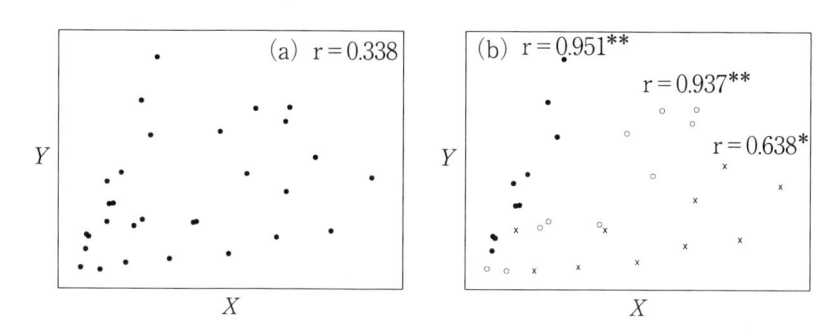

図 11.17 全体では相関は低い ($r_1 = 0.338$) が，3 群に分ける（●, ○, ×）と，群内では高い相関 ($r_1 = 0.951, 0.937, 0.638$) が認められる例．

した．

11.10 相関に関する問題

[問題 11.1]（相関係数と標本の大きさ） $n = 103$ で $r = 0.5574$ の相関係数が得られたとしたら，相関は有意でしょうか？またその場合の母相関係数の信頼係数 95 ％の信頼区間を求めなさい．

（解答 11.1） n が大きいので，r を z 変換して検定することにします．$z = 0.6290$，$|z| \cdot \sqrt{n-3} = 6.290$ となり，1 ％水準の正規分布の棄却限界値 2.576 より大きいので，高度に有意です．母相関係数の信頼区間については，z 値で表した信頼下限は $0.6290 - 1.960/\sqrt{103-3} = 0.4330$，信頼上限は $0.6290 + 1.960/\sqrt{103-3} = 0.8250$ となります．この下限と上限を式 (11.9 a, b) を用いて r 値に戻すと，信頼下限は 0.4078，信頼上限は 0.6778 となります．

第12章　ノンパラメトリック検定

　ノンパラメトリック検定（non-parametric test）とは、「分布の母数についての仮定を設けない検定」のことです。類似の用語に**分布によらない検定**（distribution-free test）があります。これは「母集団の分布を想定しない検定」で、厳密にはノンパラメトリック検定とは異なりますが、通常は同義に用いられています。ノンパラメトリック検定に対して、通常の正規分布など分布の母数を想定した検定は**パラメトリック検定**（parametric test）と呼ばれます。第6章の統計的検定、第8章・第9章の実験計画、第11章の相関分析などでは、「母集団は正規分布に従う」ということが前提となっています。しかし、実際には標本サイズが小さいために、母集団が実際にどんな分布に従うかわからない場合が少なくありません。ときにはデータからみて母集団が正規分布に従うとはとても思えない場合もあります。このようなときにノンパラメトリック検定が役立ちます。

　米国の化学工業会社で働いていた化学者ウイルコクソン（Frank Wilcoxon, 1892-1965）は化学工学実験のデータがしばしば外れ値を含んでいて通常の t 検定や分散分析では安定した結果が得られないことに悩み、外れ値があってもその影響の少ない検定法（12.1.1, 12.2.1参照）を考案し1945年に発表しました。この論文がノンパラメトリック検定のその後の発展をもたらしました。

　ノンパラメトリック検定には、パラメトリック検定に比べてつぎの利点があります。

① 母集団の分布が、正規分布でなくても、あるいは不明でも適用できる。
② 計数値や計量値のような量的データだけでなく、質的データである順序ありデータや順序なしデータにも適用できる方法を含む。
③ データに外れ値が含まれていても、その影響を受けにくい。

④ 計算が簡単である.

一方,つぎの欠点があります.
① データのもつ情報を充分利用していないので,パラメトリック検定に比べてつねに検出力が低い.ただし,検定法によってはその差は必ずしも大きくはありません.
② 母数について記述しない.2標本の間の分布の違いを検定できても差がいくらかを量的に表わせない.これについてもパラメトリック検定での平均のかわりに中央値や信頼区間の推定がおこなわれています.

ノンパラメトリック検定は計算が簡単ですが,背景にある理論は必ずしも単純ではないのでここでは例題に沿って計算手順を中心に説明するだけにします.詳しくは,奥野(1978),柳川(1982)を参照下さい.

12.1 対応のない2組の標本の違いの検定

12.1.1 ウイルコクソンの順位和検定 (Wilcoxon rank‒sum test)

米国の化学者で統計学者の Frank Wilcoxon (1892‒1965) により1945年に開発された方法です.

ここで扱われるデータはつぎの形をもちます.組 A と B の観測値の個数は同じでない ($m \neq n$) 場合でもかまいません.

組A　　$x_1, x_2, \cdots, x_m$
組B　　$y_1, y_2, \cdots, y_n$

帰無仮説　H_0:「組 A と B の分布は等しい」

計算手順は以下のとおりです.

手順1:まず組 A と組 B の区別なしに,最も数値の小さいものを (1) とし,以下小さいものから大きいものへと順位をつけます.順位の数値を**順位数**(rank)といいます.量的データで等しい観測値がある場合は同順位とします.同順位の観測値の順位数は,それらの順位数の平均で置き換えます.

手順2:順位づけられた観測値について,組 A と B のどちらに属するかを区別します.

手順3:A と B について,それぞれの順位数の和 (T_A, T_B) を求めます.順位

数の和を**順位和**（rank-sum）といいます. $m \neq n$ のときは観測値の個数が小さいほうを m とし ($m \leq n$), その順位和を T とします. なお T_A と T_B の和は1から $m+n$ までの和に等しくなります. すなわち

$$T_A + T_B = 1 + 2 + \cdots + m + n = (m+n)(m+n+1)/2 \tag{12.1}$$

この関係は T_A と T_B の検算に使えます.

手順4：付表7 a, b（両側検定）または付表7 c, d（片側検定）で, m, n および有意水準 α に対応する下側棄却限界値（両側検定 $T_{\alpha/2}$, 片側検定 T_α）を読み取ります. また上側棄却限界値（両側検定 $T^*_{\alpha/2}$, 片側検定 T^*_α）を,

両側検定　　$T^*_{\alpha/2} = m(m+n+1) - T_{\alpha/2}$,

片側検定　　$T^*_\alpha = m(m+n+1) - T_\alpha$

の関係から計算します. 両側検定では $T_{\alpha/2} \geq T$ または $T^*_{\alpha/2} \leq T$, 片側検定では $T_\alpha \geq T$ または $T^*_\alpha \leq T$ であれば, 有意水準 α で帰無仮説は棄却されます. 両側検定では $T_{\alpha/2} < T < T^*_{\alpha/2}$, 片側検定では $T_\alpha < T < T^*_\alpha$ のとき帰無仮説は棄却されません.

[例題12.1]　表12.1のデータは, 睡眠薬AとBをそれぞれ10人（計20人）の患者に投与したときの効果（単位は時間）を調べた結果です. 睡眠薬AとBで差があるかどうかを, 本法で検定してみましょう. 観測値の数は $m = 10$, $n = 10$ です.

表12.1

睡眠薬A	1.5	3.7	3.8	1.8	2.3	4.7	4.3	2.9	2.2	2.7
睡眠薬B	0.4	2.6	2.3	1.1	2.5	3.1	4.8	2.1	1.3	2.7

「睡眠薬AとBでは効果に差がない」ということを帰無仮説とします. まず手順1にしたがい順位をつけます. 2.3という観測値が2個あり同順位となるので, その順位を8と9の平均とします. 同様に2.7という観測値の順位は12と13の平均である12.5となります.

12.1 対応のない2組の標本の違いの検定

表 12.2

睡眠薬 A	1.5	3.7	3.8	1.8	2.3	4.7	4.3	2.9	2.2	2.7
	(4)	(16)	(17)	(5)	(8.5)	(19)	(18)	(14)	(7)	(12.5)
睡眠薬 B	0.4	2.6	2.3	1.1	2.5	3.1	4.8	2.1	1.3	2.7
	(1)	(11)	(8.5)	(2)	(10)	(15)	(20)	(6)	(3)	(12.5)

手順3に従いAとBの順位和を求めると,
$$T_A = 4 + 16 + 17 + 5 + 8.5 + 19 + 18 + 14 + 7 + 12.5 = 121$$
$$T_B = 1 + 11 + 8.5 + 2 + 10 + 15 + 20 + 6 + 3 + 12.5 = 89$$
となります．T_A と T_B の和は210で，1から20 ($=m+n$) までの和 $20 \times 21 / 2 = 210$ に等しいことが確認されます．手順4より，有意水準を5%とするとき，付表7aから，$\alpha/2 = 0.025$，$m = n = 10$ のときの下側棄却限界値は $T_{0.025} = 78$ と読みとれます．また上側棄却限界値は $T^*_{0.025} = 10 \times (10 + 10 + 1) - 78 = 132$ と計算されます．T_A も T_B も $T_{0.025}$ より大きく，$T^*_{0.025}$ より小さいので，帰無仮説は棄却されません．

注1) T_A は，m 個の A と n 個の B を並べたときに，A が (1) から (m) までの最初の順位を占めたときに最小となります．すなわち $m \leq n$ として
$$T_{\min} = m(m+1)/2 \tag{12.2}$$
反対にBが (1) から (m) までの最初の順位を占めたときに T_A は最大になります．このとき $T_B = n(n+1)/2$ となり，式 (12.1) より
$$T_{\max} = (m+n)(m+n+1)/2 - n(n+1)/2 = m(m+2n+1)/2 \tag{12.3}$$
注2) m および n が大きいとき，列の並びがランダムであるという帰無仮説のもとで，順位和 T はつぎの期待値と分散をもちます．
$$E[T] = m(m+n+1)/2, \tag{12.4}$$
$$V[T] = mn(m+n+1)/12 \tag{12.5}$$
したがって
$$u = \frac{T - E[T]}{\sqrt{V[T]}} = \frac{T - m(m+n+1)/2}{\sqrt{mn(m+n+1)/12}} \tag{12.6}$$
は平均0，分散1の標準正規分布に従います．これより T の棄却限界値を求め

ることができます.

注3) ウイルコクソンの順位和検定と本質的に同じ方法として，**マン・ホイットニー検定**(Mann-Whitney test)があります．後者では，Aの観測値のそれぞれについて，それより大きい順位を示すBの個数を求め，その個数の和を計算します．下側および上側の棄却限界値をそれぞれ U, U^* とすると，ウイルコクソンの順位和検定における棄却限界値と次の関係があります．

$$U = T - m(m+n)/2 \tag{12.7 a}$$
$$U^* = T^* - m(m+1)/2 \tag{12.7 b}$$

12.1.2 ワルド・ウォルフォヴィッツの連検定
(Wald-Wolfowitz runs test)

ハンガリーの数学者ワルド(Abraham Wald, 1902-1950)とポーランド生まれの米国の統計学者ウォルフォヴィッツ(Jacob Wolfowitz, 1910-1981)により提案された方法です．**連**(run)の個数に着目したノンパラメトリック検定を総称して**連検定**(runs test)といいます．連とは，2種類の要素が混った**列**(sequence)があるとき，どちらかの同じ要素が並んだ部分列をいいます．たとえばコイン投げで表をH，裏をTで表し，コインを20回投げたときの結果をHHHTTHHHHHTTTHTTTTHHとすると，最初のHHHは長さ3の連で，つぎのTTが長さ2の連，以下長さ5，3，1，4，2の連が続きます．連の数は7となります．列に並ぶ要素の数が与えられたときに，要素がランダムに並ぶと仮定したときの連の数の分布が求まります．本検定法では，この原理を利用します．

ここで扱うデータの形はつぎのとおりです．組AとBの観測値数は同じでなくてもかまいません．

　　　組A　　$x_1, x_2, \cdots, x_m$
　　　組B　　$y_1, y_2, \cdots, y_n$

帰無仮説 H_0 :「組AとBの分布は等しい」

計算手順は以下のとおりです．

手順1：組Aと組Bの区別なしに，最も数値の小さいものを(1)とし，以下小さいものから大きいものへと順に番号をつけます．

手順2:観測値の順位1のものから最後のものまで,組AとBのどちらに属するかをみて要素AとBから成る列を作成します.

手順3:連の数 r を求めます.

手順4:付表8a, 8bで, m, n に対応する有意水準のときの連の数の棄却限界値 (r_α) を読みとります. $r<r_\alpha$ ならば,有意水準 α で帰無仮説は棄却され有意となります.

例題12.1にこの検定法を適用してみましょう.手順1に従い,観測値に最小の0.4から始めて,小さいものから大きいものへと順位をつけます.順位のついた各観測値がAとBのどちらに由来するかを調べ,順位に従って並べた列が3行目に示されています.連の数は9となりました.なお観測値の2.3と2.7は,組AとBの両方に現れるので,検定から除き,観測値数 m, n の値をそれぞれ2だけ減らします.

表12.3

睡眠薬A	1.5	3.7	3.8	1.8	2.3	4.7	4.3	2.9	2.2	2.7
	(4)	(12)	(13)	(5)		(15)	(14)	(10)	(7)	
睡眠薬B	0.4	2.6	2.3	1.1	2.5	3.1	4.8	2.1	1.3	2.7
	(1)	(9)		(2)	(8)	(11)	(16)	(6)	(3)	
連	B B B A A B A B B A B A A A A B										
	1 1 1 2 2 3 4 5 5 6 7 8 8 8 8 9 (連の数=9)										

付表8で, $m=8, n=8$ の有意水準5%点 $(\alpha=0.05)$ を読みとると $r_{0.05}=5$ となります. $r>r_{0.05}$ なので,組AとBは分布が異なるとはいえないと結論されます.

注1) m と n が等しくない場合.付表8は $m \leq n$ の場合だけを示しているので,観測値数が大きいほうを n として表を読みとります.

注2) m, n がともに大きいとき,列の並びがランダムであるという帰無仮説のもとで,連の数の分布はつぎの期待値と分散をもちます.

$$E[r] = \frac{2mn}{m+n} + 1, \tag{12.8 a}$$

$$V[r] = \frac{2mn(2mn-m-n)}{(m+n)^2(m+n-1)} \tag{12.8 b}$$

したがって

$$u = \frac{r - E[r]}{\sqrt{V[r]}} \tag{12.9}$$

は平均0,分散1の標準正規分布に従います．これより連の数の棄却限界値を求めることができます．

注3) 連の数がランダムからずれる方向には少なくなる方向と多くなる方向とがあります．しかし，2組の分布が異なるときに，連の数が多すぎる方向にずれることは実際には考えにくいことです．したがってこの検定では片側検定（下側）のみが適用されます．つまり5％水準で検定するときは，$\alpha = 0.025$ではなく付表8aの $\alpha = 0.05$ での棄却限界値（$r_{0.05}$）を読みとります．

12.2 対応のある2組の標本の違いの検定

これは対応のある2組の標本の平均の差の t 検定（6.3.4参照）に対応したノンパラメットリック検定です．

12.2.1 ウイルコクソンの符号つき順位和検定
（Wilcoxon matched-pairs signed-ranks test）

ここで扱うデータの形はつぎのとおりです．

対　　1　2　…　m
組A　　$x_1, x_2, \cdots, x_m$
組B　　$y_1, y_2, \cdots, y_m$

帰無仮説　H_0：「組AとBの分布は等しい」

計算手順は以下のとおりです．

手順1：各対で差 $d_1 = x_1 - y_1, \cdots, d_m = x_m - y_m$ を計算します．

手順2：差 d_i が0である観測値は除きます．差の符号が正である対の数を n_+，負である対の数を n_-，その和を $n = n_+ + n_-$ とおきます．d_i が0である観測値がない場合は $n = m$，あれば $n < m$ となります．

手順3：d_i の絶対値 $|d_i|$ をとります．

手順4：絶対値 $|d_i|$ に基づいて，対について小さいほうから数えて順位をつけます．これを $r_1, r_2, \cdots, r_n$ とします．同順位があるときは，平均順位で置き換えます．

手順5：差 d_i が正である対の順位和 T_+ と，負である対の順位和 T_- を計算します．T_+ と T_- を比べて，小さいほうを検定の対象とします．これを T とします．

手順6：付表9より，n と有意水準 α に対応する棄却限界値 c を求めます．

同順位がある場合には，つぎの近似式で c を求めます．ただし，n が小さくて同順位が多い場合には近似がよくありません．

$$両側検定：c = n(n+1)/4 - u(\alpha/2)\sqrt{\sum_{i=1}^{n} r_i^2/4} - 0.5 \qquad (12.10\text{ a})$$

$$片側検定：c = n(n+1)/4 - u(\alpha)\sqrt{\sum_{i=1}^{n} r_i^2/4} - 0.5 \qquad (12.10\text{ b})$$

手順7：$T \leq c$ であれば，帰無仮説を棄却して，組AとBの分布は等しくないと判定します．

注1) 検定の感度は符号検定の場合より高く，とくに n が大きい場合には t 分布に匹敵します．

注2) 本検定では，組AとBの間の観測値の差が定義でき，そのうえ差の大きさの順位づけができることが必要です．そうでない場合には12.2.2の符号検定を用います．

注3) 帰無仮説のもとで T の分布は，期待値 $E[T] = n(n+1)/4$，分散 $V[T] = n(n+1)(2n+1)/24$ をもちます．したがって n が大きいとき，

$$u = \frac{T - n(n+1)/4}{\sqrt{n(n+1)(2n+1)/24}} \qquad (12.11)$$

は，平均0，分散1の正規分布に従います．これより n が大きくて付表9から求められない場合には，付表1の正規分布表を利用して検定します．また棄却限界値を下記のとおり表すことができます．

両側検定　$c = n(n+1)/4 - u(\alpha/2)\sqrt{n(n+1)(2n+1)/24} - 0.5$ （12.12 a)
片側検定　$c = n(n+1)/4 - u(\alpha)\sqrt{n(n+1)(2n+1)/24} - 0.5$ （12.12 b)

[例題 12.2] 以下のデータは例題 12.1 と同じですが，A と B あわせて患者 20 人でなく，患者 10 人に睡眠薬 A と B を間をおいて 1 回ずつ投与したときの効果（時間）を調べた結果とします．このとき睡眠薬 A と B で差があるかどうかを，検定してみましょう．観測値の対の数は $m=10$ です．

表 12.1（再掲）

睡眠薬 A	1.5	3.7	3.8	1.8	2.3	4.7	4.3	2.9	2.2	2.7
睡眠薬 B	0.4	2.6	2.3	1.1	2.5	3.1	4.8	2.1	1.3	2.7

「睡眠薬 A と B では効果に差がない」ということを帰無仮説とします．まず手順 1 により差を求め，手順 2 により差が 0 の対 10 を除きます．$n=9$ になります．手順 3 により差の絶対値を求め，それに基づいて手順 4 に従い順位をつけます．

表 12.4

患者		1	2	3	4	5	6	7	8	9	10
睡眠薬 A		1.5	3.7	3.8	1.8	2.3	4.7	4.3	2.9	2.2	2.7
睡眠薬 B		0.4	2.6	2.3	1.1	2.5	3.1	4.8	2.1	1.3	2.7
差 A－B		1.1	1.1	1.5	0.7	－0.2	1.6	－0.5	0.8	0.9	0.0
差の絶対値		1.1	1.1	1.5	0.7	0.2	1.6	0.5	0.8	0.9	0.0
絶対値の順位	正	6.5	6.5	8	3		9		4	5	
	負					1		2			

これより手順 5 の順位和は

$T_+ = 6.5 + 6.5 + 8 + 3 + 9 + 4 + 5 = 42$

$T_- = 1 + 2 = 3$

対1と2は同順位なので，順位6と7の代わりにその平均6.5で置き換えます．T_+ より T_- のほうが小さいので，T_- を検定対象とします．すなわち $T=3$

手順6の棄却限界値は同順位があるので，式 (12.10) を用いて計算します．5％水準 ($\alpha/2=0.025$) での棄却限界値は，$u(0.025)=1.960$ なので，

$$c = 9(9+1)/4 - 1.960\sqrt{(6.5^2+6.5^2+8^2+\cdots+5^2)/4} - 0.5 = 5.470$$

となります．これより $T=3<5.470$ なので，5％水準で有意です．すなわち「睡眠薬 A と B は効果が異なる」と結論されます．なおこの例題は，第6章の問題6.4のように，対応がある2組の標本間の平均の差の t 検定として計算しても，同様に5％水準で有意という結論となります．

12.2.2 符号検定 (sign test)

ここで扱うデータの形は，上述の Wilcoxon の検定と同じです．

対	1	2	⋯	m
組 A	x_1,	x_2,	⋯	x_m
組 B	y_1,	y_2,	⋯	y_m

帰無仮説 H_0 :「組 A と B の分布は等しい」

計算手順は以下のとおりです．

手順1：各対について，A の値と比較して，$A>B$ なら $+$，$A<B$ なら $-$ と符号をつけます．

$A=B$ である観測値は除きます．$A=B$ である観測値の個数を m から引いた数を検定のための有効な対の数 n とします．

手順2：$+$ および $-$ がそれぞれいくつあるか，その数をもとめます．それぞれを S_+, S_- とします．S_+ と S_- を比べて，小さいほうを検定の対象とします．これを S とします．

手順3：有意水準を α とするとき，付表10で対の数 n と $\alpha/2=0.025$ に対応する値 $S_{\alpha/2}$ を求めます．$S \leq S_{\alpha/2}$ ならば帰無仮説を棄却して，「A と B は分布が異なる」と結論します．

帰無仮説のもとで S の分布は，期待値 $E[S]=n/2$，分散 $V[S]=n/4$ をもちます．したがって n が大きいとき，

$$u = 2\left(S - \frac{n}{2}\right)/\sqrt{n} \tag{12.13}$$

は，近似的に平均0，分散1の正規分布に従います．ここで S は S_+ と S_- の小さいほうを表します．これより，付表10に記載された範囲を超えるほどnが大きい場合には，付表1の正規分布表を用いて検定できます．

例題12.2を用いて検定してみましょう（表12.5）．手順1に従い，符号を表の第3行に示しました．10番目の対では $A = B$ となります．したがって $n = 9$ となります．手順2の＋の数は7，－の数は2となります．つまり $S_+ = 7$，$S_- = 2$ となります．これより検定の対象は $S = 2$ となります．手順3に従い，付表10から $n = 9$，$\alpha/2 = 0.025$ に対応する $S_{0.025}$ を求めると，$S_{0.025} = 1$ となります．この値より S は大きい（$S > S_{0.025}$）ので，5％水準で「AとBの分布は違うとはいえない」と結論されます．Wilcoxonの符号つき順位和検定では5％水準で有意であったのに比べて，検出力が低いことがわかります．

表12.5

患者	1	2	3	4	5	6	7	8	9	10
睡眠薬A	1.5	3.7	3.8	1.8	2.3	4.7	4.3	2.9	2.2	2.7
睡眠薬B	0.4	2.6	2.3	1.1	2.5	3.1	4.8	2.1	1.3	2.7
符号	＋	＋	＋	＋	－	＋	－	＋	＋	

注1）片側検定の場合には，付表10で5％水準では $S_{0.05}$ の欄を読み取ります．たとえば睡眠薬AはBに比べて改良型で，効果が $A > B$ であることを検定する場合には，－の数が小さくなるはずです．そこで S_- と $S_{0.05}$ を比べて，$S_- < S_{0.05}$ ならば，「5％水準で有意である」と結論します．

注2）Wilcoxonの順位和検定では，対ごとの差の大きさの順位をつけるため，観測値が計量値，計数値，スコアなどの場合には適用できますが，単に「AのほうがBより良い」というような観測値の場合には計算できません．符号検定では，後者の場合も含めて広く適用できます．

注3）符号検定では差 d_i の値が大きくても小さくても関係なく，ただその正負だけを問題にしているため，データのもつ情報を充分利用していません．そのため検出力が低いという欠点を免れません．t 検定に比べて有意性を検出

するために必要な観測値の数が1.57倍必要になります．

12.3　3組以上の標本の違いの検定

3組以上の標本間の分布の違いを検定できるノンパラメトリック検定です．2組の場合にも適用できます．

12.3.1　クルスカル・ウォリスの検定（Kruskal Wallis test）
　　　　－対応のない3組以上の標本

第8章の一因子実験における完全無作為配置のように，標本の観測値間に対応がない場合に適用されます．

ここで扱うデータの形はつぎのとおりです．

組1　　$x_{11}, \quad x_{12} \quad \cdots \quad x_{1r_1}$
組2　　$x_{21}, \quad x_{22} \quad \cdots \quad x_{2r_2}$
．
．
．
組m　　$x_{m1}, \quad x_{m2} \quad \cdots \quad x_{mr_m}$

全観測値の数をNとします（$N = r_1 + r_2 + \cdots + r_m$）．

帰無仮説 H_0 :「組の間で分布に違いはない」

計算手順は以下のとおりです．

手順1：まず組間の区別なしに，最も数値の小さいものを (1) とし，以下小さいものから大きいものへとN番目まで順に番号をつけます．

手順2：順位づけられた観測値について，それぞれの組について順位和T_i，$(i = 1, 2, \cdots, m)$を求めます．

手順3：つぎのQを計算します．

$$Q = \frac{12}{N(N+1)} \sum_{i=1}^{m} \frac{T_i^2}{r_i} - 3(N+1) \qquad (12.14)$$

手順4：自由度$\phi = m - 1$，有意水準αとして，付表3より$\chi^2(\phi, \alpha)$を求め，

$Q \geq \chi^2(\phi, \alpha)$ であれば,有意水準 α で帰無仮説を棄却します.

注 1) 1 から N までの和は,

$$1 + 2 + \cdots + N = \sum_{i=1}^{N} i = \frac{N(N+1)}{2},$$

また 1 から N までの 2 乗の和は

$$1^2 + 2^2 + \cdots + N^2 = \sum_{i=1}^{N} i^2 = \frac{N(N+1)(2N+1)}{6}$$

なので,1 から N までの順位数の期待値と分散は,

$$E[N] = \frac{N(N+1)}{2N} = \frac{N+1}{2} \tag{12.15}$$

$$V[N] = \frac{1}{N-1} \sum_{i=1}^{m} \left(i - \frac{N+1}{2}\right)^2 = \frac{1}{N-1} \left\{ \frac{N(N+1)(2N+1)}{6} - \frac{N(N+1)^2}{4} \right\}$$

$$= \frac{N(N+1)}{12} \tag{12.16}$$

一方,組 i の順位和は T_i なので,r_i 個の観測値の順位の平均は T_i/r_i となります.これより処理間の平方和は,

$$SS_T = \sum_{i=1}^{m} r_i \left(\frac{T_i}{r_i} - \frac{N+1}{2} \right)^2 = \sum_{i=1}^{m} \frac{T_i^2}{r_i} - \frac{N(N+1)^2}{4} \tag{12.17}$$

組間で分布が同じであるという帰無仮説のもとでは,式 (12.16) の順位数の分散は母分散 σ^2 と考えられるので,比 $SS_T/\sigma^2 (= Q)$ は近似的に χ^2 分布に従うことになります.

[例題12.3] 表12.6のデータは,産地の異なる 3 種類のブタ肉について A を

表 12.6

	順位数	順位和 T_i
産地 A	3, 7, 8, 13, 15, 19, 20	85
産地 B	5, 10, 11, 12, 14, 16, 17, 18	103
産地 C	1, 2, 4, 6, 9	22

7個, Bを8個, Cを5個(計20個)用いて, 肉色の鮮やかさの順位を肉眼で判定した結果です.

このデータは最初から順位で表されているので手順2から始まります. 手順2に従い計算された産地別の順位和が上表の最右欄に示されています. 手順3としてQ値を求めると

$$Q = \frac{12}{20 \times 21}\left(\frac{85^2}{7} + \frac{103^2}{8} + \frac{22^2}{5}\right) - 3 \times 21 = 7.139$$

となります. 手順4で自由度$\phi = 3 - 1 = 2$, 有意水準0.05として, 付表3より棄却限界値を求めると, $\chi^2(2, 0.05) = 5.99$です. $Q \geq \chi^2(2, 0.05)$から5％水準で産地間に差があると結論されます.

12.3.2 フリードマンの検定(Friedman test)
－対応のある3組以上の標本

米国の経済学者フリードマン(Milton Friedman, 1912-2006)によって考案された手法で, 第8章の一因子実験における乱塊配置のように, 標本の観測値間に対応がある場合に適用されます(Friedman, 1937).

ここで扱うデータの形はつぎのとおりです. mは組数, rはブロック(または反復)数を示します.

組1　　x_{11}, 　x_{12}　　$\cdots$　　x_{1r}
組2　　x_{21}, 　x_{22}　　$\cdots$　　x_{2r}
.
.
.
組m　　x_{m1}, 　x_{m2}　　$\cdots$　　x_{mr}

帰無仮説 H_0：「組の間で分布に違いはない」

計算手順は以下のとおりです.

手順1：各ブロックごとに数値の小さいほうから順位をつけます. 組がm個あれば, 1からmまでの順位をつけます.

手順2：それぞれの組について順位和 T_i, $(i = 1, 2, \cdots, m)$ を求めます.

手順3：つぎのSを求めます.

第12章 ノンパラメトリック検定

$$S = \frac{12}{rm(m+1)} \sum_{i=1}^{m} \left\{ T_i - \frac{r(m+1)}{2} \right\}^2 = \frac{12}{rm(m+1)} \sum_{i=1}^{m} T_i^2 - 3r(m+1)$$

(12.18)

手順4：自由度 $\phi = m-1$，有意水準 α として，付表3より $\chi^2(\phi, \alpha)$ を求め，$S \geq \chi^2(\phi, \alpha)$ であれば，有意水準 α で帰無仮説を棄却します。

[例題12.4] つぎの表12.7は，6つの産地から一定期間をおいて4回とりよせたトマトについて，色つやを判定した結果です。産地間でトマトの色つやに差があるでしょうか。フリードマンの検定を適用してみましょう。

表12.7

	ブロック				順位和 R_i
	1	2	3	4	
産地1	1	3	2	1	7
産地2	2	1	1	3	7
産地3	4	4	3	4	15
産地4	3	2	4	2	11
産地5	5	5	6	5	21
産地6	6	6	5	6	23
計	21	21	21	21	84

このデータは最初から順位で表されているので手順2から始めます。手順2に従い計算された産地別の順位和が上表の最右欄に示されています。手順3としてS値を求めると

$$S = \frac{12}{4 \times 6 \times 7}(7^2 + 7^2 + 15^2 + 11^2 + 21^2 + 23^2) - 3 \times 4 \times 7 = 17.00$$

となります。手順4として自由度は $\phi = 6-1 = 5$ となり，付表3より $\alpha = 0.05$ および $\alpha = 0.01$ の棄却限界値を読みとると，$\chi^2(5, 0.05) = 11.07$，$\chi^2(5, 0.01) = 15.09$ となります。$Q \geq \chi^2(5, 0.01)$ から1％水準で産地間に差があると結論されます。

12.4 順位相関係数

通常の相関係数（第11章）と同様に，順位相関係数も最小値−1から最大値1までの値をとります．ただし，順位相関係数では通常の相関係数と異なり，2つの変数（XとY）の間に直線関係を想定していません．片方の変数Xが増加すれば他方の変数Yが増加し，Xが減少すればYも減少するという単調増加の関係に近いほど，順位相関係数は1に近くなります．反対にXが増加するときYは減少し，Xが減少するときYは増加するという単調減少の関係にあれば，−1に近くなります．なお順位相関係数では，変数XとYが正規分布に従うことは想定されていません．

12.4.1 スピアマンの順位相関係数
（Spearman rank correlation coefficient）

この順位相関係数は，英国の心理学者スピアマン（Charles Edward Spearman, 1863-1945）によって考案されたもので，2変数XとYの観測値にそれぞれ順位をつけて，その順位数に基づいてピアソンの積率相関係数と同じ方法で計算します（Spearman, 1904）．しかし，実際にはもっと簡単な手順が使えます．スピアマンの順位相関係数では，2組間での順位の一致・不一致の方向とともに，その程度も考慮されています．

ここで扱うデータの形はつぎのとおりです．nを観測値xとyの対の数とします．

対	1	2	⋯	n
組A	x_1,	x_2,	⋯	x_n
組B	y_1,	y_2,	⋯	y_n

帰無仮説H_0：「xとyは独立である」

計算手順は以下のとおりです．

手順1：xとyの観測値に，それぞれ低い値から高い値へと順位をつけます．x_iの順位をr_i，y_iの順位をs_iとします．

手順2：順位数の差$d_i = r_i - s_i\ (i=1, 2, \cdots, n)$を求めます．これより差の2乗和$S = \sum_{i=1}^{m} d_i^2$を計算します．$S$はつねに偶数になります．

手順3：付表11より，対の数 n および有意水準 α に対応する値を読みとり，S_α とします．$S_\alpha \geq S$ のとき帰無仮説を棄却し，x と y の間には正の相関関係があると判定します．

手順4：必要ならば次式によりスピアマンの順位相関係数を計算します．

$$r_s = 1 - \frac{6S}{n(n^2-1)} \qquad (12.19)$$

注1) x_i の順位と y_i の順位がまったく同じになるとき，$S=0$ となり，r_s は最大値1をとります．反対に x_i の順位と y_i の順位がまったく逆順，つまり $r_i=1,2,\cdots,n$ に対して，$s_i=n,n-1,\cdots,1$ となるときには，$d_i=-(n-1),-(n-3),\cdots,(n-1)$ で，$S=\frac{1}{3}n(n^2-1)$ となり，r_s は最小値-1をとります．

注2) 付表11では n が12までの場合しか示されていません．$n>12$ の場合の下側棄却限界値 $S_{\alpha/2}$ または S_α は，つぎの近似式で求めます．

両側検定 ： $S_{\alpha/2} = \frac{1}{6}(n^3-n)\left(1-\frac{u(\alpha/2)}{\sqrt{n-1}}\right)+1 \qquad (12.20\,\text{a})$

片側検定 ： $S_\alpha = \frac{1}{6}(n^3-n)\left(1-\frac{u(\alpha)}{\sqrt{n-1}}\right)+1 \qquad (12.20\,\text{b})$

注3) 付表11および式(12.20 a, b)は下側棄却限界値を示し，r_s が正値をとる場合にだけ使います．x と y の間の順位が逆順で，相関が負の傾向にあるときには，$S>\frac{1}{6}n(n^2-1)$ となり，r_s が負値をとります．この場合には，両側検定でも片側検定でも，S を下側棄却限界値ではなく上側棄却限界値と比較して検定しなければなりません．上側棄却限界値 ($S_{\alpha/2}{}^*, S_\alpha{}^*$) は，次式で求められます．

両側検定　$S_{\alpha/2}{}^* = \frac{1}{3}(n^3-n) - S_{\alpha/2} \qquad (12.21\,\text{a})$

片側検定　$S_\alpha{}^* = \frac{1}{3}(n^3-n) - S_\alpha \qquad (12.21\,\text{b})$

以上のことを要約すると，表12.8のとおりです．

12.4 順位相関係数

表 12.8

対立仮説	$S < \frac{1}{6}n(n^2-1)$	$S > \frac{1}{6}n(n^2-1)$
両側検定 $r_s \neq 0$	$\alpha/2$ で下側検定を行う	$\alpha/2$ で上側検定を行う
片側検定 $r_s > 0$	α で下側検定を行う	—
片側検定 $r_s < 0$	—	α で上側検定を行う

注4) 同順位がある場合でも，その割合が少ない場合は結果への影響は無視できる程度です．しかし，割合が大きい場合には補正が必要です．変数 X と Y での同順位の個数を a, b，同順位の順位数を t_i, t_j ($i=1, 2, \cdots, a; j=1, 2, \cdots, b$)，とすると，順位相関係数は次式で求められます (Siegel, 1956)．

$$r_s = \frac{T_x + T_y - \sum_{i=1}^{n} d_i^2}{2\sqrt{T_x T_y}} \tag{12.22}$$

ここで

$$T_x = \left\{ (n^3 - n) - \sum_{i=1}^{a} (t_i^3 - t_i) \right\} / 12 \tag{12.23 a}$$

$$T_y = \left\{ (n^3 - n) - \sum_{j=1}^{b} (t_j^3 - t_j) \right\} / 12 \tag{12.23 b}$$

[例題12.5] 表12.9は，あるワイン・バーで同じ産地で仕込み年が異なる10

表 12.9

| | ワイン | | | | | | | | | | 計 |
	1	2	3	4	5	6	7	8	9	10	
A	1	5	4	10	8	2	9	7	6	3	
B	3	5	2	10	7	1	4	9	6	8	
順位数差 d_i	-2	0	2	0	1	1	5	-2	0	-5	0
d_i^2	4	0	4	0	1	1	25	4	0	25	64

種類のフランス・ワインについて，ワイン好きのAさんとBさんに好みの順位を判定してもらった結果です．AさんとBさんでワインの評価に関連が認められるでしょうか．スピアマンの順位相関により検定してみましょう．

データは順位で表されているので，手順1は不要です．手順2に従い順位数の差を求めたのが3行目の順位数差 d_i です．これより差の2乗和を計算すると $S=64$ となります．手順3に従い，相関係数を計算すると，

$$r_s = 1 - \frac{6 \times 64}{10(10^2-1)} = 0.612$$

となります．手順4に従い，付表11から $n=10$，$\alpha/2=0.025$ に対応する値を読みとると，$S_\alpha = 58$ となります．$S > S_\alpha$ なので，AさんとBさんのワインの好みには「相関があるとはいえない」と判定されます．

注1) もし，Aさんがワイン評価のプロつまりソムリエ，Bさんが単なるワイン好きであるとして，Bさんの評価がAさんの評価と逆方向になる場合は論外として考慮しないとすれば片側検定になり，付表11の $n=10$，$\alpha=0.05$ に対応する値を読みとると $S_{0.05} = 72$ で，$S < S_{0.05}$ となり，5％水準で有意となります．この場合には，「Bさんの評価はソムリエであるAさんの評価と5％水準で相関がある」と判定されます．

12.4.2 ケンドールの順位相関係数（Kendall's rank correlation coefficient）

この順位相関係数は，英国の統計学者ケンドール（Maurice George Kendall, 1907-1983）によって考案されたものです（Kendall, 1938）．ケンドールの順位相関係数では，2組間での順位の一致・不一致の方向だけで，その程度は考慮されていません．そのためスピアマンの順位相関係数よりも情報量が少ないといえます．

ここで扱うデータの形はつぎのとおりです．n を観測値 x と y の対の数とします．

対	1	2	$\cdots$	n
組A	x_1	x_2	$\cdots$	x_n
組B	y_1	y_2	$\cdots$	y_n

帰無仮説 H_0：「x と y は独立である」

計算手順は以下のとおりです．

手順1：x と y の観測値に，それぞれ低い値から高い値へと順位をつけます．x_i の順位を r_i，y_i の順位を s_i とします．

手順2：組Aの順位 r_i の順に対を並べかえます．5行からなる表を作成し，第1行に対を順に書き込みます．第2行に組Aの順位を書き込みます．当然ながらこれは(1)から(n)まで順に並びます．それに対応する組Bの順位をその下の行に書き込みます．

手順3：組Bの順位について，ある列の順位数をみて，それより右側にそれより大きい順位数がいくつあるかを数え，それを第4行目に書き込みます．この操作を1から n までのすべての列について行います．この行を「＋1の数の行」と呼びます．

手順4：同様に，組Bの順位について，ある列の順位数をみて，それより右側にそれより小さい順位数がいくつあるかを数え，それを第5行目に書き込みます．この操作を1から n までのすべての列について行います．この行を「－1の数の行」と呼びます．

手順5：「＋1の数」の合計を P，「－1の数」の合計を Q とするとき，つぎの関係から K を求めます．

$$K = P - Q \tag{12.24}$$

このとき，次式によりケンドールの順位相関係数を計算します．

$$r_k = \frac{2K}{n(n-1)} \tag{12.25}$$

手順6：付表12より，対の数 n および有意水準 α に対応する値を読みとり，K_α とします．これは上側検定なので $K_\alpha \le K$ のとき帰無仮説を棄却し，x と y の間には正または負の相関関係があると判定します．

注1）対の数が n であるとき，それらの間のすべての比較の数は $n(n-1)/2$ となります．これらの比較ですべて＋1であるとき，$P = n(n-1)/2$，$Q = 0$ となり，K は最大値 $n(n-1)/2$ をとります．反対にこれらの比較ですべて－1であるとき，$P = 0$，$Q = n(n-1)/2$ となり，K は最小値 $-n(n-1)/2$ をとります．K は0を中心とする対称な分布をもちます．式(12.25)より，相関係数

r_k は K と符号が一致し，また K が最大のとき $r_k=1$，K が最小のとき $r_k=-1$ となります．ちなみに $P+Q=n(n-1)/2$ となり，これを検算に使えます．

注2) 付表12では n が20までの場合しか示されていません．$n>20$ の場合の $K_{a/2}$ または K_a は，つぎの近似式で求めます．

$$両側検定：K_{a/2}=u(\alpha/2)\sqrt{\frac{1}{18}n(n-1)(2n+5)} \qquad (12.26\,\text{a})$$

$$片側検定：\quad K_a=u(\alpha)\sqrt{\frac{1}{18}n(n-1)(2n+5)} \qquad (12.26\,\text{b})$$

注3) 付表12および式 (12.26 a, b) は上側棄却限界値を示し，r_k が正値をとる場合にだけ使います．x と y の間の順位が逆順で，相関が負の傾向にあるときには，両側検定でも片側検定でも，上側棄却限界値ではなく下側棄却限界値（$K_{a/2}^*$ または K_a^*）と比較して検定しなければなりません．下側棄却限界値は

$$両側検定 \quad K_{a/2}^*=-K_{a/2} \qquad (12.27\,\text{a})$$
$$片側検定 \quad K_a^*=-K_a \qquad (12.27\,\text{b})$$

から求めます．

注4) 同順位がある場合には，変数 X と Y での同順位の個数を a, b，同順位の順位数を t_i, t_j $(i=1, 2, \cdots, a; j=1, 2, \cdots, b)$ とすると，順位相関係数 r_k は次式で求められます (Siegel, 1956)．

$$r_k=\frac{K}{\sqrt{T_x T_y}} \qquad (12.28)$$

$$T_x=n(n-1)/2-\sum_{i=1}^{a}t_i(t_i-1)/2 \qquad (12.29\,\text{a})$$

$$T_y=n(n-1)/2-\sum_{j=1}^{b}t_j(t_j-1)/2 \qquad (12.29\,\text{b})$$

注5) 同じデータに適用した場合，スペアマンの順位相関係数とケンドールの順位相関係数は一致しません．一般に後者のほうが値が低く出ます．しかし有意性については同じ有意水準で検出できます．

例題12.5についてケンドールの順位相関の検定を適用してみましょう．

表 12.10

	1	6	10	3	2	9	8	5	7	4	
A	1	2	3	4	5	6	7	8	9	10	
B	3	1	8	2	5	6	9	7	4	10	
+1の数	7	8	2	6	4	3	1	1	1	0	$P=33$
−1の数	2	0	5	0	1	1	2	1	0	0	$Q=12$

データは順位で表されているので,手順1は不要です.手順2に従いAの順位に従って1行目のワインの種類を並べ変えます.手順3および手順4に従い+1の数および−1の数を求めて,それぞれ4行目および5行目に示します.たとえば第1列のBの順位数3に対しては,それより大きい順位数は8, 5, 6, 9, 7, 4, 10の7つ,小さい順位数は1と2の2つです.手順5より $P=33$, $Q=12$ となり,$K=33-12=21$ となります.相関係数を計算すると,

$$r_k = \frac{2 \times 21}{10(10-1)} = 0.466$$

となります.手順6に従い,$n=10$, $\alpha/2=0.025$ に対応する値を読みとると,$K_{0.025}=23$ となります.$K<K_{0.025}$ なので,ケンドールの相関係数からみても,AさんとBさんのワインの好みには「相関関係があるとはいえない」と判定されます.

12.5 まとめ

おわりにノンパラメトリック検定とパラメトリック検定の対応を表12.11に示します.

第12章 ノンパラメトリック検定

表12.11

検定の目的	ノンパラメトリック検定法	パラメトリック検定法（正規分布に基づく）
対応のない2標本の比較	ウイルコクソンの順位和検定 ワルド・ウォルフォヴィッツのラン検定	対応のない2標本のt検定
対応のある2標本の比較	ウイルコクソンの符号つき順位和検定 符号検定	対応のある2標本のt検定
対応のない3つ以上の標本の比較	クルスカル・ウォリスの検定	一因子実験における完全無作為配置
対応のある3つ以上の標本の比較	フリードマンの検定	一因子実験における乱塊法
2変量の間の相関	スピアマンの順位相関係数 ケンドールの順位相関係数	ピアソンの積率相関係数

第13章 補遺：数式の解説

13.1 二項分布からポアソン分布へ

二項分布において，n 回の試行中 x 回が成功で $n-x$ 回が失敗となる確率は，
$$P\{X=x\}=B(n,p)={}_nC_x p^x(1-p)^{n-x} \tag{13.1}$$
となります．いま $p=m/n$ とおくと，

$$P\{X=x\}=\frac{n(n-1)\cdots(n-x+1)}{x!}p^x(1-p)^{n-x}$$

$$=\frac{n(n-1)\cdots(n-x+1)}{x!}\left(\frac{m}{n}\right)^x\left(1-\frac{m}{n}\right)^{n-x}$$

$$=\frac{m^x}{x!}\left(1-\frac{1}{n}\right)\left(1-\frac{2}{n}\right)\cdots\left(1-\frac{x-1}{n}\right)\left(1-\frac{m}{n}\right)^n\left(1-\frac{m}{n}\right)^{-x} \tag{13.2}$$

ここで，$n\to\infty$ のとき

$$\left(1-\frac{1}{n}\right)\left(1-\frac{2}{n}\right)\cdots\left(1-\frac{x-1}{n}\right)\to 1,\quad \left(1-\frac{m}{n}\right)^n\to e^{-m},\quad \left(1-\frac{m}{n}\right)^{-x}\to 1$$

なので，
$$P=e^{-m}\frac{m^x}{x!} \tag{13.3}$$
となります．$m=np$ は二項分布における平均に等しく，上式は m を母数とするポアソン分布です．

13.2 分布の平均と分散

13.2.1 二項分布の平均と分散

(1) 平均,

$$E(X) = \sum_{k=0}^{n} k \cdot {}_nC_k p^k q^{n-k} = \sum_{k=1}^{n} k \cdot \frac{n(n-1)\cdots(n-k+1)}{k!} p^k q^{n-k}$$

$$= np \sum_{k=1}^{n} \frac{(n-1)(n-2)\cdots(n-k+1)}{(k-1)!} p^{k-1} q^{n-k}$$

$$= np \sum_{l=0}^{n-1} {}_{n-1}C_l p^l q^{n-1-l} \quad (l = k-1 \text{ とおく})$$

$$= np(p+q)^{n-1}$$

$$= np \tag{13.4}$$

(2) 分散

$$V(X) = E(X^2) - \{E(X)\}^2 \tag{13.5}$$

ここで

$$E(X^2) = \sum_{k=0}^{n} k^2 \cdot {}_nC_k p^k q^{n-k}$$

$$= \sum_{k=0}^{n} k(k-1) \cdot {}_nC_k p^k q^{n-k} + \sum_{k=0}^{n} k \cdot {}_nC_k p^k q^{n-k}$$

$$= \sum_{k=2}^{n} k(k-1) \cdot \frac{n(n-1)\cdots(n-k+1)}{k!} p^k q^{n-k} + np$$

$$= n(n-1)p^2 \sum_{k=2}^{n} \frac{(n-2)(n-3)\cdots(n-k+1)}{(k-2)!} p^{k-2} q^{n-k} + np$$

$$= n(n-1)p^2 \sum_{m=0}^{n-2} {}_{n-2}C_m p^m q^{n-2-m} + np \quad (m = k-2 \text{ とおく})$$

$$= n(n-1)p^2 (p+q)^{n-2} + np$$

$$= n(n-1)p^2 + np \tag{13.6}$$

したがって

$$V(X) = n(n-1)p^2 + np - n^2 p^2 = np(1-p) = npq \tag{13.7}$$

(3) もうひとつの解法

成功の確率が p, 失敗の確率が q であるベルヌーイ試行では,

平均は $\quad E(X) = 1 \cdot p + 0 \cdot q = p \qquad (13.8)$

分散は $\quad V(X) = E(X^2) - \{E(X)\}^2 = 1^2 \cdot p + 0^2 \cdot q - p^2 = p - p^2$
$\qquad\qquad = p(1-p) = pq \qquad (13.9)$

二項分布に従う事象は, n 回の独立のベルヌーイ試行で構成されているので, 二項分布の平均と分散はベルヌーイ分布の平均と分散の n 倍になります. つまり

$$E(X) = np \qquad (13.10)$$
$$V(X) = npq \qquad (13.11)$$

13.2.2 ポアソン分布の平均と分散

(1) 平均

$$\begin{aligned}
E(X) &= \sum_{k=0}^{\infty} k \cdot e^{-\lambda} \frac{\lambda^k}{k!} = \sum_{k=1}^{\infty} k \cdot e^{-\lambda} \frac{\lambda^k}{k!} \\
&= \lambda e^{-\lambda} \sum_{k=1}^{\infty} \frac{\lambda^{k-1}}{(k-1)!} \\
&= \lambda e^{-\lambda} \sum_{l=0}^{\infty} \frac{\lambda^l}{l!} \qquad (l = k-1 \text{ とおく}) \\
&= \lambda e^{-\lambda} e^{\lambda} \\
&= \lambda \qquad\qquad\qquad\qquad\qquad (13.12)
\end{aligned}$$

(2) 分散

$$\begin{aligned}
E(X^2) &= \sum_{k=0}^{\infty} k^2 \cdot e^{-\lambda} \frac{\lambda^k}{k!} \\
&= \sum_{k=0}^{\infty} k(k-1) \cdot e^{-\lambda} \frac{\lambda^k}{k!} + \sum_{k=0}^{\infty} k \cdot e^{-\lambda} \frac{\lambda^k}{k!} \\
&= \sum_{k=2}^{\infty} k(k-1) \cdot e^{-\lambda} \frac{\lambda^k}{k!} + \lambda \\
&= \lambda^2 e^{-\lambda} \sum_{k=2}^{\infty} \frac{\lambda^{k-2}}{(k-2)!} + \lambda
\end{aligned}$$

第13章 補遺：数式の解説

$$= \lambda^2 e^{-\lambda} \sum_{m=0}^{\infty} \frac{\lambda^m}{m!} + \lambda \quad (m=k-2 \text{ とおく})$$

$$= \lambda^2 e^{-\lambda} e^{\lambda} + \lambda$$

$$= \lambda^2 + \lambda \tag{13.13}$$

したがって

$$V(X) = E(X^2) - \{E(X)\}^2 = \lambda^2 + \lambda - \lambda^2 = \lambda \tag{13.14}$$

13.2.3 正規分布の平均と分散

確率変数 Z が標準正規分布 $f(z) = \frac{1}{\sqrt{2\pi}} e^{-\frac{z^2}{2}}$ に従うとき

$$E(Z) = \int_{-\infty}^{\infty} z f(z) dz = \int_{-\infty}^{\infty} z \frac{1}{\sqrt{2\pi}} e^{-\frac{z^2}{2}} dz = \frac{1}{\sqrt{2\pi}} e^{-\frac{z^2}{2}} \bigg|_{-\infty}^{\infty} = 0 \tag{13.15}$$

$$V(Z) = \int_{-\infty}^{\infty} z^2 f(z) dz - \{E(Z)\}^2 = \int_{-\infty}^{\infty} \frac{1}{\sqrt{2\pi}} z^2 e^{-\frac{z^2}{2}} dz$$

$$= -\frac{1}{\sqrt{2\pi}} z e^{-\frac{z^2}{2}} \bigg|_{-\infty}^{\infty} + \frac{1}{\sqrt{2\pi}} \int_{-\infty}^{\infty} e^{-\frac{z^2}{2}} dz = 0 + 1 = 1 \tag{13.16}$$

13.2.4 一様分布の平均と分散

確率変数 X が確率密度関数 $f(x) = 1/(b-a)$ $(a < x < b)$ に従うとき

$$E(X) = \int_a^b x f(x) dx = \int_a^b x \frac{1}{b-a} dx = \frac{1}{2(b-a)} x^2 \bigg|_a^b = \frac{a+b}{2} \tag{13.17}$$

$$V(X) = \int_a^b x^2 f(x) dx - \{E(X)\}^2 = \frac{1}{3(b-a)} x^3 \bigg|_a^b - \left(\frac{a+b}{2}\right)^2 = \frac{(b-a)^2}{12} \tag{13.18}$$

13.2.5 指数分布の平均と分散

確率変数 X が確率密度関数 $f(x) = \lambda e^{-\lambda x}$ $(x \geq 0)$ に従うとき

$$E(X) = \int_0^{\infty} x f(x) dx = \int_0^{\infty} x \lambda e^{-\lambda x} dx = -x e^{-\lambda x} \bigg|_0^{\infty} + \int_0^{\infty} e^{-\lambda x}$$

$$= -\frac{1}{\lambda} e^{-\lambda x} \bigg|_0^{\infty} = \frac{1}{\lambda} \tag{13.19}$$

$$V(X) = \int_0^\infty x^2 f(x)\,dx - \{E(X)\}^2 = \int_0^\infty x^2 \lambda e^{-\lambda x}\,dx - \frac{1}{\lambda^2}$$

$$= -x^2 e^{-\lambda x}\,|_0^\infty + 2\int_0^\infty x e^{-\lambda x} - \frac{1}{\lambda^2}$$

$$= -\frac{2x}{\lambda} e^{-\lambda x}\,|_0^\infty + \frac{2}{\lambda}\int_0^\infty e^{-\lambda x}\,dx - \frac{1}{\lambda^2} = \frac{1}{\lambda^2} \tag{13.20}$$

13.3 検定や推定で用いられる理論分布

統計解析上でよく用いられる重要な分布があります．それは χ^2 分布，t 分布，F 分布です．

13.3.1 χ^2 分布

ϕ を正整数とするとき，確率密度関数

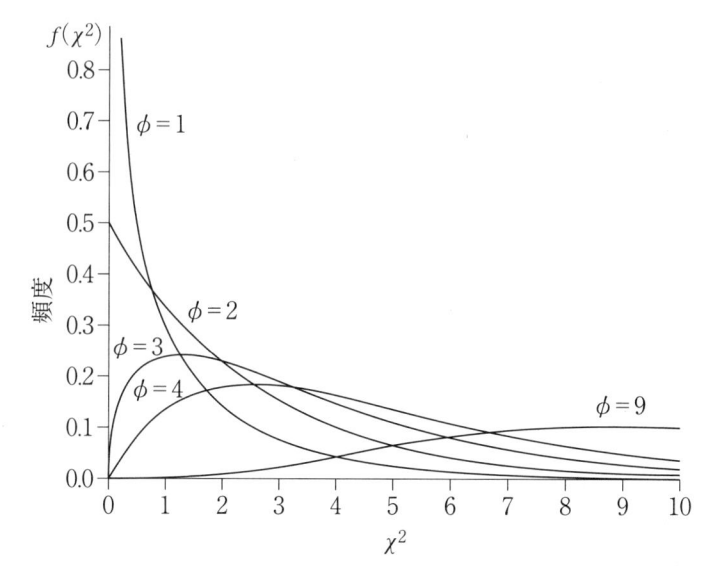

図 13.1　χ^2 分布．自由度により形が変わります．自由度が1または2ときは X とともに単調に減少する分布で，自由度が3以上では単峰分布となります．自由度が大きいほど分布は右に移動します．

$$f(X) = \frac{1}{2^{\phi/2}\Gamma(\phi/2)} X^{\frac{\phi}{2}-1} e^{-\frac{X}{2}} \quad \phi = n-1,\ 0 < X < \infty \tag{13.21}$$

をもつ分布を，自由度 ϕ の χ^2（カイ二乗）分布といい，$\chi^2(\phi)$ で表します．ただし Γ は**ガンマ関数**（gamma distribution）を表します．ガンマ関数は，n を正の整数とするとき，つぎのとおりに定義されます．

$$\Gamma(n) = (n-1)! \tag{13.22 a}$$

$$\Gamma\left(n + \frac{1}{2}\right) = \frac{(2n)!}{n! 2^{2n}} \sqrt{\pi} \tag{13.22 b}$$

χ^2 分布は図 13.1 に示すような形をしています．

正規分布 $N(\mu, \sigma^2)$ をする母集団から抽出された n 個の標本の値を $x_1, x_2, \cdots, x_n$ とするとき，x_i の母平均からの偏差を標準化した値を 2 乗した和

$$\chi^2 = \sum_{i=1}^{n} \left(\frac{x_i - \mu}{\sigma}\right)^2 \tag{13.23}$$

は，自由度 $\phi = n$ の χ^2 分布をします．また式 (13.23) の母平均 μ の代わりに標本平均 $\bar{x}$ を用いた

$$\chi^2 = \sum_{i=1}^{n} \left(\frac{x_i - \bar{x}}{\sigma}\right)^2 \tag{13.24}$$

は，自由度 $\phi = n-1$ の χ^2 分布をします．

$\chi^2(\phi)$ において，有意水準を α とするとき，上側確率 $100(\alpha/2)$ %（両側検定，信頼区間の推定の場合）および 100α %（片側検定，分割表の検定の場合）のパーセント点を，それぞれ $\chi^2(\phi, \alpha/2)$ および $\chi^2(\phi, \alpha)$ で表すことにします．また下側確率 $100(\alpha/2)$ %（両側検定）のパーセント点を，$\chi^2(\phi, 1-\alpha/2)$ で表すことにします．その値を付表 3 に示します．

χ^2 分布にはつぎの性質があります．

① χ^2 値は負になることはありません．
② 分布は非対称です．
③ 平均は ϕ，分散は 2ϕ となります．
④ 分布の形状は自由度によって異なります．

13.3.2 t 分布

ϕ を正整数とするとき,確率密度関数

$$f(X) = \frac{\Gamma\left(\frac{\phi+1}{2}\right)}{\sqrt{\phi\pi}\,\Gamma\left(\frac{\phi}{2}\right)\left(1+\frac{X^2}{\phi}\right)^{\frac{\phi+1}{2}}} \tag{13.25}$$

をもつ分布を自由度 ϕ の t 分布といい,$t(\phi)$ で表します.式の由来は省きます.興味のある方は河田ら (1962) を参照してください.

X と Y がたがいに独立で,X は標準正規分布 $N(0, 1)$ に,Y は自由度 ϕ の χ^2 分布 $\chi^2(\phi)$ に従うとき,

$$t = \frac{X}{\sqrt{Y/\phi}} \tag{13.26}$$

の分布は自由度 ϕ の t 分布となります.これより,第 6 章の

$$t = \frac{\overline{X} - \mu}{s/\sqrt{n}} \tag{13.27}$$

は,自由度 $n-1$ の t 分布に従います.

$t(\phi)$ において,有意水準を α とするとき,上側確率 $100(\alpha/2)$ % (両側検定) および 100α % (片側検定) のパーセント点を,それぞれ $t(\phi, \alpha/2)$ および

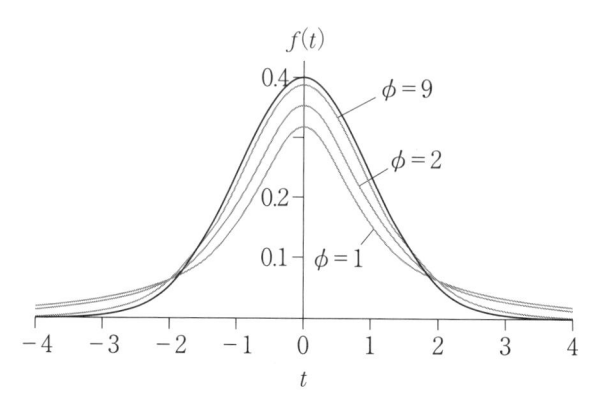

図 13.2 自由度 (ϕ) が 1, 3, 9 の場合の t 分布.
自由度が大きくなると正規分布に近づきます.正規分布に比べて t 分布は頂点がやや低く,裾を少し長く引いた形となります.頂点の高さが最も高いやや太い曲線は正規分布

$t(\phi, \alpha)$ で表すことにします。その値を付表2に示します。

t 分布の形状は、図13.2のようになります。

t 分布にはつぎの性質があります。

① t 分布も標準正規分布と似て釣鐘状の形をしています。分布は平均を中心に左右対称の曲線です。

② 標準正規分布と違って、自由度 ϕ によって曲線が異なります。t 分布の自由度は標本の大きさから1を引いた数に相当します（$\phi = n - 1$）。

③ 平均は0、分散は自由度により異なり、$\phi > 2$ のとき $\phi/(\phi-2)$ になります。

④ t 分布は標準正規分布と比べて、頂点がやや低く、両側の裾が延びた形です。その特徴は n が小さいほど著しくなります。n が大きくなると、t 分布は標準正規分布に近づきます。n が30以上では両者の差は無視できる程度です。

アイルランドのダブリンにあるビール会社ギネスの研究員にゴセット（William Sealy Gosset, 1876-1937）という人がいました。この会社は18世紀に創業され、黒スタウト・ビールで有名ですが、今ではギネス・ブックの発行元としても知られています。彼はビール酵母の研究をしていましたが、温度、酵母、麦芽などの多くの条件が変動するため、一定条件で大きな標本を得ることがむずかしいという事情がありました。そこでごく小さなサイズの標本しか得られない場合の統計解析の方法はないかと思い悩み、1906年に会社から1年間の休暇をもらって船でイングランドに渡りユニヴァーシティ・カレッジのピアソンの研究室を訪れました。そこで1908年に見出したのが t 分布でした。彼はほとんどの論文を Student（学生）というペンネームで発表しました。研究者はふつう本名が少しでも広く知られたいと願うのに、わざわざ名前を隠して発表するのは珍しいことです。社員が論文を出すことをギネスの重役が好まなかったためといわれています。ゴセットによる t 分布の発見によりはじめて小標本にもとづく統計的推測が可能となり、近代統計学の道が開かれました。t 分布の重要性を誰よりも先に認めたのはフィッシャーでした。

13.3.3 F 分布

ϕ_1 と ϕ_2 を正整数とするとき,確率密度関数

$$f_{\phi_2}^{\phi_1}(F) = \frac{1}{B\left(\frac{\phi_1}{2}, \frac{\phi_2}{2}\right)} \left(\frac{\phi_1}{\phi_2}\right)^{\frac{\phi_1}{2}} F^{\frac{\phi_1}{2}-1} \left(1 + \frac{\phi_1}{\phi_2}F\right)^{-\frac{\phi_1+\phi_2}{2}} \quad 0 < F < \infty \quad (13.28)$$

をもつ分布を,第1自由度 ϕ_1,第2自由度 ϕ_2 の F 分布といい,$F(\phi_1, \phi_2)$ または $F_{\phi_2}^{\phi_1}$ で表します(F 分布の F は Fisher に敬意を表してその頭文字をあてたものです).B はベータ関数を表します.ベータ関数はつぎのとおりガンマ関数によって表されます.

$$B(\phi_1, \phi_2) = \frac{\Gamma(\phi_1)\Gamma(\phi_2)}{\Gamma(\phi_1 + \phi_2)} \tag{13.29}$$

F 分布は図13.3に示すような形をしています.ϕ_1 と ϕ_2(とくに ϕ_1)により分布の形が異なります.

確率変数 χ_1^2 と χ_2^2 がたがいに独立で,それぞれ自由度 ϕ_1 と ϕ_2 の χ^2 分布に従うとき,χ_1^2 と χ_2^2 をそれぞれの自由度で割って調整してからとった比(フィ

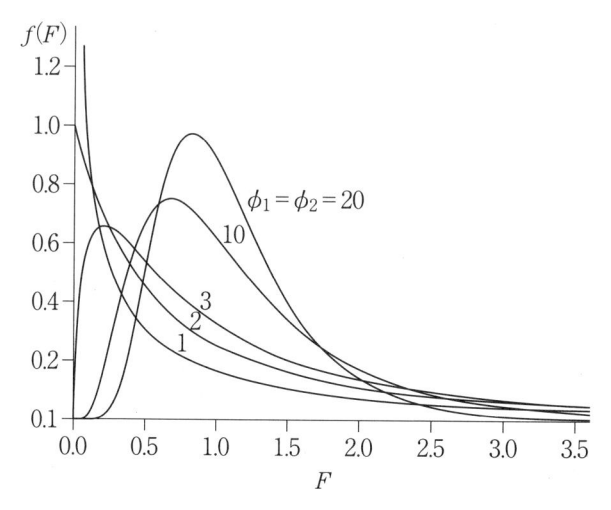

図13.3 $\phi_1 = \phi_2 = 1, 2, 3, 10, 20$ の場合の F 分布.
$\phi_1 = 1$ および $\phi_2 = 2$ の場合には $F = 0$ のときに確率密度が最高で F の増加とともに単調減少する曲線となり,ϕ_1 が3以上では単峰曲線となります.

ッシャーの分散比)

$$F = \frac{\chi_1^2/\phi_1}{\chi_2^2/\phi_2} \tag{13.30}$$

は，$F(\phi_1, \phi_2)$ に従います．

2つの正規分布に従う母集団があり，それぞれの分散を σ_1^2, σ_2^2, 母集団から抽出された標本の大きさを m, n, 不偏分散を s_1^2, s_2^2 とします．このとき，s_1^2, s_2^2 はたがいに独立で，$(m-1)s_1^2/\sigma_1^2$ は自由度 $m-1$ の χ^2 分布に従い，$(n-1)s_2^2/\sigma_2^2$ は自由度が $n-1$ の χ^2 分布に従うので，

$$F = \frac{\dfrac{(m-1)s_1^2}{\sigma_1^2}/(m-1)}{\dfrac{(n-1)s_2^2}{\sigma_2^2}/(n-1)} = \frac{\sigma_2^2}{\sigma_1^2} \cdot \frac{s_1^2}{s_2^2} \tag{13.31}$$

は $F(m-1, n-1)$ に従います．とくに母分散が等しい ($\sigma_1^2 = \sigma_2^2$) 場合には，

$$F = \frac{s_1^2}{s_2^2} \tag{13.32}$$

となります．これを標本の**分散比** (variance ratio) といいます．分散が等しいかどうかの検定 (第6章) や，分散分析での F 検定 (第8章など) ではこれが用いられます．

$F(\phi_1, \phi_2)$ において，有意水準を α とするとき，上側確率 100α % (分散分析の場合) および $100(\alpha/2)$ % (分散比の検定の場合) のパーセント点を，それぞれ $F(\phi_1, \phi_2, \alpha)$ および $F(\phi_1, \phi_2, \alpha/2)$ で表すことにします．その値を付表4に示します．

F 分布にはつぎの性質があります．

① F 値は負になることはありません．

② 分布は非対称です．

③ t 分布や χ^2 分布と異なり，自由度は2つ (ϕ_1, ϕ_2) あります．

④ 平均は $\phi_2 > 2$ のとき $\phi_2/(\phi_2-2)$ となります．$\phi_2 = 3$ で最大値3となり，ϕ_2 が大きいほど1に近づきます．平均は ϕ_1 とは無関係です．分散は $\phi_2 > 4$ のとき

$$\frac{2\phi_2^2(\phi_1+\phi_2-2)}{\phi_1(\phi_2-2)^2(\phi_2-4)}$$

となります.

⑤ X が $F(\phi_1,\phi_2)$ に従うとき, ϕ_1 を一定にして $\phi_2\to\infty$ とすると $\phi_1 X$ の分布は χ^2 分布 $\chi^2(\phi_1)$ に近づきます. いいかえると, χ_0^2 が自由度 ϕ の χ^2 分布に従うとき, $F_0=\chi_0^2/\phi$ とおくと, F_0 は $F(\phi,\infty)$ に従います.

⑥ X が t-分布 $t(\phi)$ に従うとき, X^2 の分布は $F(1,\phi)$ となります.

⑦ X が F-分布 $F(\phi_1,\phi_2)$ に従うとき, 逆数 $1/X$ の分布は $F(\phi_2,\phi_1)$ となります. これより $F(\phi_2,\phi_1,1-\alpha)=1/F(\phi_1,\phi_2,\alpha)$ が成り立ちます.

13.4 標本分散の期待値

観測値の母平均からの偏差の平方の期待値が母分散になります. すなわち
$$E\{(x_i-\mu)^2\}=\sigma^2$$
いま標本サイズ n のデータ $x_1,x_2,\cdots,x_n$ があるとき,

$$\sum_{i=1}^{n}(x_i-\mu)^2=\sum_{i=1}^{n}[(x_i-\bar{x})+(\bar{x}-\mu)]^2$$

$$=\sum_{i=1}^{n}[(x_i-\bar{x})^2+2(x_i-\bar{x})(\bar{x}-\mu)+(\bar{x}-\mu)^2] \tag{13.33}$$

$$=\sum_{i=1}^{n}(x_i-\bar{x})^2+n(\bar{x}-\mu)^2 \tag{13.34}$$

式 (13.33) の右辺大括弧内の 2 番目の積の項は和をとると 0 となります.

これより標本の平方和の期待値は,

$$E\{\sum(x_i-\bar{x})^2\}=E\{\sum(x_i-\mu)^2-n(\bar{x}-\mu)^2\}$$
$$=n\sigma^2-\sigma^2$$
$$=(n-1)\sigma^2 \tag{13.35}$$

したがって平方和を $n-1$ で割った標本分散 s^2 の期待値は,

$$E\{s^2\}=\frac{1}{n-1}(n-1)\sigma^2=\sigma^2 \tag{13.36}$$

となり, 母分散の不偏推定値であることがわかります.

13.5 一因子実験の乱塊法における処理の平均平方の期待値

処理の平方和は

$$r\sum_{i=1}^{m}(\overline{X}_{i.}-\overline{X}_{..})^2 = r\sum_{i=1}^{m}\overline{X}_{i.}^2 - rm\overline{X}_{..}^2 \tag{13.37}$$

ここで式 (8.5) の統計モデルより

$$\overline{X}_{i.} = \mu + \alpha_i + \frac{1}{r}\sum_{j=1}^{r}\varepsilon_{ij} \quad (\sum_{j=1}^{r}\rho_j = 0 \text{ より})$$

なので，式 (13.37) の第1項は

$$r\sum_{i=1}^{m}\overline{X}_{i.}^2 = r\sum_{i=1}^{m}\left(\mu + \alpha_i + \frac{1}{r}\sum_{j=1}^{r}\varepsilon_{ij}\right)^2$$

α_i と e_{ij} は独立であり，また $\sum_{i=1}^{m}\alpha_i = 0$ なので，この期待値は

$$r\sum_{i=1}^{m}(\mu+\alpha_i)^2 + m\sigma^2 = rm\mu^2 + r\sum_{i=1}^{m}\alpha_i^2 + m\sigma^2 \tag{13.38}$$

また第2項については

$$rm\overline{X}_{..}^2 = rm\left(\mu + \frac{1}{rm}\sum_{i=1}^{m}\sum_{j=1}^{r}\varepsilon_{ij}\right)^2$$

この期待値は

$$rm\mu^2 + \sigma^2$$

したがって処理の平方和の期待値は

$$rm\mu^2 + r\sum_{i=1}^{m}\alpha_i^2 + m\sigma^2 - rm\mu^2 - \sigma^2 = (m-1)\sigma^2 + r\sum_{i=1}^{m}\alpha_i^2$$

よって処理の平均平方 $r\sum_{i=1}^{m}(\overline{X}_{i.}-\overline{X}_{..})^2/(m-1)$ の期待値は

$$\sigma^2 + r\left(\sum_{i=1}^{m}\alpha_i^2\right)/(m-1)$$

となります（Kempthorne, 1952）。

参考文献

和書

安藤洋美 2007.「確率論の黎明」現代数学社

奥野忠一（編）1978.「応用統計ハンドブック」養賢堂

奥野忠一 1994.「農業実験計画法小史」日科技連

河田敬義・丸山文行・鍋谷清治 1964.「大学演習数理統計」第2版, 裳華房

北川敏男・増山元三郎編 1952.「新編統計数値表」河出書房

ギリース, D. 著, 中山智香子訳 2004.「確率の哲学理論」日本経済評論社

小杉肇 1984.「統計学史」恒星社厚生閣

コルモゴロフ, A., ジュルベンコ, I., プロホルフ, A. 著, 丸山哲朗・馬場良和訳 2003.「コルモゴロフの確率論入門」森北出版

近藤良夫・安藤貞一 1967.「統計的方法百問百答」日本科学技術連盟

繁桝算男 1985.「ベイズ統計入門」東京大学出版会

柴田義貞 1981.「正規分布」東京大学出版会

芝村良 2004.「R.A. フィッシャーの統計理論」九州大学出版会

清水良一 1976.「中心極限定理」教育出版

ズュースミルヒ, ヨハン・ペーター著　高野岩三郎・森戸辰男訳 1969.「神の秩序」第一出版

竹内啓 1975.「確率分布の近似」教育出版

竹内啓・藤野和建 1981.「2項分布とポアソン分布」東京大学出版会

ドレーパー, N., H. スミス著, 中村慶一訳 1968.「応用回帰分析」森北出版

中川徹・小柳義夫 1982.「最小二乗法による実験データ解析」東京大学出版会

中妻輝夫 2007.「入門ベイズ統計学」朝倉書店

永田靖・吉田道弘 2007.「統計的多重比較法の基礎」（第6刷）サイエンティスト社

西山市三編 1958.「日本の大根」日本学術振興会

広津千尋 1982.「離散データ解析」教育出版

広津千尋 1983.「統計的データ解析」日本規格協会

フィッシャー, R.A. 著　遠藤健児・鍋谷清治訳 1970.「研究者のための統計的方法」森北出版

蓑谷凰彦 1994.「統計学入門」東京図書
柳川堯 1982.「ノンパラメトリック法」培風館
山内二郎編 1972.「統計数値表」日本規格協会
吉村功 1971. アザラシ状奇形の原因 I, II 科学41 : 146-154, 41 : 285-290.
脇本和昌 1984.「統計学 見方・考え方」日本評論社

洋書

Bliss, C.I. 1967. Statistics in Biology Vol. 1. MacGraw-Hill, New York

David, F.N. 1938. Tables of the Correlation Coefficient. The "Biometrika" Office, University College, London

Feller, W. 1965. An Introduction to Probability Theory and Its Applications. Vol. I. Modern Asia Editions, John Wiley & Sons, New York

Fisher, R.A. 1935. The Design of Experiments. Oliver and Boyd, Edinburgh

Gillham, N.W. 2001. A Life of Sir Francis Galton. Oxford Univ. Press

Gomez, K.A. and A.A. Gomez 1984. Statistical Procedures for Agricultural Research. John Wiley & Sons, New York

Kempthorne, O. 1952. The Design and Analysis of Experiments. John Wiley & Sons, New York.

Mead, R. and R.N. Curnow 1983. Statistical Methods in Agriculture and Experimental Biology. Chapman and Hall, London.

Siegel, S. 1956. Nonparametric Statistics for the Behavioral Sciences. McGraw-Hill, New York

Stigler, S. M. 1986. The History of Statistics. The Measurement of Uncertainty before 1900. The Belknap Press of Harvard Univ. Press, Cambridge, Massachusetts.

Walker, H.M. 1929. Studies In the History of Statistical Method. The Williams & Wilkins Company, Baltimore, USA.

Zar, J.H. 1999. Biostatistical Analysis. 4th edition. Prentice Hall International Inc.

論文

Anscombe, F.J. 1948. The transformation of Poisson, binomial, and negative binomial data. Biometrika 35 : 246-254.

Deporte, J.V. Maternal Mortality and Stillbirths in New York State 1915-25. (Data cited by Hill, B. 1950, Principles of Medical Statitics. 5th ed. Oxford Univ. Press)

Duncan, D.B. 1955. Multiple range and multiple F tests. Biometrics 11 : 1-42.

Eisenhart, C. 1947. The assumptions underlying the analysis of variance. Biometrics 3 : 1-21.

Fisher, R.A. 1915. Frequency distribution of the values of the correlation coefficient in samples from an indefinitely large population. Biometrika 10 : 507-521.

Fisher, R.A. 1918. The correlation between relatives on supposition of Mendelian inheritance. Philosophical Transactions of Royal Society of Edinburgh 52 : 399-433.

Fisher, R.A. 1921. On the "probable error" of a coefficient of correlation deduced from a small sample. Metron 1 : 3-32.

Fisher, R.A. 1929. Moments and product moments of sampling distributions. Proceedings of the London Mathematical Society, Series 2, 30 : 199-238.

Geissler, A. 1889. Beitrage zur Geschlechtsverhältnisses der Geborenen. Z.K.Sächs. Stat. Bur., 35 : 1-24. (cited by Sokal, R.R. and F.J.Rohlf 1969 "Biostatistics", W.H. Freeman and Company, New York.)

Jones, D. 1986. Use, Misuse and role of multiple-comparison procedures in ecological and agricultural entomology. Environmental Entomology 13 : 635-649.

Kendall, M. 1938. A new measure of rank correlation Biometrika 30 : 81-89.

Muddapur, M.V. 1988. A simple test for correlation coefficient in bivariate normal distribution. Sankhya 50, B.60-68.

Sattethwaite, F.E. 1946. An approximate distribution of estimates of variance components. Biometric Bulletin 2 (6) : 110-114.

Spearman, C. 1904. "General intelligence", objectvely determined and measured. American Journal of Psychology 15 : 201-293.

Student 1908. The probable error of a mean. Biometrika 6 : 1-25.

Welch, B.L. 1938. The significance of the difference between two means when the population variances are unequal. Biometrika 29 : 350-362.

Wilcoxon, F. 1945. Individual comparisons by ranking methods. Biometrika 1 : 80-83.

付表・付図目次

付表1 標準正規分布の上側確率 ・・・・・・・・・・・・・・・・・・・・・・・・・・・・・・・・ 303
付表2 t分布の棄却限界値 ・・・・・・・・・・・・・・・・・・・・・・・・・・・・・・・・・・・・ 307
付表3 χ^2分布の棄却限界値・・・・・・・・・・・・・・・・・・・・・・・・・・・・・・・・・・ 309
付表4a F分布の棄却限界値（分散分析） $F(\phi_1, \phi_2, 0.05)$ ・・・・・・・・・・・・ 311
付表4b F分布の棄却限界値（分散分析） $F(\phi_1, \phi_2, 0.01)$ ・・・・・・・・・・・・ 312
付表4c F分布の棄却限界値（分散比） $F(\phi_1, \phi_2, 0.025)$ ・・・・・・・・・・・・ 313
付表4d F分布の棄却限界値（分散比） $F(\phi_1, \phi_2, 0.005)$ ・・・・・・・・・・・・ 314
付表5 相関係数の棄却限界値 ・・・・・・・・・・・・・・・・・・・・・・・・・・・・・・・・ 316
付表6a スチューデント化された範囲の棄却限界値
　　　 $q(m, \phi_E, 0.05)$・・・・・・・・・・・・・・・・・・・・・・・・・・・・・・・・・・・・・・ 318
付表6b スチューデント化された範囲の棄却限界値
　　　 $q(m, \phi_E, 0.01)$・・・・・・・・・・・・・・・・・・・・・・・・・・・・・・・・・・・・・・ 319
付表7a ウイルコクソンの順位和検定（対応のない2組の標本）
　　　 $\alpha=0.025$（両側検定−下側棄却限界値 T_α）・・・・・・・・・・・・・・・・ 321
付表7b ウイルコクソンの順位和検定（対応のない2組の標本）
　　　 $\alpha=0.005$（両側検定−下側棄却限界値 T_α）・・・・・・・・・・・・・・・・ 323
付表7c ウイルコクソンの順位和検定（対応のない2組の標本）
　　　 $\alpha=0.05$（片側検定−下側棄却限界値 T_α）・・・・・・・・・・・・・・・・・ 325
付表7d ウイルコクソンの順位和検定（対応のない2組の標本）
　　　 $\alpha=0.01$（片側検定−下側棄却限界値 T_α）・・・・・・・・・・・・・・・・・ 327
付表8a ワルド・ウォルフォヴィッツの連検定（対応のない2組の標本）
　　　 （下側棄却限界値 r_α）片側検定 $\alpha=0.05$ ・・・・・・・・・・・・・・・・・ 330
付表8b ワルド・ウォルフォヴィッツの連検定（対応のない2組の標本）
　　　 （下側棄却限界値 r_α）片側検定 $\alpha=0.01$ ・・・・・・・・・・・・・・・・・ 332
付表9 ウイルコクソンの符号つき順位和検定（対応のある2組の標本）
　　　 （下側棄却限界値 $T_{\alpha/2}$ および T_α）・・・・・・・・・・・・・・・・・・・・・ 335
付表10 符号検定（対応のある2組の標本）
　　　 （下側棄却限界値 $S_{\alpha/2}$ および S_α）・・・・・・・・・・・・・・・・・・・・・ 338

付表11 スピアマンの順位相関係数
(下側棄却限界値 S_α) ································· 343
付表12 ケンドールの順位相関係数
(上側棄却限界値 K_α) ································· 345

付図1a 信頼係数 0.95 ································· 347
付図1b 信頼係数 0.99 ································· 348

注1) 付表1から付表6までは,日本規格協会の許可を得て「統計数値表」(1972)から引用させて頂きました.

注2) 付表7aから付表12(ノンパラメトリック検定法)は著者の計算にもとづいて作成し,「統計数値表」(1972)や他の著書に掲載の表を参照し重なる部分の確認を行いました.

注3) 付表11において,$n>13$ の順位相関係数は Zar (1999) Table B.20 より引用抜粋.

(303)

付表 1 標準正規分布の上側確率（1）
（説明は p.77）

$$f(z) = \frac{1}{\sqrt{2\pi}} e^{-\frac{z^2}{2}}, \quad Q(u) = \int_u^\infty f(z)\,dz$$

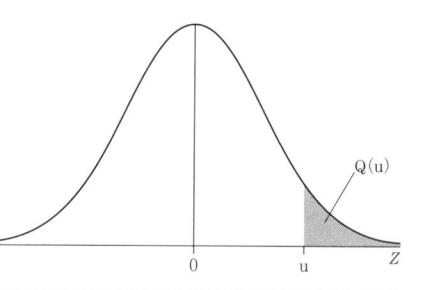

u	$Q(u)$	u	$Q(u)$	u	$Q(u)$	u	$Q(u)$	u	$Q(u)$
.00	.50000								
.01	.49601	.41	.34090	.81	.20897	1.21	.11314	1.61	.05370
.02	.49202	.42	.33724	.82	.20611	1.22	.11123	1.62	.05262
.03	.48803	.43	.33360	.83	.20327	1.23	.10935	1.63	.05155
.04	.48405	.44	.32997	.84	.20045	1.24	.10749	1.64	.05050
.05	.48006	.45	.32636	.85	.19766	1.25	.10565	1.65	.04947
.06	.47608	.46	.32276	.86	.19489	1.26	.10383	1.66	.04846
.07	.47210	.47	.31918	.87	.19215	1.27	.10204	1.67	.04746
.08	.46812	.48	.31561	.88	.18943	1.28	.10027	1.68	.04648
.09	.46414	.49	.31207	.89	.18673	1.29	.09853	1.69	.04551
.10	.46017	.50	.30854	.90	.18406	1.30	.09680	1.70	.04457
.11	.45620	.51	.30503	.91	.18141	1.31	.09510	1.71	.04363
.12	.45224	.52	.30153	.92	.17879	1.32	.09342	1.72	.04272
.13	.44828	.53	.29806	.93	.17619	1.33	.09176	1.73	.04182
.14	.44433	.54	.29460	.94	.17361	1.34	.09012	1.74	.04093
.15	.44038	.55	.29116	.95	.17106	1.35	.08851	1.75	.04006
.16	.43644	.56	.28774	.96	.16853	1.36	.08691	1.76	.03920
.17	.43251	.57	.28434	.97	.16602	1.37	.08534	1.77	.03836
.18	.42858	.58	.28096	.98	.16354	1.38	.08379	1.78	.03754
.19	.42465	.59	.27760	.99	.16109	1.39	.08226	1.79	.03673
.20	.42074	.60	.27425	1.00	.15866	1.40	.08076	1.80	.03593
.21	.41683	.61	.27093	1.01	.15625	1.41	.07927	1.81	.03515

.22	.41294	.62	.26763	1.02	.15386	1.42	.07780	1.82	.03438
.23	.40905	.63	.26435	1.03	.15151	1.43	.07636	1.83	.03363
.24	.40517	.64	.26109	1.04	.14917	1.44	.07493	1.84	.03288
.25	.40129	.65	.25785	1.05	.14686	1.45	.07353	1.85	.03216
.26	.39743	.66	.25463	1.06	.14457	1.46	.07214	1.86	.03144
.27	.39358	.67	.25143	1.07	.14231	1.47	.07078	1.87	.03074
.28	.38974	.68	.24825	1.08	.14007	1.48	.06944	1.88	.03005
.29	.38591	.69	.24510	1.09	.13786	1.49	.06811	1.89	.02938
.30	.38209	.70	.24196	1.10	.13567	1.50	.06681	1.90	.02872
.31	.37828	.71	.23885	1.11	.13350	1.51	.06552	1.91	.02807
.32	.37448	.72	.23576	1.12	.13136	1.52	.06426	1.92	.02743
.33	.37070	.73	.23270	1.13	.12924	1.53	.06301	1.93	.02680
.34	.36693	.74	.22965	1.14	.12714	1.54	.06178	1.94	.02619
.35	.36317	.75	.22663	1.15	.12507	1.55	.06057	1.95	.02559
.36	.35942	.76	.22363	1.16	.12302	1.56	.05938	1.96	.02500
.37	.35569	.77	.22065	1.17	.12100	1.57	.05821	1.97	.02442
.38	.35197	.78	.21770	1.18	.11900	1.58	.05705	1.98	.02385
.39	.34827	.79	.21476	1.19	.11702	1.59	.05592	1.99	.02330
.40	.34458	.80	.21186	1.20	.11507	1.60	.05480	2.00	.02275

付表1　標準正規分布の上側確率（2）

$$f(z) = \frac{1}{\sqrt{2\pi}} e^{-\frac{z^2}{2}}, \quad Q(u) = \int_{u}^{\infty} f(z)\,dz$$

u	Q(u)	u	Q(u)	u	Q(u)	u	Q(u)	u	Q(u)
2.01	.02222	2.41	.00798	2.81	.00248	3.21	.00066	3.61	.00015
2.02	.02169	2.42	.00776	2.82	.00240	3.22	.00064	3.62	.00015
2.03	.02118	2.43	.00755	2.83	.00233	3.23	.00062	3.63	.00014
2.04	.02068	2.44	.00734	2.84	.00226	3.24	.00060	3.64	.00014
2.05	.02018	2.45	.00714	2.85	.00219	3.25	.00058	3.65	.00013
2.06	.01970	2.46	.00695	2.86	.00212	3.26	.00056	3.66	.00013
2.07	.01923	2.47	.00676	2.87	.00205	3.27	.00054	3.67	.00012
2.08	.01876	2.48	.00657	2.88	.00199	3.28	.00052	3.68	.00012
2.09	.01831	2.49	.00639	2.89	.00193	3.29	.00050	3.69	.00011
2.10	.01786	2.50	.00621	2.90	.00187	3.30	.00048	3.70	.00011
2.11	.01743	2.51	.00604	2.91	.00181	3.31	.00047	3.71	.00010
2.12	.01700	2.52	.00587	2.92	.00175	3.32	.00045	3.72	.00010
2.13	.01659	2.53	.00570	2.93	.00169	3.33	.00043	3.73	.00010
2.14	.01618	2.54	.00554	2.94	.00164	3.34	.00042	3.74	.00009
2.15	.01578	2.55	.00539	2.95	.00159	3.35	.00040	3.75	.00009
2.16	.01539	2.56	.00523	2.96	.00154	3.36	.00039	3.76	.00008
2.17	.01500	2.57	.00508	2.97	.00149	3.37	.00038	3.77	.00008
2.18	.01463	2.58	.00494	2.98	.00144	3.38	.00036	3.78	.00008
2.19	.01426	2.59	.00480	2.99	.00139	3.39	.00035	3.79	.00008
2.20	.01390	2.60	.00466	3.00	.00135	3.40	.00034	3.80	.00007
2.21	.01355	2.61	.00453	3.01	.00131	3.41	.00032	3.81	.00007
2.22	.01321	2.62	.00440	3.02	.00126	3.42	.00031	3.82	.00007
2.23	.01287	2.63	.00427	3.03	.00122	3.43	.00030	3.83	.00006
2.24	.01255	2.64	.00415	3.04	.00118	3.44	.00029	3.84	.00006

2.25	.01222	2.65	.00402	3.05	.00114	3.45	.00028	3.85	.00006
2.26	.01191	2.66	.00391	3.06	.00111	3.46	.00027	3.86	.00006
2.27	.01160	2.67	.00379	3.07	.00107	3.47	.00026	3.87	.00005
2.28	.01130	2.68	.00368	3.08	.00103	3.48	.00025	3.88	.00005
2.29	.01101	2.69	.00357	3.09	.00100	3.49	.00024	3.89	.00005
2.30	.01072	2.70	.00347	3.10	.00097	3.50	.00023	3.90	.00005
2.31	.01044	2.71	.00336	3.11	.00094	3.51	.00022	3.91	.00005
2.32	.01017	2.72	.00326	3.12	.00090	3.52	.00022	3.92	.00004
2.33	.00990	2.73	.00317	3.13	.00087	3.53	.00021	3.93	.00004
2.34	.00964	2.74	.00307	3.14	.00084	3.54	.00020	3.94	.00004
2.35	.00939	2.75	.00298	3.15	.00082	3.55	.00019	3.95	.00004
2.36	.00914	2.76	.00289	3.16	.00079	3.56	.00019	3.96	.00004
2.37	.00889	2.77	.00280	3.17	.00076	3.57	.00018	3.97	.00004
2.38	.00866	2.78	.00272	3.18	.00074	3.58	.00017	3.98	.00003
2.39	.00842	2.79	.00264	3.19	.00071	3.59	.00017	3.99	.00003
2.40	.00820	2.80	.00256	3.20	.00069	3.60	.00016	4.00	.00003

注1)「統計数値表」(1972) 日本規格協会 A2 (1) (2頁) より
注2) 標準正規分布の正の偏差 u の値に対応する上側確率 $Q(u)$ の表です. 例えば $u = 1.64$ および $u = 1.96$ に対する上側確率は, それぞれ 0.05050 および 0.02500 となります.
注3) 参考までに第6章で示した標準正規分布における棄却限界値を下に再記します.

標準正規分布における棄却限界値 $u(\alpha/2)$ および $u(\alpha)$

	有意水準	
	5%	1%
両側検定 $u(\beta/2)$	$u(0.025)$ 上側 1.960 下側 −1.960	$u(0.005)$ 上側 2.576 下側 −2.576
上片側検定 $u(\alpha)$	$u(0.05)$ 1.645	$u(0.01)$ 2.326
下片側検定 $u(\alpha)$	$u(0.05)$ −1.645	$u(0.01)$ −2.326

付表2 t分布の棄却限界値

自由度 $\phi = n - 1$
$t(\phi, \alpha/2)$ または $t(\phi, \alpha)$
（説明は p.29）

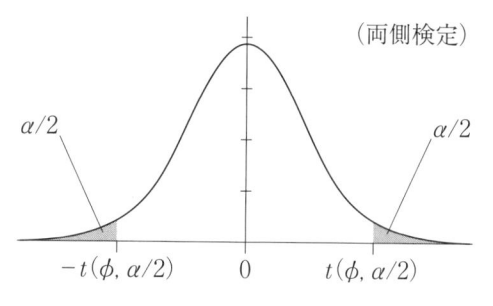

（両側検定）

自由度 ϕ	両側検定 $t(\phi, \alpha/2)$		方側検定 $t(\phi, \alpha)$	
	5％水準 $t(\phi, 0.025)$	1％水準 $t(\phi, 0.005)$	5％水準 $t(\phi, 0.05)$	1％水準 $t(\phi, 0.01)$
1	12.706	63.657	6.314	31.821
2	4..303	9.925	2.920	6.965
3	3.182	5.841	2.353	4.541
4	2.776	4.604	2.132	3.747
5	2.571	4.032	2.015	3.365
6	2.447	3.707	1.943	3.143
7	2.365	3.499	1.895	2.998
8	2.306	3.355	1.860	2.896
9	2.262	3.250	1.833	2.821
10	2.228	3.169	1.812	2.764
11	2.201	3.106	1.796	2.718
12	2.179	3.055	1.782	2.681
13	2.160	3.012	1.771	2.650
14	2.145	2.977	1.761	2.624
15	2.131	2.947	1.753	2.602
16	2.120	2.921	1.746	2.583
17	2.110	2.898	1.740	2.567
18	2.101	2.878	1.734	2.552
19	2.093	2.861	1.729	2.539

20	2.086	2.845	1.725	2.528
21	2.080	2.831	1.721	2.518
22	2.074	2.819	1.717	2.508
23	2.069	2.807	1.714	2.500
24	2.064	2.797	1.711	2.492
25	2.060	2.787	1.708	2.485
26	2.056	2.779	1.706	2.479
27	2.052	2.771	1.703	2.473
28	2.048	2.763	1.701	2.467
29	2.045	2.756	1.699	2.462
30	2.042	2.750	1.697	2.457
40	2.021	2.704	1.684	2.423
50	2.009	2.678	1.676	2.403
∞	1.95996	2.57582	1.64485	2.32634

注1) 「統計数値表」(1972) 日本規格協会 B3.1 (30-31頁) より

注2) 自由度の t 分布において上側確率 $\alpha/2 = 0.025$, $\alpha/2 = 0.005$ (両側検定) および $\alpha = 0.05$, $\alpha = 0.01$ (片側検定) に対する棄却限界値を示します。

注3) 例えば，自由度10で5％水準の両側検定の場合は，$\phi = 10$ の行で $t(\phi, 0.025)$ の列の項を見て，$t(10, 0.025) = 2.228$ を得ます。また自由度15で1％水準の片側検定の場合は，$\phi = 15$ の行で $t(\phi, 0.01)$ の列の項を見て，$t(15, 0.01) = 2.602$ を得ます。

注4) 自由度が大きくなるにつれて，t 値は標準正規分布における棄却限界値に近づき，自由度が無限になると両者は一致します。

付表3 χ^2分布の棄却限界値 $\chi^2(\phi, \alpha/2)$ または $\chi^2(\phi, \alpha)$

(説明はp.289)

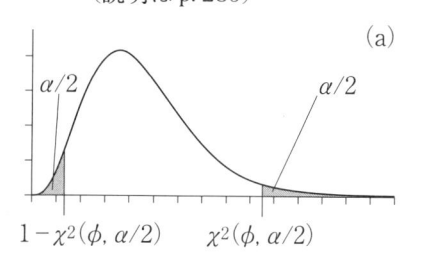

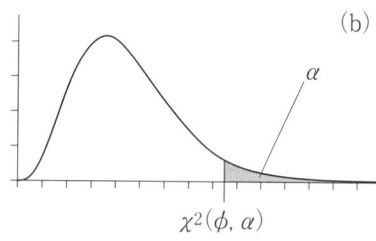

(a) (b)

(信頼区間) (検定) (分割表)

ϕ	両側検定 $\chi^2(\phi, \alpha/2)$				片側検定 $\chi^2(\phi, \alpha)$	
	5％水準		1％水準		5％水準	1％水準
	χ^2 $(\phi, 0.975)$	χ^2 $(\phi, 0.025)$	χ^2 $(\phi, 0.995)$	χ^2 $(\phi, 0.005)$	χ^2 $(\phi, 0.05)$	χ^2 $(\phi, 0.01)$
1	$0.0^3 982$	5.024	$0.0^4 393$	7.879	3.841	6.635
2	0.05064	7.378	0.01003	10.60	5.991	9.210
3	0.2158	9.348	0.07172	12.84	7.815	11.34
4	0.4844	11.14	0.2070	14.86	9.488	13.28
5	0.8312	12.83	0.4117	16.75	11.07	15.09
6	1.237	14.45	0.6757	18.55	12.59	16.81
7	1.690	16.01	0.9893	20.28	14.07	18.48
8	2.180	17.53	1.344	21.95	15.51	20.09
9	2.700	19.02	1.735	23.59	16.92	21.67
10	3.247	20.48	2.156	25.19	18.31	23.21
11	3.816	21.92	2.603	26.76	19.68	24.72
12	4.404	23.34	3.074	28.30	21.03	26.22
13	5.009	24.74	3.565	29.82	22.36	27.69
14	5.629	26.12	4.075	31.32	23.68	29.14
15	6.262	27.49	4.601	32.80	25.00	30.58
16	6.908	28.85	5.142	34.27	26.30	32.00
17	7.564	30.19	5.697	35.72	27.59	33.41
18	8.231	31.53	6.265	37.16	28.87	34.81

19	8.907	32.85	6.844	38.58	30.14	36.19
20	9.591	34.17	7.434	40.00	31.41	37.57
21	10.28	35.48	8.034	41.40	32.67	38.93
22	10.98	36.78	8.643	42.80	33.92	40.29
23	11.69	38.08	9.260	44.18	35.17	41.64
24	12.40	39.36	9.886	45.56	36.42	42.98
25	13.12	40.65	10.52	46.93	37.65	44.31
26	13.84	41.92	11.16	48.29	38.89	45.64
27	14.57	43.19	11.81	49.64	40.11	46.96
28	15.31	44.46	12.46	50.99	41.34	48.28
29	16.05	45.72	13.12	52.34	42.56	49.59
30	16.79	46.98	13.79	53.67	43.77	50.89
40	24.43	59.34	20.71	66.77	55.76	63.69
50	32.36	71.42	27.99	79.49	67.50	76.15
60	40.48	83.30	35.53	91.95	79.08	88.38
70	48.76	95.02	43.28	104.2	90.53	100.4
80	57.15	106.6	51.17	116.3	101.9	112.3
90	65.65	118.1	59.20	128.3	113.1	124.1
100	74.22	129.6	67.33	140.2	124.3	135.8
200	162.7	241.1	152.2	255.3	234.0	249.4

注1) 「統計数値表」(1972) 日本規格協会 B1.2 (6-7頁) より
注2) 自由度 ϕ の χ^2 分布において，上側確率 $\alpha/2=0.025, \alpha/2=0.005$ と下側確率 $1-\alpha/2=0.975, 1-\alpha/2=0.995$（両側検定）および上側確率 $\alpha=0.05, \alpha=0.01$（片側検定）に対する棄却限界値を示します．
注3) 例えば，自由度9で1％水準の両側検定の場合は，$\phi=9$ の行で $\alpha/2=0.005$ の列の項を見て，下側確率 $1-\chi^2(9, 0.995)=1.735$，上側確率 $\chi^2(9, 0.005)=23.59$ を得ます．また自由度10で5％水準の片側検定の場合は，$\phi=10$ の行で $\alpha=0.05$ の列の項を見て，上側確率 $\chi^2(10, 0.05)=18.31$ を得ます．
注4) 自由度が1の χ^2 分布の上側棄却限界値は標準正規分布の棄却限界値の2乗に等しくなります．すなわち $\chi^2(1, 0.05)=3.841=\{u(0.05)\}^2=1.960^2$，$\chi^2(1, 0.01)=6.635=\{u(0.01)\}^2=2.576^2$ です．

付表4a　F分布の棄却限界値

（分散分析）　$F(\phi_1, \phi_2, 0.05)$

（説明は p.293）

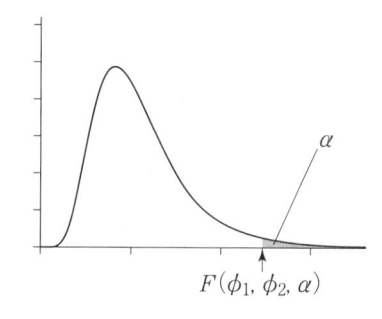

$F(\phi_1, \phi_2, \alpha)$

ϕ_2 \ ϕ_1	1	2	3	4	5	6	7	8	9	10	15	20	30	40
1	161	200	216	225	230	234	237	239	241	242	246	248	250	251
2	18.5	19.0	19.2	19.2	19.3	19.3	19.4	19.4	19.4	19.4	19.4	19.4	19.5	19.5
3	10.1	9.55	9.28	9.12	9.01	8.94	8.89	8.85	8.81	8.79	8.70	8.66	8.62	8.59
4	7.71	6.94	6.59	6.39	6.26	6.16	6.09	6.04	6.00	5.96	5.86	5.80	5.75	5.72
5	6.61	5.79	5.41	5.19	5.05	4.95	4.88	4.82	4.77	4.74	4.62	4.56	4.50	4.46
6	5.99	5.14	4.76	4.53	4.39	4.28	4.21	4.15	4.10	4.06	3.94	3.87	3.81	3.77
7	5.59	4.74	4.35	4.12	3.97	3.87	3.79	3.73	3.68	3.64	3.51	3.44	3.38	3.34
8	5.32	4.46	4.07	3.84	3.69	3.58	3.50	3.44	3.39	3.35	3.22	3.15	3.08	3.04
9	5.12	4.26	3.86	3.63	3.48	3.37	3.29	3.23	3.18	3.14	3.01	2.94	2.86	2.83
10	4.96	4.10	3.71	3.48	3.33	3.22	3.14	3.07	3.02	2.98	2.85	2.77	2.70	2.66
11	4.84	3.98	3.59	3.36	3.20	3.09	3.01	2.95	2.90	2.85	2.72	2.65	2.57	2.53
12	4.75	3.89	3.49	3.26	3.11	3.00	2.91	2.85	2.80	2.75	2.62	2.54	2.47	2.43
13	4.67	3.81	3.41	3.18	3.03	2.92	2.83	2.77	2.71	2.67	2.53	2.46	2.38	2.34
14	4.60	3.74	3.34	3.11	2.96	2.85	2.76	2.70	2.65	2.60	2.46	2.39	2.31	2.27
15	4.54	3.68	3.29	3.06	2.90	2.79	2.71	2.64	2.59	2.54	2.40	2.33	2.25	2.20
16	4.49	3.63	3.24	3.01	2.85	2.74	2.66	2.59	2.54	2.49	2.35	2.28	2.19	2.15
17	4.45	3.59	3.20	2.96	2.81	2.70	2.61	2.55	2.50	2.45	2.31	2.23	2.15	2.10
18	4.41	3.55	3.16	2.93	2.77	2.66	2.58	2.51	2.46	2.41	2.27	2.19	2.11	2.06
19	4.38	3.52	3.13	2.90	2.74	2.63	2.54	2.48	2.42	2.38	2.23	2.16	2.07	2.03
20	4.35	3.49	3.10	2.87	2.71	2.60	2.51	2.45	2.39	2.35	2.20	2.12	2.04	1.99
25	4.24	3.39	2.99	2.76	2.60	2.49	2.40	2.34	2.28	2.24	2.09	2.01	1.92	1.87
30	4.17	3.32	2.92	2.69	2.53	2.42	2.33	2.27	2.21	2.16	2.01	1.93	1.84	1.79
40	4.08	3.23	2.84	2.61	2.45	2.34	2.25	2.18	2.12	2.08	1.92	1.84	1.74	1.69
60	4.00	3.15	2.76	2.53	2.37	2.25	2.17	2.10	2.04	1.99	1.84	1.75	1.65	1.59
∞	3.84	3.00	2.60	2.37	2.21	2.10	2.01	1.94	1.88	1.83	1.67	1.57	1.46	1.39

注1)「統計数値表」(1972) 日本規格協会 B2.1 (20-21頁) より

付表 4b F 分布の棄却限界値

(分散分析) $F(\phi_1, \phi_2, 0.01)$

ϕ_2 \ ϕ_1	1	2	3	4	5	6	7	8	9	10	15	20	30	40
1	4052	4999	5403	5625	5764	5859	5928	5981	6022	6056	6157	6209	6261	6287
2	98.5	99.0	99.2	99.2	99.3	99.3	99.4	99.4	99.4	99.4	99.4	99.4	99.5	99.5
3	34.1	30.8	29.5	28.7	28.2	27.9	27.7	27.5	27.3	27.2	26.9	26.7	26.5	26.4
4	21.2	18.0	16.7	16.0	15.5	15.2	15.0	14.8	14.7	14.5	14.2	14.0	13.8	13.7
5	16.3	13.3	12.1	11.4	11.0	10.7	10.5	10.3	10.2	10.1	9.72	9.55	9.38	9.29
6	13.7	10.9	9.78	9.15	8.75	8.47	8.26	8.10	7.98	7.87	7.56	7.40	7.23	7.14
7	12.2	9.55	8.45	7.85	7.46	7.19	6.99	6.84	6.72	6.62	6.31	6.16	5.99	5.91
8	11.3	8.65	7.59	7.01	6.63	6.37	6.18	6.03	5.91	5.81	5.52	5.36	5.20	5.12
9	10.6	8.02	6.99	6.42	6.06	5.80	5.61	5.47	5.35	5.26	4.96	4.81	4.65	4.57
10	10.0	7.56	6.55	5.99	5.64	5.39	5.20	5.06	4.94	4.85	4.56	4.41	4.25	4.17
11	9.65	7.21	6.22	5.67	5.32	5.07	4.89	4.74	4.63	4.54	4.25	4.10	3.94	3.86
12	9.33	6.93	5.95	5.41	5.06	4.82	4.64	4.50	4.39	4.30	4.01	3.86	3.70	3.62
13	9.07	6.70	5.74	5.20	4.86	4.62	4.44	4.30	4.19	4.10	3.82	3.67	3.51	3.43
14	8.86	6.51	5.56	5.04	4.70	4.46	4.28	4.14	4.03	3.94	3.66	3.51	3.35	3.27
15	8.68	6.36	5.42	4.89	4.56	4.32	4.14	4.00	3.89	3.80	3.52	3.37	3.21	3.13
16	8.53	6.23	5.29	4.77	4.44	4.20	4.03	3.89	3.78	3.69	3.41	3.26	3.10	3.02
17	8.40	6.11	5.18	4.67	4.34	4.10	3.93	3.79	3.68	3.59	3.31	3.16	3.00	2.92
18	8.29	6.01	5.09	4.58	4.25	4.01	3.84	3.71	3.60	3.51	3.23	3.08	2.92	2.84
19	8.18	5.93	5.01	4.50	4.17	3.94	3.77	3.63	3.52	3.43	3.15	3.00	2.84	2.76
20	8.10	5.85	4.94	4.43	4.10	3.87	3.70	3.56	3.46	3.37	3.09	2.94	2.78	2.69
25	7.77	5.57	4.68	4.18	3.86	3.63	3.46	3.32	3.22	3.13	2.85	2.70	2.54	2.45
30	7.56	5.39	4.51	4.02	3.70	3.47	3.30	3.17	3.07	2.98	2.70	2.55	2.39	2.30
40	7.31	5.18	4.31	3.83	3.51	3.29	3.12	2.99	2.89	2.80	2.52	2.37	2.20	2.11
60	7.08	4.98	4.13	3.65	3.34	3.12	2.95	2.82	2.72	2.63	2.35	2.20	2.03	1.94
∞	6.63	4.61	3.78	3.32	3.02	2.80	2.64	2.51	2.41	2.32	2.04	1.88	1.70	1.59

注1)「統計数値表」(1972) 日本規格協会 B2.1 (24-25頁) より

付表 4c F 分布の棄却限界値

(分散比)　$F(\phi_1, \phi_2, 0.025)$　(説明は p.143)

ϕ_2 \ ϕ_1	1	2	3	4	5	6	7	8	9	10	15	20	30	40
1	648	800	864	900	922	937	948	957	963	969	985	993	1001	1006
2	38.5	39.0	39.2	39.2	39.3	39.3	39.4	39.4	39.4	39.4	39.4	39.4	39.5	39.5
3	17.4	16.0	15.4	15.1	14.9	14.7	14.6	14.5	14.5	14.4	14.3	14.2	14.1	14.0
4	12.2	10.6	9.98	9.60	9.36	9.20	9.07	8.98	8.90	8.84	8.66	8.56	8.46	8.41
5	10.0	8.43	7.76	7.39	7.15	6.98	6.85	6.76	6.68	6.62	6.43	6.33	6.23	6.18
6	8.81	7.26	6.60	6.23	5.99	5.82	5.70	5.60	5.52	5.46	5.27	5.17	5.07	5.01
7	8.07	6.54	5.89	5.52	5.29	5.12	4.99	4.90	4.82	4.76	4.57	4.47	4.36	4.31
8	7.57	6.06	5.42	5.05	4.82	4.65	4.53	4.43	4.36	4.30	4.10	4.00	3.89	3.84
9	7.21	5.71	5.08	4.72	4.48	4.32	4.20	4.10	4.03	3.96	3.77	3.67	3.56	3.51
10	6.94	5.46	4.83	4.47	4.24	4.07	3.95	3.85	3.78	3.72	3.52	3.42	3.31	3.26
11	6.72	5.26	4.63	4.28	4.04	3.88	3.76	3.66	3.59	3.53	3.33	3.23	3.12	3.06
12	6.55	5.10	4.47	4.12	3.89	3.73	3.61	3.51	3.44	3.37	3.18	3.07	2.96	2.91
13	6.41	4.97	4.35	4.00	3.77	3.60	3.48	3.39	3.31	3.25	3.05	2.95	2.84	2.78
14	6.30	4.86	4.24	3.89	3.66	3.50	3.38	3.29	3.21	3.15	2.95	2.84	2.73	2.67
15	6.20	4.77	4.15	3.80	3.58	3.42	3.29	3.20	3.12	3.06	2.86	2.76	2.64	2.59
16	6.12	4.69	4.08	3.73	3.50	3.34	3.22	3.12	3.05	2.99	2.79	2.68	2.57	2.51
17	6.04	4.62	4.01	3.67	3.44	3.28	3.16	3.06	2.99	2.92	2.72	2.62	2.50	2.44
18	5.98	4.56	3.95	3.61	3.38	3.22	3.10	3.01	2.93	2.87	2.67	2.56	2.44	2.38
19	5.92	4.51	3.90	3.56	3.33	3.17	3.05	2.96	2.88	2.82	2.62	2.51	2.39	2.33
20	5.87	4.46	3.86	3.51	3.29	3.13	3.01	2.91	2.84	2.77	2.57	2.46	2.35	2.29
25	5.69	4.29	3.69	3.35	3.13	2.97	2.85	2.75	2.68	2.61	2.41	2.30	2.18	2.12
30	5.57	4.18	3.59	3.25	3.03	2.87	2.75	2.65	2.57	2.51	2.31	2.20	2.07	2.01
40	5.42	4.05	3.46	3.13	2.90	2.74	2.62	2.53	2.45	2.39	2.18	2.07	1.94	1.88
60	5.29	3.93	3.34	3.01	2.79	2.63	2.51	2.41	2.33	2.27	2.06	1.94	1.82	1.74
∞	5.02	3.69	3.12	2.79	2.57	2.41	2.29	2.19	2.11	2.05	1.83	1.71	1.57	1.48

注1)「統計数値表」(1972) 日本規格協会 B2.1 (22-23頁) より

付表4d　F分布の棄却限界値

(分散比)　$F(\phi_1, \phi_2, 0.005)$

ϕ_2 \ ϕ_1	1	2	3	4	5	6	7	8	9	10	15	20	30	40
2	199	199	199	199	199	199	199	199	199	199	199	199	199	199
3	55.6	49.8	47.5	46.2	45.4	44.8	44.4	44.1	43.9	43.7	43.1	42.8	42.5	42.3
4	31.3	26.3	24.3	23.2	22.5	22.0	21.6	21.4	21.1	21.0	20.4	20.2	19.9	19.8
5	22.8	18.3	16.5	15.6	14.9	14.5	14.2	14.0	13.8	13.6	13.1	12.9	12.7	12.5
6	18.6	14.5	12.9	12.0	11.5	11.1	10.8	10.6	10.4	10.2	9.81	9.59	9.36	9.24
7	16.2	12.4	10.9	10.1	9.52	9.16	8.89	8.68	8.51	8.38	7.97	7.75	7.53	7.42
8	14.7	11.0	9.60	8.81	8.30	7.95	7.69	7.50	7.34	7.21	6.81	6.61	6.40	6.29
9	13.6	10.1	8.72	7.96	7.47	7.13	6.88	6.69	6.54	6.42	6.03	5.83	5.62	5.52
10	12.8	9.43	8.08	7.34	6.87	6.54	6.30	6.12	5.97	5.85	5.47	5.27	5.07	4.97
11	12.2	8.91	7.60	6.88	6.42	6.10	5.86	5.68	5.54	5.42	5.05	4.86	4.65	4.55
12	11.8	8.51	7.23	6.52	6.07	5.76	5.52	5.35	5.20	5.09	4.72	4.53	4.33	4.23
13	11.4	8.19	6.93	6.23	5.79	5.48	5.25	5.08	4.94	4.82	4.46	4.27	4.07	3.97
14	11.1	7.92	6.68	6.00	5.56	5.26	5.03	4.86	4.72	4.60	4.25	4.06	3.86	3.76
15	10.8	7.70	6.48	5.80	5.37	5.07	4.85	4.67	4.54	4.42	4.07	3.88	3.69	3.59
16	10.6	7.51	6.30	5.64	5.21	4.91	4.69	4.52	4.38	4.27	3.92	3.73	3.54	3.44
17	10.4	7.35	6.16	5.50	5.07	4.78	4.56	4.39	4.25	4.14	3.79	3.61	3.41	3.31
18	10.2	7.21	6.03	5.37	4.96	4.66	4.44	4.28	4.14	4.03	3.68	3.50	3.30	3.20
19	10.1	7.09	5.92	5.27	4.85	4.56	4.34	4.18	4.04	3.93	3.59	3.40	3.21	3.11
20	9.94	6.99	5.82	5.17	4.76	4.47	4.26	4.09	3.96	3.85	3.50	3.32	3.12	3.02
25	9.48	6.60	5.46	4.84	4.43	4.15	3.94	3.78	3.64	3.54	3.20	3.01	2.82	2.72
30	9.18	6.35	5.24	4.62	4.23	3.95	3.74	3.58	3.45	3.34	3.01	2.82	2.63	2.52
40	8.83	6.07	4.98	4.37	3.99	3.71	3.51	3.35	3.22	3.12	2.78	2.60	2.40	2.30
60	8.49	5.80	4.73	4.14	3.76	3.49	3.29	3.13	3.01	2.90	2.57	2.39	2.19	2.08
∞	7.88	5.30	4.28	3.72	3.35	3.09	2.90	2.74	2.62	2.52	2.19	2.00	1.79	1.67

ϕ_1 の行は省略．なお，$F(1, 1, 0.005) = 16210$, $F(40, 1, 0.005) = 25148$

注1)　「統計数値表」(1972) 日本規格協会 B2.1 (26-27頁) より

注2)　自由度 (ϕ_1, ϕ_2) の F 分布において上側確率 $\alpha = 0.05$, $\alpha = 0.01$ (分散分析で用いる) および $\alpha/2 = 0.025$, $\alpha/2 = 0.005$ (分散比で用いる) に対する棄却限界値を示します．

注3)　例えば，第1自由度9, 第2自由度10で5%水準で分散比を検定する場合には，付表4cにおいて $\phi_1 = 9$ の列で $\phi_2 = 10$ の行の項を見て，$F(9, 10, 0.025) = 3.78$ を得ます．また第1自由度4, 第2自由度10で1%水準で分散分析である因子の F 検定する場合には，付表4bにおいて $\phi_1 = 4$ の列で $\phi_2 = 10$ の行の項を見て，

$F(4, 10, 0.01) = 5.99$ を得ます.

注4) $F(1, \phi_2, \alpha) = \{t(\phi, \alpha/2)\}^2$ の関係があります.つまり F 分布の棄却限界値を示す付表4a($\alpha = 0.05$)および4b($\alpha = 0.01$)があれば,それぞれの表の $\phi_1 = 1$ の行の数値から,t 分布の両側検定の5%棄却限界値($\alpha/2 = 0.025$)および1%棄却限界値($\alpha/2 = 0.005$)が求められます.

付表5 相関係数の棄却限界値　　($r(\phi, \alpha/2)$ または $r(\phi, \alpha)$)

（説明は p.250）

標本の大きさ n	自由度 $\phi = n-2$	両側検定 $r(\phi, \alpha/2)$		片側検定 $r(\phi, \alpha)$	
		5％水準 (ϕ, 0.025)	1％水準 (ϕ, 0.005)	5％水準 (ϕ, 0.05)	1％水準 (ϕ, 0.01)
3	1	.9969	.9999	.9877	.9995
4	2	.9500	.9900	.9000	.9800
5	3	.8783	.9587	.8054	.9343
6	4	.8114	.9172	.7293	.8822
7	5	.7545	.8745	.6694	.8329
8	6	.7067	.8343	.6215	.7887
9	7	.6664	.7977	.5822	.7498
10	8	.6319	.7646	.5494	.7155
11	9	.6021	.7348	.5214	.6851
12	10	.5760	.7079	.4973	.6581
13	11	.5529	.6835	.4762	.6339
14	12	.5324	.6614	.4575	.6121
15	13	.5140	.6411	.4409	.5923
16	14	.4973	.6226	.4259	.5743
17	15	.4822	.6055	.4124	.5577
18	16	.4683	.5897	.4000	.5426
19	17	.4555	.5751	.3887	.5285
20	18	.4438	.5614	.3783	.5155
21	19	.4329	.5487	.3687	.5034
22	20	.4227	.5368	.3598	.4921
23	21	.4133	.5256	.3515	.4815
24	22	.4044	.5151	.3438	.4716
25	23	.3961	.5052	.3365	.4622
26	24	.3882	.4958	.3297	.4534
27	25	.3809	.4869	.3233	.4451

28	26	.3739	.4785	.3172	.4372
29	27	.3673	.4705	.3115	.4297
30	28	.3610	.4629	.3061	.4226
40	38	.3120	.4026	.2638	.3666
50	48	.2787	.3610	.2353	.3281
60	58	.2542	.3301	.2144	.2997
70	68	.2352	.3060	.1982	.2776
80	78	.2199	.2864	.1852	.2597
90	88	.2073	.2702	.1745	.2449
100	98	.1966	.2565	.1654	.2324

注1)「統計数値表」(1972) 日本規格協会 E4 (149頁) より

注2) 帰無仮説「母相関係数 $\rho=0$」が成り立つとき,大きさ n(自由度 $\phi=n-2$)の標本の相関係数 r の棄却限界値を示します.

注3) たとえば,$n=30$ のとき,両側検定の5%水準の棄却限界値は,$r(\phi, 0.025)$ の列の $n=30 (\phi=28)$ の行の値を読み取ると,$r(28, 0.025)=0.3610$ となります.
同様にして,$n=20$ のときの片側検定の1%水準の棄却限界値は,$r(\phi, 0.01)$ の列の $n=20(\phi=18)$ の行の値から,$r(18, 0.01)=0.5155$ を得ます.

付表6a　スチューデント化された範囲の棄却限界値　$q(m, \phi_E, 0.05)$
（説明は p.193）

ϕ_E \ m	2	3	4	5	6	8	10	15	20	30
1	17.9693	26.9755	32.8187	37.0815	40.4076	45.3973	49.0710	55.3607	59.5576	65.1490
2	6.0849	8.3308	9.7980	10.8811	11.7343	13.0273	13.9885	15.6503	16.7688	18.2690
3	4.5007	5.9096	6.8245	7.5017	8.0371	8.8525	9.4620	10.5222	11.2400	12.2073
4	3.9265	5.0402	5.7571	6.2870	6.7064	7.3465	7.8263	8.6640	9.2334	10.0034
5	3.6354	4.6017	5.2183	5.6731	6.0329	6.5823	6.9947	7.7163	8.2080	8.8747
6	3.4605	4.3392	4.8956	5.3049	5.6284	6.1222	6.4931	7.1428	7.5864	8.1889
7	3.3441	4.1649	4.6813	5.0601	5.3591	5.8153	6.1579	6.7586	7.1691	7.7275
8	3.2612	4.0410	4.5288	4.8858	5.1672	5.5962	5.9183	6.4831	6.8694	7.3953
9	3.1992	3.9485	4.4149	4.7554	5.0235	5.4319	5.7384	6.2758	6.6435	7.1444
10	3.1511	3.8768	4.3266	4.6543	4.9120	5.3042	5.5984	6.1141	6.4670	6.9480
12	3.0813	3.7729	4.1987	4.5077	4.7502	5.1187	5.3946	5.8780	6.2089	6.6600
14	3.0332	3.7014	4.1105	4.4066	4.6385	4.9903	5.2534	5.7139	6.0290	6.4586
16	2.9980	3.6491	4.0461	4.3327	4.5568	4.8962	5.1498	5.5932	5.8963	6.3097
18	2.9712	3.6093	3.9970	4.2763	4.4944	4.8243	5.0705	5.5006	5.7944	6.1950
20	2.9500	3.5779	3.9583	4.2319	4.4452	4.7676	5.0079	5.4273	5.7136	6.1039
24	2.9188	3.5317	3.9013	4.1663	4.3727	4.6838	4.9152	5.3186	5.5936	5.9682
30	2.8882	3.4864	3.8454	4.1021	4.3015	4.6014	4.8241	5.2114	5.4750	5.8335
40	2.8582	3.4421	3.7907	4.0391	4.2316	4.5205	4.7345	5.1056	5.3575	5.6996
60	2.8288	3.3987	3.7371	3.9774	4.1632	4.4411	4.6463	5.0011	5.2412	5.5663
120	2.8000	3.3561	3.6846	3.9169	4.0960	4.3630	4.5595	4.8979	5.1259	5.4336
∞	2.7718	3.3145	3.6332	3.8577	4.0301	4.2863	4.4741	4.7959	5.0117	5.3013

(319)

付表6b スチューデント化された範囲の棄却限界値　$q(m, \phi_E, 0.01)$

ϕ \ m	2	3	4	5	6	8	10	15	20	30
1	90.0242	135.041	164.258	185.575	202.210	227.166	245.542	277.003	297.997	325.968
2	14.0358	19.0189	22.2937	24.7172	26.6290	29.5301	31.6894	35.4261	37.9435	41.3221
3	8.2603	10.6185	12.1695	13.3243	14.2407	15.6410	16.6908	18.5219	19.7648	21.4429
4	6.5112	8.1198	9.1729	9.9583	10.5832	11.5418	12.2637	13.5298	14.3939	15.5662
5	5.7023	6.9757	7.8042	8.4215	8.9131	9.6687	10.2393	11.2436	11.9318	12.8688
6	5.2431	6.3305	7.0333	7.5560	7.9723	8.6125	9.0966	9.9508	10.5378	11.3393
7	4.9490	5.9193	6.5424	7.0050	7.3730	7.9390	8.3674	9.1242	9.6454	10.3586
8	4.7452	5.6354	6.2038	6.6248	6.9594	7.4738	7.8632	8.5517	9.0265	9.6773
9	4.5960	5.4280	5.9567	6.3473	6.6574	7.1339	7.4945	8.1323	8.5726	9.1767
10	4.4820	5.2702	5.7686	6.1361	6.4275	6.8749	7.2133	7.8121	8.2256	8.7936
12	4.3198	5.0459	5.5016	5.8363	6.1011	6.5069	6.8136	7.3558	7.7305	8.2456
14	4.2099	4.8945	5.3215	5.6340	5.8808	6.2583	6.5432	7.0466	7.3943	7.8726
16	4.1306	4.7855	5.1919	5.4885	5.7223	6.0793	6.3483	6.8233	7.1512	7.6023
18	4.0707	4.7034	5.0942	5.3788	5.6028	5.9443	6.2013	6.6546	6.9673	7.3973
20	4.0239	4.6392	5.0180	5.2933	5.5095	5.8389	6.0865	6.5226	6.8232	7.2366
24	3.9555	4.5456	4.9068	5.1684	5.3735	5.6850	5.9187	6.3296	6.6123	7.0008
30	3.8891	4.4549	4.7992	5.0476	5.2418	5.5361	5.7563	6.1423	6.4074	6.7710
40	3.8247	4.3672	4.6951	4.9308	5.1145	5.3920	5.5989	5.9606	6.2083	6.5471
60	3.7622	4.2822	4.5944	4.8178	4.9913	5.2525	5.4466	5.7845	6.0149	6.3290
120	3.7016	4.1999	4.4970	4.7085	4.8722	5.1176	5.2992	5.6138	5.8272	6.1168
∞	3.6428	4.1203	4.4028	4.6028	4.7570	4.9872	5.1566	5.4485	5.6452	5.9106

注1) 「統計数値表」(1972) 日本規格協会 D1 (63頁) より
注2) 標準正規分布に従う母集団から抽出された大きさ m の標本について，要素の値間の範囲 R_u と，これと独立に得られた自由度 ϕ の分散 s^2 の平方根 s との比 R_u/s の，有意水準 α に対応した棄却限界値 $q(m, \phi, \alpha)$ を示します．
注3) 処理の水準数 m，誤差分散の自由度 ϕ の1因子実験において，第8章に示す統計

量 t_{ij} (式 (8.11)) について $|t_{ij}| \geq q(m, \phi_E, \alpha)/\sqrt{2}$ が成り立つとき，有意水準 α で帰無仮説「母平均は等しい」は棄却され，母平均の間には差があると判定されます．

注4) 付表6で $m=2$ の列の数値 $q(2, \phi_E, \alpha)$ は，付表2の t 分布における両側検定の数値 (同じ自由度) を $\sqrt{2}$ 倍した値に等しいという関係にあります．つまり $q(2, \phi_E, 0.05) = t(\phi, 0.025) \times \sqrt{2}$ および $q(2, \phi, 0.01) = t(\phi, 0.005) \times \sqrt{2}$ がなりたちます．

付表7a ウイルコクソンの順位和検定（対応のない2組の標本）

　　（説明は p.263）

　　（両側検定－下側棄却限界値 $T_{0.025}$）　$\alpha/2 = 0.025$

n \ m	1	2	3	4	5	6	7	8	9	10
1	−									
2	−	−								
3	−	−	−							
4	−	−	−	10						
5	−	−	6	11	17					
6	−	−	7	12	18	26				
7	−	−	7	13	20	27	36			
8	−	3	8	14	21	29	38	49		
9	−	3	8	14	22	31	40	51	62	
10	−	3	9	15	23	32	42	53	65	78
11	−	3	9	16	24	34	44	55	68	81
12	−	4	10	17	26	35	46	58	71	84
13	−	4	10	18	27	37	48	60	73	88
14	−	4	11	19	28	38	50	62	76	91
15	−	4	11	20	29	40	52	65	79	94
16	−	4	12	21	30	42	54	67	82	97
17	−	5	12	21	32	43	56	70	84	100
18	−	5	13	22	33	45	58	72	87	103
19	−	5	13	23	34	46	60	74	90	107
20	−	5	14	24	35	48	62	77	93	110

m\n	11	12	13	14	15	16	17	18	19	20
1										
2										
3										
4										
5										
6										
7										
8										
9										
10										
11	96									
12	99	115								
13	103	119	136							
14	106	123	141	160						
15	110	127	145	164	184					
16	113	131	150	169	190	211				
17	117	135	154	174	195	217	240			
18	121	139	158	179	200	222	246	270		
19	124	143	163	183	205	228	252	277	303	
20	128	147	167	188	210	234	258	283	309	337

付表7b ウイルコクソンの順位和検定（対応のない2組の標本）

（両側検定－下側棄却限界値 $T_{0.005}$）　$\alpha/2 = 0.005$

n \ m	1	2	3	4	5	6	7	8	9	10
1	–									
2	–	–								
3	–	–	–							
4	–	–	–	–						
5	–	–	–	–	15					
6	–	–	–	10	16	23				
7	–	–	–	10	16	24	32			
8	–	–	–	11	17	25	34	43		
9	–	–	6	11	18	26	35	45	56	
10	–	–	6	12	19	27	37	47	58	71
11	–	–	6	12	20	28	38	49	61	73
12	–	–	7	13	21	30	40	51	63	76
13	–	–	7	13	22	31	41	53	65	79
14	–	–	7	14	22	32	43	54	67	81
15	–	–	8	15	23	33	44	56	69	84
16	–	–	8	15	24	34	46	58	72	86
17	–	–	8	16	25	36	47	60	74	89
18	–	–	8	16	26	37	49	62	76	92
19	–	3	9	17	27	38	50	64	78	94
20	–	3	9	18	28	39	52	66	81	97

n \ m	11	12	13	14	15	16	17	18	19	20
1										
2										
3										
4										
5										
6										
7										
8										
9										
10										
11	87									
12	90	105								
13	93	109	125							
14	96	112	129	147						
15	99	115	133	151	171					
16	102	119	136	155	175	196				
17	105	122	140	159	180	201	223			
18	108	125	144	163	184	206	228	252		
19	111	129	148	168	189	210	234	258	283	
20	114	132	151	172	193	215	239	263	289	315

付表7c ウイルコクソンの順位和検定（対応のない2組の標本）

（片側検定－下側棄却限界値 $T_{0.05}$）　$\alpha = 0.05$

n \ m	1	2	3	4	5	6	7	8	9	10
1	−									
2	−	−								
3	−	−	6							
4	−	−	6	11						
5	−	3	7	12	19					
6	−	3	8	13	20	28				
7	−	3	8	14	21	29	39			
8	−	4	9	15	23	31	41	51		
9	−	4	10	16	24	33	43	54	66	
10	−	4	10	17	26	35	45	56	69	82
11	−	4	11	18	27	37	47	59	72	86
12	−	5	11	19	28	38	49	62	75	89
13	−	5	12	20	30	40	52	64	78	92
14	−	6	13	21	31	42	54	67	81	96
15	−	6	13	22	33	44	56	69	84	99
16	−	6	14	24	34	46	58	72	87	103
17	−	6	15	25	35	47	61	75	90	106
18	−	7	15	26	37	49	63	77	93	110
19	1	7	16	27	38	51	65	80	96	113
20	1	7	17	28	40	53	67	83	99	117

n \ m	11	12	13	14	15	16	17	18	19	20
1										
2										
3										
4										
5										
6										
7										
8										
9										
10										
11	100									
12	104	120								
13	108	125	142							
14	112	129	147	166						
15	116	133	152	171	192					
16	120	138	156	176	197	219				
17	123	142	161	182	203	225	249			
18	127	146	166	187	208	231	255	280		
19	131	150	171	192	214	237	262	287	313	
20	135	155	175	197	220	243	268	294	320	348

付表7d ウイルコクソンの順位和検定（対応のない2組の標本）

（片側検定－下側棄却限界値 $T_{0.01}$）　$\alpha = 0.01$

n \ m	1	2	3	4	5	6	7	8	9	10
1	-									
2	-	-								
3	-	-	-							
4	-	-	-	-						
5	-	-	-	10	16					
6	-	-	-	11	17	24				
7	-	-	6	11	18	25	34			
8	-	-	6	12	19	27	35	45		
9	-	-	7	13	20	28	37	47	59	
10	-	-	7	13	21	29	39	49	61	74
11	-	-	7	14	22	30	40	51	63	77
12	-	-	8	15	23	32	42	53	66	79
13	-	3	8	15	24	33	44	56	68	82
14	-	3	8	16	25	34	45	58	71	85
15	-	3	9	17	26	36	47	60	73	88
16	-	3	9	17	27	37	49	62	76	91
17	-	3	10	18	28	39	51	64	78	93
18	-	3	10	19	29	40	52	66	81	96
19	-	4	10	19	30	41	54	68	83	99
20	-	4	11	20	31	43	56	70	85	102

n \ m	11	12	13	14	15	16	17	18	19	20
1										
2										
3										
4										
5										
6										
7										
8										
9										
10										
11	91									
12	94	109								
13	97	113	130							
14	100	116	134	152						
15	103	120	138	156	176					
16	107	124	142	161	181	202				
17	110	127	146	165	186	207	230			
18	113	131	150	170	190	212	235	259		
19	116	134	154	174	195	218	241	265	291	
20	119	138	158	178	200	223	246	271	297	324

注1) 対応のない場合のウイルコクソンの検定における順位和 T の下側の棄却限界値 ($T_{\alpha/2}$ および T_α) を示します．たとえば片側検定における $m=10$, $n=12$ の下側5％棄却限界値は表7cから $T_{0.05}=89$ となります．

注2) 上側の棄却限界値 ($T_{\alpha/2}{}^*$, $T_\alpha{}^*$) は，次式で求められます．
両側検定：$T_{\alpha/2}{}^* = m(m+n+1) - T_{\alpha/2}$，片側検定：$T_\alpha{}^* = m(m+n+1) - T_\alpha$
たとえば，表7cで $\alpha=0.05$ （片側検定），$m=15$, $n=20$ の下側棄却限界値220に対する上側棄却限界値は $T_{0.05}{}^* = 540 - 220 = 320$ となります．

注3) m と n がともに大きいときの下側棄却限界値（$T_{\alpha/2}$ および T_α）および上側棄却限界値（$T_{\alpha/2}{}^*$ および $T_\alpha{}^*$）は，標準正規分布の棄却限界値を両側検定のとき $u(\alpha/2)$，片側検定のとき $u_c = u(\alpha)$ とすると，次の近似式で求められます．

$$両側検定：T_{\alpha/2} = \frac{1}{2}m(m+n+1) - u(\alpha/2)\sqrt{\frac{1}{12}mn(m+n+1)}$$

$$片側検定：T_\alpha = \frac{1}{2}m(m+n+1) - u(\alpha)\sqrt{\frac{1}{12}mn(m+n+1)}$$

$$両側検定：T_{\alpha/2}{}^* = \frac{1}{2}m(m+n+1) + u(\alpha/2)\sqrt{\frac{1}{12}mn(m+n+1)}$$

$$片側検定：T_\alpha{}^* = \frac{1}{2}m(m+n+1) + u(\alpha)\sqrt{\frac{1}{12}mn(m+n+1)}$$

$\alpha=0.05$（片側検定），$m=15$, $n=20$ の下側棄却限界値は，表7cの220に対して，この式で計算した値は $T_{0.05} = 15 \times (15+20+1)/2 - 1.645\sqrt{15 \times 20 \times 36/12} = 220.65$ となります．

注4) マン・ホイットニー検定での棄却限界値は簡単な漸化式で求められ，それより式12.7a, 12.7bを用いて表7a〜7dが示すウイルコクソンの棄却限界値が求められます（『統計数値表』1972 解説 p.142参照）．

付表8a ワルド・ウォルフォヴィッツの連検定（対応のない2組の標本）
（説明は p.266）（下側棄却限界値 $r_{0.05}$） 片側検定　$\alpha=0.05$

m	n	$r_{0.05}$	m	n	$r_{0.05}$	m	n	$r_{0.05}$	m	n	$r_{0.05}$
4	4	2	7	7	4	10	19	9		18	13
	5	2		8	4		20	9		19	13
	6	3		9	5	11	11	7		20	13
	7	3		10	5		12	8	18	18	13
	8	3		11	5		13	8		19	14
	9	3		12	6		14	8		20	14
	10	3		13	6		15	9	19	19	14
	11	3		14	6		16	9		20	14
	12	4		15	6		17	9	20	20	15
	13	4		16	6		18	10	21	21	16
	14	4		17	7		19	10	22	22	17
	15	4		18	7		20	10	23	23	17
	16	4		19	7	12	12	8	24	24	18
	17	4		20	7		13	9	25	25	19
	18	4	8	8	5		14	9	26	26	20
	19	4		9	5		15	9	27	27	21
	20	4		10	6		16	10	28	28	22
5	5	3		11	6		17	10	29	29	23
	6	3		12	6		18	10	30	30	24
	7	3		13	6		19	10	31	31	25
	8	3		14	7		20	11	32	32	25
	9	4		15	7	13	13	9	33	33	26
	10	4		16	7		14	9	34	34	27
	11	4		17	7		15	10	35	35	28
	12	4		18	8		16	10	36	36	29
	13	4		19	8		17	10	37	37	30
	14	5		20	8		18	11	38	38	31
	15	5	9	9	6		19	11	39	39	32
	16	5		10	6		20	11	40	40	33
	17	5		11	6	14	14	10	41	41	34
	18	5		12	7		15	10	42	42	35

m	n	$r_{0.05}$	m	n	$r_{0.05}$	m	n	$r_{0.05}$	m	n	$r_{0.05}$
	19	5	13		7		16	11	43	43	35
	20	5	14		7		17	11	44	44	36
6	6	3	15		8		18	11	45	45	37
	7	4	16		8		19	12	46	46	38
	8	4	17		8		20	12	47	47	39
	9	4	18		8	15	15	11	48	48	40
	10	5	19		8		16	11	49	49	41
	11	5	20		9		17	11	50	50	42
	12	5	10	10	6		18	12			
	13	5	11		7		19	12			
	14	5	12		7		20	12			
	15	6	13		8	16	16	11			
	16	6	14		8		17	12			
	17	6	15		8		18	12			
	18	6	16		8		19	13			
	19	6	17		9		20	13			
	20	6	18		9	17	17	12			

付表 8b ワルド・ウォルフォヴィッツの連検定（対応のない2組の標本）

（下側棄却限界値 $r_{0.01}$）　　片側検定　$\alpha = 0.01$

m	n	$r_{0.01}$	m	n	$r_{0.01}$	m	n	$r_{0.01}$	m	n	$r_{0.01}$
4	4	–	7	7	3	10	19	8		18	11
	5	–		8	3		20	8		19	11
	6	2		9	4	11	11	6		20	11
	7	2		10	4		12	6	18	18	11
	8	2		11	4		13	6		19	12
	9	2		12	4		14	7		20	12
	10	2		13	5		15	7	19	19	12
	11	2		14	5		16	7		20	12
	12	3		15	5		17	8	20	20	13
	13	3		16	5		18	8	21	21	14
	14	3		17	5		19	8	22	22	14
	15	3		18	5		20	8	23	23	15
	16	3		19	6	12	12	7	24	24	16
	17	3		20	6		13	7	25	25	17
	18	3	8	8	4		14	7	26	26	18
	19	3		9	4		15	8	27	27	19
	20	3		10	4		16	8	28	28	19
5	5	2		11	5		17	8	29	29	20
	6	2		12	5		18	8	30	30	21
	7	2		13	5		19	9	31	31	22
	8	2		14	5		20	9	32	32	23
	9	3		15	5	13	13	7	33	33	24
	10	3		16	6		14	8	34	34	25
	11	3		17	6		15	8	35	35	25
	12	3		18	6		16	8	36	36	26
	13	3		19	6		17	9	37	37	27
	14	3		20	6		18	9	38	38	28
	15	4	9	9	4		19	9	39	39	29
	16	4		10	5		20	10	40	40	30
	17	4		11	5	14	14	8	41	41	31
	18	4		12	5		15	8	42	42	31

m	n	$r_{0.01}$	m	n	$r_{0.01}$	m	n	$r_{0.01}$	m	n	$r_{0.01}$
	19	4		13	6		16	9	43	43	32
	20	4		14	6		17	9	44	44	33
6	6	2		15	6		18	9	45	45	34
	7	3		16	6		19	10	46	46	35
	8	3		17	7		20	10	47	47	36
	9	3		18	7	15	15	9	48	48	37
	10	3		19	7		16	9	49	49	38
	11	4		20	7		17	10	50	50	38
	12	4	10	10	5		18	10			
	13	4		11	5		19	10			
	14	4		12	6		20	11			
	15	4		13	6	16	16	10			
	16	4		14	6		17	10			
	17	5		15	7		18	10			
	18	5		16	7		19	11			
	19	5		17	7		20	11			
	20	5		18	7	17	17	10			

注1) 連検定における連数についての下側棄却限界値 r_α を示します．ここでは，下側確率による片側検定だけを示します．2つの母集団が異なる場合は，連の数が小さい方向にのみ変化すると考えられるからです．

注2) 個数の少ないほうの数を m，多いほうを n として下側棄却限界値を読みとります．たとえば5％水準のときの $m=10$, $n=15$ に対する連数の下側棄却限界値は8となります．

注3) m, n が大きいときの r_α は，標準正規分布の棄却限界値を $u(\alpha)$（片側検定）とすると，次の近似式で求められます．

$$r_\alpha = \frac{2mn}{m+n} + 1 - u(\alpha)\sqrt{\frac{2mn(2mn-m-n)}{(m+n)^2(m+n-1)}}$$

さらに $m=n$ で，m が大きいときの r_α は，次の近似式で求められます．

$$r_\alpha = m + 1 - u(\alpha)\sqrt{\frac{m(m-1)}{2m-1}} \approx m - u(\alpha)\sqrt{\frac{m}{2}}$$

注4) m 個の A と n 個の B をランダムに並べたとき，可能な文字列は全部で ${}_{m+n}C_m$ とおりあります．また連の数が r_0 となる確率は，以下で与えられます．

$$P(r=r_0) = \begin{cases} 2\,{}_{m-1}C_{k-1}\,{}_{n-1}C_{k-1} / {}_{m+n}C_m & (r_0 = 2k) \\ \{{}_{m-1}C_{k-1}\,{}_{n-1}C_{k-2} + {}_{m-1}C_{k-2}\,{}_{n-1}C_{k-1}\} / {}_{m+n}C_m & (r_0 = 2k-1) \end{cases}$$

付表9 ウイルコクソンの符号つき順位和検定（対応のある2組の標本）
(説明は p.268)
(下側棄却限界値 $T_{\alpha/2}$ および T_α)

n	両側検定 $T_{\alpha/2}$		片側検定 T_α	
	$T_{0.025}$	$T_{0.005}$	$T_{0.05}$	$T_{0.01}$
5	–	–	0	–
6	0	–	2	–
7	2	–	3	0
8	3	0	5	1
9	5	1	8	3
10	8	3	10	5
11	10	5	13	7
12	13	7	17	9
13	17	9	21	12
14	21	12	25	15
15	25	15	30	19
16	29	19	35	23
17	34	23	41	27
18	40	27	47	32
19	46	32	53	37
20	52	37	60	43
21	58	42	67	49
22	65	48	75	55
23	73	54	83	62
24	81	61	91	69
25	89	68	100	76
26	98	75	110	84
27	107	83	119	92
28	116	91	130	101
29	126	100	140	110

n	両側検定 $T_{\alpha/2}$		片側検定 T_α	
	$T_{0.025}$	$T_{0.005}$	$T_{0.05}$	$T_{0.01}$
30	137	109	151	120
31	147	118	163	130
32	159	128	175	140
33	170	138	187	151
34	182	148	200	162
35	195	159	213	173
36	208	171	227	185
37	221	182	241	198
38	235	194	256	211
39	249	207	271	224
40	264	220	286	238
41	279	233	302	252
42	294	247	319	266
43	310	261	336	281
44	327	276	353	296
45	343	291	371	312
46	361	307	389	328
47	378	322	407	345
48	396	339	426	362
49	415	355	446	379
50	434	373	466	397

注1) 対応のある場合のウイルコクソンの検定における順位和 T の下側の棄却限界値 ($T_{\alpha/2}$ および T_α) を示します．たとえば5％水準での両側検定（$\alpha/2=0.025$）および片側検定（$\alpha=0.05$）における $n=20$ の場合の下側棄却限界値は，それぞれ $T_{\alpha/2}=52$，$T_\alpha=60$ となります．

注2) 上側の棄却限界値 ($T_{\alpha/2}^{*}$, T_α^{*}) は，次式から求められます．
   両側検定：$T_{\alpha/2}^{*}=n(n+1)/2-T_{\alpha/2}$，片側検定：$T_\alpha^{*}=n(n+1)/2-T_\alpha$
   たとえば $n=30$ の場合に両側検定で $\alpha/2=0.025$ における上側の棄却限界値は
   $T_{\alpha/2}^{*}==30\times(30+1)/2-137=328$ となります．

注3) n が大きいときの $T_{\alpha/2}$ または T_α は，標準正規分布の棄却限界値を両側検定のとき $u(\alpha/2)$，片側検定のとき $u(\alpha)$ とすると，次の近似式で求められます．

   両側検定：$T_{\alpha/2}=n(n+1)/4-u(\alpha/2)\sqrt{n(n+1)(2n+1)/24}$
   片側検定：$T_\alpha=n(n+1)/4-u(\alpha)\sqrt{n(n+1)(2n+1)/24}$

   たとえば $n=50$ のとき片側検定で $\alpha=0.05$ の棄却限界値は，表の値466に対して
   $$T_{0.05}=50\times(50+1)/4-1.645\sqrt{50(50+1)(2\times50+1)/24}=467.1$$
   となります．

注4) $f(T,n)$ を T の値が得られるような場合の数とするとき，次の漸化式が成り立ちます．
   $$f(T;n)=f(T;n-1)+f(T-n;n-1)$$
   ただし，$f(T;n)=0$　　　$T<0$ および $T>\frac{1}{2}n(n+1)$ のとき
   $f(0;1)=1$, $f(1;1)=1$

   これより累積度数を求め，さらに累積度数を全度数（2^n）で割ってたとえば片側検定の $\alpha=0.05$ の棄却限界値の場合は0.05を超えない最大の値を与える T を求めることができます．

(338)

付表10 符号検定（対応のある2組の標本）（説明は p.271）
（下側棄却限界値 $S_{\alpha/2}$ および S_α）

n	両側検定 $S_{\alpha/2}$		片側検定 S_α	
	$S_{0.025}$	$S_{0.005}$	$S_{0.05}$	$S_{0.01}$
4	−	−	−	−
5	−	−	0	−
6	0	−	0	−
7	0	−	0	0
8	0	0	1	0
9	1	0	1	0
10	1	0	1	0
11	1	0	2	1
12	2	1	2	1
13	2	1	3	1
14	2	1	3	2
15	3	2	3	2
16	3	2	4	2
17	4	2	4	3
18	4	3	5	3
19	4	3	5	4
20	5	3	5	4
21	5	4	6	4
22	5	4	6	5
23	6	4	7	5
24	6	5	7	5
25	7	5	7	6
26	7	6	8	6
27	7	6	8	7
28	8	6	9	7
29	8	7	9	7

n	両側検定 $S_{\alpha/2}$		片側検定 S_α	
	$S_{0.025}$	$S_{0.005}$	$S_{0.05}$	$S_{0.01}$
30	9	7	10	8
31	9	7	10	8
32	9	8	10	8
33	10	8	11	9
34	10	9	11	9
35	11	9	12	10
36	11	9	12	10
37	12	10	13	10
38	12	10	13	11
39	12	11	13	11
40	13	11	14	12
41	13	11	14	12
42	14	12	15	13
43	14	12	15	13
44	15	13	16	13
45	15	13	16	14
46	15	13	16	14
47	16	14	17	15
48	16	14	17	15
49	17	15	18	15
50	17	15	18	16
52	18	16	19	17
54	19	17	20	18
56	20	17	21	18
58	21	18	22	19
60	21	19	23	20
62	22	20	24	21
64	23	21	24	22

n	両側検定 $S_{\alpha/2}$		片側検定 S_α	
	$S_{0.025}$	$S_{0.005}$	$S_{0.05}$	$S_{0.01}$
66	24	22	25	23
68	25	22	26	23
70	26	23	27	24
72	27	24	28	25
74	28	25	29	26
76	28	26	30	27
78	29	27	31	28
80	30	28	32	29
82	31	28	33	30
84	32	29	33	30
86	33	30	34	31
88	34	31	35	32
90	35	32	36	33
92	36	33	37	34
94	37	34	38	35
96	37	34	39	36
98	38	35	40	37
100	39	36	41	37
110	44	41	45	42
120	48	45	50	46
130	53	49	55	51
140	57	54	59	55
150	62	58	64	60
160	67	63	69	64
170	71	67	73	69
180	76	72	78	73
190	81	76	83	78
200	85	81	87	83

n	両側検定 $S_{a/2}$		片側検定 S_a	
	$S_{0.025}$	$S_{0.005}$	$S_{0.05}$	$S_{0.01}$
220	94	90	97	92
240	104	99	106	101
260	113	108	116	110
280	123	117	125	120
300	132	127	135	129
320	141	136	144	138
340	151	145	154	148
360	160	155	163	157
380	170	164	173	166
400	179	173	183	176
420	189	183	192	185
440	198	192	202	195
460	208	201	211	204
480	218	211	221	214
500	227	220	231	223
550	251	244	255	247
600	275	267	279	271
650	299	291	303	294
700	323	315	327	318
750	347	339	351	342
800	371	363	376	366
850	395	386	400	390
900	420	410	424	414
950	444	434	449	438
1000	468	458	473	462

注1) 符号検定における下側棄却限界値（$S_{\alpha/2}$ および S_α）を示します．たとえば5％水準での両側検定における $n=300$ の場合の下側棄却限界値は $\alpha/2=0.025$ の列の $n=300$ の行を読み $S_{0.025}=132$ を得ます．また5％水準での片側検定おける $n=300$ の場合の下側棄却限界値は，$\alpha=0.05$ の列の $n=300$ の行から $S_{0.05}=135$ を得ます．

注2) 上側の棄却限界値（$S_{\alpha/2}^*, S_\alpha^*$）は，次式から求められます．
　　両側検定：$S_{\alpha/2}^* = n - S_{\alpha/2}$，片側検定：$S_\alpha^* = n - S_\alpha$
たとえば $n=300$ の場合の5％水準での両側検定の上側棄却限界値は $S_{0.025}^* = 300 - 132 = 168$ となります．また5％水準での片側検定の上側棄却限界値は，$S_{0.05}^* = 300 - 135 = 165$ となります．

注3) n が大きいときの下側棄却限界値は，標準正規分布の棄却限界値を，両側検定のとき $u(\alpha/2)$，片側検定のとき $u(\alpha)$ とすると，次の近似式で求められます．
　　両側検定：$S_{\alpha/2} = (n - u(\alpha/2)\sqrt{n})/2$，片側検定：$S_\alpha = (n - u(\alpha)\sqrt{n})/2$
たとえば $n=300$ の場合の5％水準での両側検定の下側棄却限界値は，表では132であるのに対して，近似式では $u(0.025)=1.960$ より $S_{0.025} = (300 - 1.960\sqrt{300})/2 = 133.03$ となります．

付表 11　スピアマンの順位相関係数　　（説明は p.277）
　　　　　（下側棄却限界値 $S_{\alpha/2}$ および S_α）

n	両側検定 $S_{\alpha/2}$		片側検定 S_α	
	$S_{0.025}$	$S_{0.005}$	$S_{0.05}$	$S_{0.01}$
4			0 [1.000] (.0417)	
5	0 [1.000] (.0083)		2 [.900] (.0417)	0 [1.000] (.0083)
6	4 [.886] (.0167)	0 [1.000] (.0014)	6 [.829] (.0292)	2 [.943] (.0083)
7	12 [.786] (.0240)	4 [.929] (.0034)	16 [.714] (.0440)	6 [.893] (.0062)
8	22 [.738] (.0229)	10 [.881] (.0036)	30 [.643] (.0481)	14 [.833] (.0077)
9	36 [.700] (.0216)	20 [.833] (.0041)	48 [.600] (.0484)	26 [.783] (.0086)
10	58 [.648] (.0245)	34 [.794] (.0044)	72 [.564] (.0481)	42 [.745] (.0087)
11	84 [.618] (.0239)	54 [.754] (.0049)	102 [.536] (.0470)	64 [.709] (.0091)
12	118 [.587] (.0244)	78 [.727] (.0048)	142 [.504] (.0494)	92 [.678] (.0093)
13	[.560]	[.703]	[.484]	[.648]
14	[.538]	[.679]	[.464]	[.626]
15	[.521]	[.654]	[.446]	[.604]
16	[.503]	[.635]	[.429]	[.582]
17	[.485]	[.615]	[.414]	[.566]
18	[.472]	[.600]	[.401]	[.550]
19	[.460]	[.584]	[.391]	[.535]
20	[.447]	[.570]	[.380]	[.520]
22	[.425]	[.544]	[.361]	[.496]
24	[.406]	[.521]	[.344]	[.476]
26	[.390]	[.501]	[.331]	[.457]
28	[.375]	[.483]	[.317]	[.440]
30	[.362]	[.467]	[.306]	[.425]
35	[.335]	[.433]	[.283]	[.394]
40	[.313]	[.405]	[.264]	[.368]
45	[.294]	[.382]	[.248]	[.347]
50	[.279]	[.363]	[.235]	[.329]
60	[.255]	[.331]	[.214]	[.300]
70	[.235]	[.307]	[.198]	[.278]
80	[.220]	[.287]	[.185]	[.260]
90	[.207]	[.271]	[.174]	[.245]
100	[.197]	[.257]	[.165]	[.233]

注1) スピアマンの順位相関係数における S 値の下側棄却限界値 ($S_{α/2}$ および $S_α$) を与えます。
[ ] 内は S 値に対応する順位相関係数 (小数点4けた四捨五入), ( ) 内は正確な下側確率を示します。

注2) S 値の上側棄却限界値 ($S_{α/2}^*$, $S_α^*$) は, 次式で求められます。

$$両側検定: S_{α/2}^* = \frac{1}{3}(n^3-n) - S_{α/2}, \quad 片側検定: S_α^* = \frac{1}{3}(n^3-n) - S_α$$

注3) たとえば5%水準の両側検定 ($α/2 = 0.025$) における $n=10$ における下側棄却限界値は58, 順位相関係数は0.648, 対応する正確な下側確率は0.0245となります。上側棄却限界値は

$$S_{0.025}^* = \frac{1}{3}(10^3 - 10) - 58 = 272$$

です。標本の S 値が下側棄却限界値より小さいか, 上側棄却限界値より大きいとき, それぞれ有意な正相関または負相関が認められ, 帰無仮説が棄却されます。

注4) n が大きいときの $S_{α/2}$ および $S_α$ は, 標準正規分布の棄却限界値を, 両側検定のとき $u(α/2)$, 片側検定のとき $u(α)$ とすると, 次の近似式で求められます。

$$両側検定: S_{α/2} = \frac{1}{6}(n^3-n)\left(1 - \frac{u(α/2)}{\sqrt{n-1}}\right) + 1,$$

$$片側検定: S_α = \frac{1}{6}(n^3-n)\left(1 - \frac{u(α)}{\sqrt{n-1}}\right) + 1$$

たとえば5%水準での両側検定 ($α/2$) における $n=12$ の場合のパーセント点は, 表の値118に対して, 上式では

$$S_{0.025} = \frac{1}{6}(12^3 - 12)\left(1 - \frac{1.960}{\sqrt{12-1}}\right) + 1 = 117.98$$

となります。ただしこの近似式は一般に正規分布への近づきかたが遅く, 同じ $n=12$ の場合でも1%水準での両側検定, 5%水準での片側検定, 1%水準での片側検定では, 表の値78, 142, 92に対して, 近似式による値はそれぞれ64.9, 145.1, 86.4となります。

注5) 順位相関係数 r_s の上側棄却限界値 (r_s) および下側棄却限界値 (r_s^*) は次式で与えられます。

$$r_s = 1 - \frac{6S_α}{n(n^2-1)}$$

$$r_s^* = -r_s$$

付表12 ケンドールの順位相関係数　(説明は p.280)
(上側棄却限界値 $K_{\alpha/2}$ および K_α)

n	両側検定 $K_{\alpha/2}$		片側検定 K_α	
	$S_{0.025}$	$S_{0.005}$	$S_{0.05}$	$S_{0.01}$
4			6 [1.000] (.0417)	
5	10 [1.000] (.0083)		8 [.800] (.0417)	10 [1.000] (.0083)
6	13 [.867] (.0083)	15 [1.000] (.0014)	11 [.733] (.0278)	13 [.867] (.0083)
7	15 [.714] (.0151)	19 [.905] (.0014)	13 [.619] (.0345)	17 [.810] (.0054)
8	18 [.643] (.0156)	22 [.786] (.0028)	16 [.571] (.0305)	20 [.714] (.0071)
9	20 [.556] (.0223)	26 [.722] (.0029)	18 [.500] (.0376)	24 [.667] (.0063)
10	23 [.511] (.0233)	29 [.644] (.0046)	21 [.467] (.0363)	27 [.600] (.0083)
11	27 [.491] (.0203)	33 [.600] (.0050)	23 [.418] (.0433)	31 [.564] (.0083)
12	30 [.455] (.0224)	38 [.576] (.0044)	26 [.394] (.0432)	36 [.545] (.0069)
13	34 [.436] (.0211)	44 [.564] (.0033)	28 [.359] (.0500)	40 [.513] (.0075)
14	37 [.407] (.0236)	47 [.516] (.0049)	33 [.363] (.0397)	43 [.473] (.0096)
15	41 [.390] (.0231)	53 [.505] (.0041)	35 [.333] (.0463)	49 [.467] (.0078)
16	46 [.383] (.0206)	58 [.483] (.0043)	38 [.317] (.0480)	52 [.433] (.0099)
17	50 [.368] (.0211)	64 [.471] (.0040)	42 [.309] (.0457)	58 [.426] (.0086)
18	53 [.346] (.0239)	69 [.451] (.0043)	45 [.294] (.0479)	63 [.412] (.0086)
19	57 [.333] (.0245)	75 [.439] (.0041)	49 [.287] (.0466)	67 [.392] (.0097)
20	62 [.326] (.0234)	80 [.421] (.0045)	52 [.274] (.0492)	72 [.379] (.0099)
21	66 [.314] (.0244)	86 [.410] (.0045)	56 [.267] (.0485)	78 [.371] (.0093)
22	71 [.307] (.0237)	91 [.394] (.0050)	61 [.264] (.0454)	83 [.359] (.0097)
23	75 [.296] (.0249)	99 [.391] (.0043)	65 [.257] (.0456)	89 [.352] (.0094)
24	80 [.290] (.0246)	104 [.377] (.0048)	68 [.246] (.0484)	94 [.341] (.0099)
25	86 [.287] (.0232)	110 [.367] (.0049)	72 [.240] (.0488)	100 [.333] (.0098)
26	91 [.280] (.0233)	117 [.360] (.0048)	77 [.237] (.0471)	107 [.329] (.0092)
27	95 [.271] (.0247)	125 [.356] (.0044)	81 [.231] (.0478)	113 [.322] (.0093)
28	100 [.265] (.0249)	130 [.344] (.0049)	86 [.228] (.0466)	118 [.312] (.0099)
29	106 [.261] (.0241)	138 [.340] (.0047)	90 [.222] (.0476)	126 [.310] (.0090)
30	111 [.255] (.0245)	145 [.333] (.0047)	95 [.218] (.0469)	131 [.301] (.0097)

注1) ケンドールの順位相関係数における K 値の上側棄却限界値 ($K_{\alpha/2}$ および K_α) を与えます。
[ ] 内は K 値に対応する順位相関係数 (小数点5けた四捨五入), ( ) 内は正確な上側確率を示します。

注2) 下側棄却限界値 ($K_{\alpha/2}^*$ および K_α^*) は,両側検定のとき $K_{\alpha/2}^* = -K_{\alpha/2}$, 片側検定のとき $K_\alpha^* = -K_\alpha$ で求められます。

注3) たとえば5%水準の両側検定 ($\alpha/2 = 0.025$) における $n = 20$ における上側棄却限界値は62, 順位相関係数は0.326, 対応する正確な上側確率は0.0234となります。下側棄却限界値は $K_{0.025}^* = -62$ です。

注4) n が大きいときの上側棄却限界値 ($K_{\alpha/2}$ および K_α) は,標準正規分布の棄却限界値を両側検定のとき $u(\alpha/2)$, 片側検定のとき $u(\alpha)$ とすると,次の近似式で求められます。

$$\text{両側検定}: K_{\alpha/2} = u(\alpha/2) \sqrt{\frac{1}{18} n(n-1)(2n+5)},$$

$$\text{片側検定}: K_\alpha = u(\alpha) \sqrt{\frac{1}{18} n(n-1)(2n+5)}$$

たとえば5%水準での両側検定 ($\alpha/2 = 0.025$) における $n = 30$ の場合のパーセント点は,表の値111に対して,上式では

$$K_{0.025} = 1.960 \sqrt{\frac{1}{18} 30(30-1)(2 \times 30 + 5)} = 109.9$$

となります。

注4) 順位相関係数 r_k は次式で与えられます。

$$r_k = \frac{2K}{n(n-1)}$$

注5) $f(K, n)$ を $(1, 2, \cdots, n)$ に対して,ある K の値が得られるような順列 ($y_1, y_2, \cdots, y_n$) の数とします。このとき次の漸化式が成り立つので (Kendall, 1948),これより $n+1$ の場合の度数,さらに累積度数を求めます。累積度数を全度数で割ってたとえば片側検定の $\alpha = 0.05$ の棄却限界値の場合は0.05を超えない最大の値を与える K を求めます。

$$f(K; n+1) = f(K-n; n) + f(K-n+2; n) + f(K-n+4; n) + \cdots$$
$$+ f(K+n-4; n) + f(K+n-2; n) + f(K+n; n)$$

ただし,$f(-1; 2) = 1, f(1; 2) = 1$

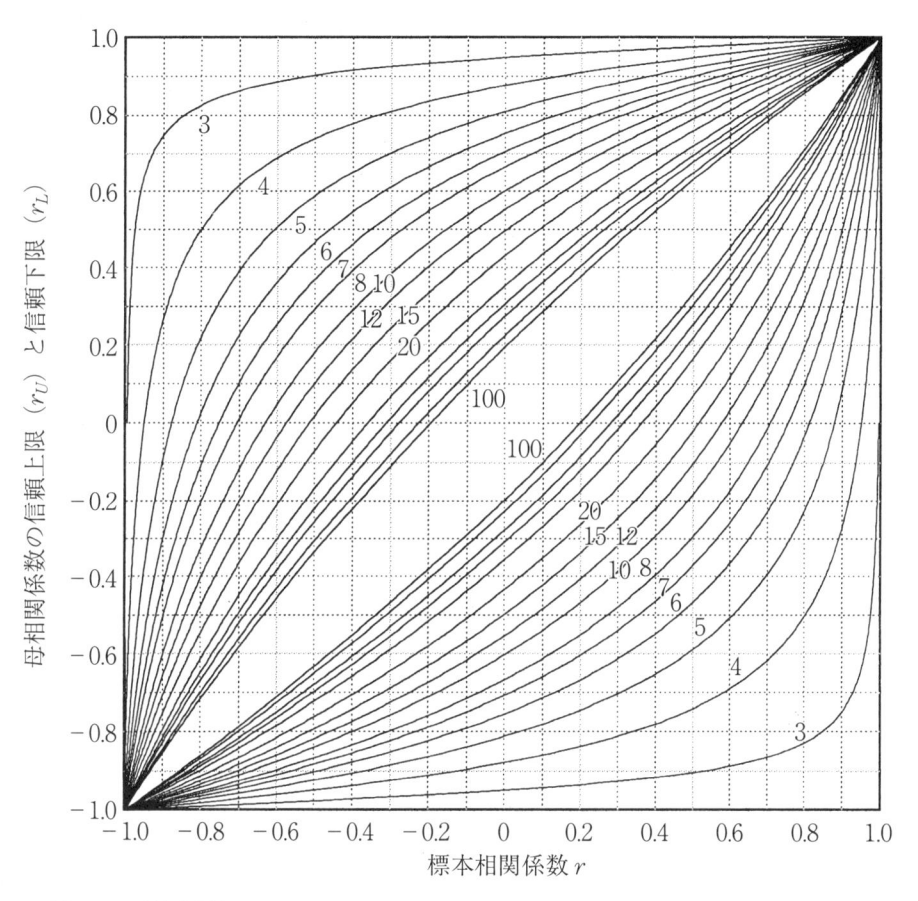

付図1a　信頼係数95％の場合の，標本相関係数（r）と標本サイズ（n）から，母相関係数の信頼区間を求めるための図．

上に凸の曲線は信頼上限，下に凸の曲線は信頼下限を表します．外側より $n=3, 4, 5, 6, 7, 8, 10, 12, 15, 20, 30, 40, 50, 75, 100$ の場合を示します．たとえば，標本サイズ（n）が20のときに，得られた標本相関係数（r）が0.8である場合には，横軸上の0.8の点を通り横軸に垂直な線を上に引き，$n=20$（自由度18）の場合の上に凸の曲線と下に凸の曲線と交わる点の高さ（縦軸の値）を読みとれば，それが信頼係数95％の場合の信頼区間の上限と下限になります．（本文248ページ参照）

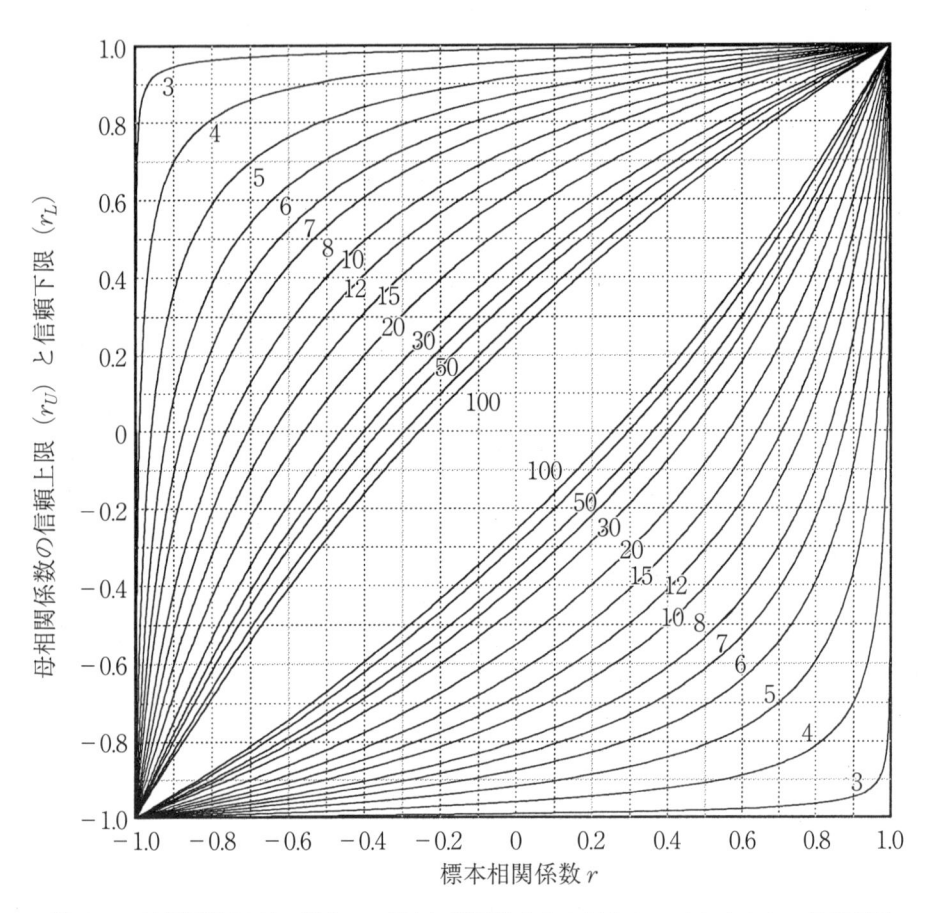

(348)

付図1b 信頼係数99%の場合の，標本相関係数（r）と標本サイズ（n）から，母相関係数の信頼区間を求めるための図．
上に凸の曲線は信頼上限，下に凸の曲線は信頼下限を表します．外側より $n=3, 4,$ 5, 6, 7, 8, 10, 12, 15, 20, 30, 40, 50, 75, 100 の場合を示します．たとえば，標本サイズ（n）が20のときに，得られた標本相関係数（r）が0.8である場合には，横軸上の0.8の点を通り横軸に垂直の線を上に引き，$n=20$（自由度18）の場合の上に凸の曲線と下に凸の曲線と交わる点の高さ（縦軸の値）を読みとれば，それが信頼係数99%の場合の信頼区間の上限と下限になります．（本文248ページ参照）

索　引

あ

ANOVA 174

い

イェーツの補正法 159
一因子実験 171
一元配置 171
一次因子 209
1％水準で有意である 118
1変量正規分布 241
一様分布 81, 288
一致推定量 97
一致性 97
因果関係 255
因子 171

う

ウイルコクソン 262
ウイルコクソンの順位和検定
　　　　　　　　　.......... 263, 321
ウイルコクソンの符号つき順位和検定
　　　　　　　　　.......... 268, 335
上片側検定 123
上側確率 76, 116
上側棄却域 117
ウェルチの検定 135
ウェルチの t 検定 136
ヴェン図 27
ウォルフォヴィッツ 266

え

エッジワース 240
F 検定 180
F 値 180
F 分布 143, 178, 293, 311
LSD 検定 192

お

応答変数 221

か

回帰係数 222, 224
回帰直線 222, 224
階級 6
階級値 7
カイ二乗検定 155
χ^2 分布 109, 152, 289, 309
階乗 49
ガウス 13, 71, 73, 223
確率 24, 31
確率関数 39
確率誤差 166, 167
確率分布 38
確率変数 37
確率密度 40, 73, 244
確率密度関数 39, 71, 242
仮説検定 112
片側仮説の検定 144
片側検定 118

偏り ………………………… 16, 97
加法定理 ……………………… 34
カルダーノ ………………… 25, 42
間隔尺度 ………………………… 4
緩尖 …………………………… 22
完全相関 ……………………… 241
完全無作為配置 ……………… 186
観測 …………………………… 2
観測値 ………………………… 3
観測度数 ……………………… 146
観測分布 ……………………… 5
ガンマ関数 …………………… 290
ガリレオ ……………………… 25
頑健 …………………………… 181

き

幾何分布 ……………………… 57
棄却 …………………………… 117
棄却域 ………………………… 117
棄却限界値 …………………… 119
危険率 ………………………… 120
記述統計学 …………………… 2
期待値 ……………… 40, 295, 296
期待度数 ……………………… 146
基本事象 ……………………… 30
帰無仮説 ……………………… 113
逆正弦変換 …………………… 182
客観的確率 …………………… 34
急尖 …………………………… 22
境界値 ………………………… 119
共通部分 ……………………… 29
共通要因 ……………………… 256
共分散 ………………………… 240

局所管理 ……………………… 171
曲線回帰 ……………………… 231
寄与率 ………………………… 255

く

空事象 ………………………… 31
空集合 ………………………… 27
区間推定 ……………………… 99
組合せ ………………………… 48
クラス ………………………… 6
クラメール・ラオの不等式 …… 98
グラント ……………………… 88
くり返し ……………………… 169
クルスカル・ウォリスの検定 …… 273

け

経験的確率 …………………… 32
経験分布 ……………………… 5
計数値データ ………………… 3
系統誤差 ……………………… 166
計量値データ ………………… 3
結合確率 ……………………… 34
欠測値 ………………………… 207
決定係数 ……………………… 255
ケトレー ……………………… 12
元 ……………………………… 26
限界値 ………………………… 119
検出力 ………………………… 122
検定仮説 ……………………… 113
検定力 ………………………… 122
ケンドール …………………… 280
ケンドールの順位相関係数 ‥ 280, 345

こ

交互作用 ·················· 200
高度に有意である ············ 118
誤差 ········ 166, 176, 186, 202, 210, 222, 227
ゴセット ······ 2, 60, 103, 193, 292
個体 ······················· 89
5％水準で有意である ·········· 118
コミにした分散 ·············· 107
ゴールトン ········ 71, 219, 239
コルモゴロフ ················ 34
コルモゴロフの公理 ············ 34

さ

サイコロふり ················ 48
最小2乗法 ·················· 223
最小有意差 ·················· 191
最小有意差検定 ·············· 192
再生性 ······················ 75
採択 ······················· 117
採択域 ····················· 117
最頻値 ······················ 14
最尤法 ······················ 92
差事象 ······················ 31
差集合 ······················ 30
サタースウエイトの近似法 ······ 136
残差 ······················· 227
算術平均 ····················· 12
サンクトペテルブルクのパラドックス 45
散布図 ····················· 246

し

シェパード ·················· 77
試行 ······················· 25
事後確率 ···················· 36
事象 ······················· 30
指数分布 ················ 82, 288
事前確率 ···················· 36
下片側検定 ················· 123
下側確率 ················ 76, 116
下側棄却域 ················· 117
実験当たりの有意水準 ········· 192
実験計画法 ················· 165
質的交互作用 ··············· 202
尺度 ························ 3
重回帰 ····················· 221
重回帰分析 ················· 234
集合 ······················· 26
従属変数 ··················· 221
自由度 ····················· 95
十分推定量 ·················· 98
十分性 ······················ 98
周辺度数 ··················· 155
主観的確率 ·················· 33
主効果 ····················· 200
主プロット ················· 209
主プロット因子 ············· 209
寿命 ······················· 84
順位数 ····················· 263
順位和 ····················· 264
純誤差 ····················· 230
順序ありデータ ··············· 3
順序なしデータ ··············· 3

条件つき確率 ………………… 35
処理 ……………………………172
白河法皇 ……………………… 24
信頼下限 ………………………101
信頼区間 … 101, 231, 232, 246, 347
信頼係数 ………………………101
信頼限界 ………………………101
信頼上限 ………………………101
順序尺度 ……………………… 4

す

水準 ……………………………172
推測統計学 …………………… 2
推定値 ………………………… 92
推定量 ………………………… 92
Student の t 分布 ……………102
ステューデント化された範囲
…………………… 193, 318
スピアマン ……………………277
スピアマンの順位相関係数 ‥ 277, 343
ズースミルヒ ………………… 1

せ

正規曲線 ……………………… 73
正規分布 ………… 64, 71, 288, 303
正規方程式 ……………………224
正相関 …………………………240
積事象 ………………………… 31
積和 ……………………………224
説明変数 ………………………221
セル ……………………………147
先験的確率 …………………… 32
尖度 …………………………… 21

全事象 ………………………… 30
全集合 ………………………… 26

そ

相加的 …………………………202
相関 ……………………………239
相関係数 ………………… 245, 316
相対度数 ……………………… 7

た

第一種の誤り …………………120
対称性の適合度検定 …………160
対称分布 ……………………… 19
対数変換 ………………………182
第二種の誤り …………………122
対立仮説 ………………………114
多因子計画 ……………………198
たがいに素 …………………… 28
多項分布 ……………………… 56
多重比較 ………………………192
多変量正規分布 ………………241
単回帰 …………………………221
ダンカンの方法 ………………194
単純効果 ………………………200
代表値 ………………………… 12

ち

中央値 ………………………… 13
中心極限定理 ………………… 81
中心傾向 ……………………… 11
超幾何分布 …………… 53, 58, 68
直交表 …………………………198
散らばり ………………… 11, 15

索 引 (353)

つ

対比較 ……………………191
壺モデル ………… 53, 57, 58, 60

て

定誤差 ……………………166
t 分布 …… 102, 128, 250, 291, 307
デヴィッド ………………247
適合度検定 ………………146
データ変換 ………………181
テューキーの方法 …………192
点推定 ……………………92
点推定量 …………………92
データ ……………………2

と

等確率楕円 ………………244
統計 ………………………1
統計学 ……………………1
統計学的仮説検定 …………112
統計値 ……………………92
統計的推定 ………………89
統計的推測 ………………89
統計モデル ……176, 186, 202, 210
統計量 ……………………92
とがり ……………………22
独立 ………………………36
独立性の検定 ……………154
独立変数 …………………221
ド・モアヴル ……………61, 71
同時確率 …………………34
度数 ………………………6

度数分布 …………………6
度数分布表 ………………5

な

ナイチンゲール ……………8

に

二因子交互作用 …………201
二因子実験 …………171, 199
二元配置 …………………171
二項確率 …………………51
二項係数 …………………50
二項分布 · 50, 63, 79, 152, 285, 286
二次因子 …………………209
2標本問題 ………………130
2変量正規分布 …………241
2変量標準正規分布 ………242

ね

ネイピア …………………62, 71
ネイマン ……………101, 112

は

バイアス …………………97
排反事象 …………………31
パスカル …………………25, 43
外れ値 ……………………11
パーセント点 ……………79, 119
バラツキ …………………15
パラメータ …………51, 91, 222
パラメトリック検定 ………262
範囲 ………………………15
反復 ………………………168

ひ

ピアソン ・・・・・・・・・・・・・・・ 2, 14, 18
ピアソンの積率相関係数 ・・・・・・・・・・ 240
比較当たりの有意水準 ・・・・・・・・・・・・ 192
比尺度 ・・・・・・・・・・・・・・・・・・・・・・・・・・ 4
ヒストグラム ・・・・・・・・・・・・・・・・・・・・ 9
左片側検定 ・・・・・・・・・・・・・・・・・・・・ 123
p 値 ・・・・・・・・・・・・・・・・・・・・・・・・・・ 117
非復元抽出 ・・・・・・・・・・・・・・・・・・・・ 53
標識再捕の Petersen 法 ・・・・・・・・・・・・ 69
標準誤差 ・・・・・・・・・・・・ 96, 102, 107
標準正規分布 ・・・・・・・・・・・・・・ 77, 303
標準偏差 ・・・・・・・・・・・・・・・・・・ 18, 96
標本 ・・・・・・・・・・・・・・・・・・・・・・・・・・ 89
標本空間 ・・・・・・・・・・・・・・・・・・・・・・ 30
標本サイズ ・・・・・・・・・・・・・・・ 91, 247
標本相関係数 ・・・・・・・・・・・・・・・・・・ 246
標本点 ・・・・・・・・・・・・・・・・・・・・・・・・ 30
標本不偏分散 ・・・・・・・・・・・・・・・・・・ 94
標本分散 ・・・・・・・・・・・・・・ 104, 295
広がり ・・・・・・・・・・・・・・・・・・・・・・・・ 15
頻度 ・・・・・・・・・・・・・・・・・・・・・・・・・・ 8
頻度説 ・・・・・・・・・・・・・・・・・・・・・・・・ 32

ふ

ファジー集合 ・・・・・・・・・・・・・・・・・・ 26
フィッシャー ・・・・・・ 2, 17, 51, 71, 97,
　　　　112, 166, 198, 246, 292
フィッシャーの3原則 ・・・・・・・・・・・・ 168
フィッシャーの制約付 LSD ・・・・・・・・ 192
フィッシャーの z 変換 ・・・・・・・・・・・・ 248
フィッシャーの直接確率検定 ・・・・・・ 157
フェルマー ・・・・・・・・・・・・・・・・・・・・ 25
不完備型ブロック計画 ・・・・・・・・・・・・ 185
復元抽出 ・・・・・・・・・・・・・・・・・・・・・・ 53
副プロット ・・・・・・・・・・・・・・・・・・・・ 209
副プロット因子 ・・・・・・・・・・・・・・・・ 209
符号検定 ・・・・・・・・・・・・・・・ 271, 338
負相関 ・・・・・・・・・・・・・・・・・・・・・・・・ 240
負の二項分布 ・・・・・・・・・・・・ 53, 59, 63
不偏推定量 ・・・・・・・・・・・・・・・・・・・・ 97
不偏性 ・・・・・・・・・・・・・・・・・・・・・・・・ 97
不偏分散 ・・・・・・・・・・・・・ 94, 98, 176
フリードマン ・・・・・・・・・・・・・・・・・・ 275
フリードマンの検定 ・・・・・・・・・・・・・・ 275
プールした分散 ・・・・・・・・・・・・・・・・ 107
ブロック ・・・・・・・・・・・・・・・・・・・・・・ 171
プロット ・・・・・・・・・・・・・・ 169, 209
分割表 ・・・・・・・・・・・・・・・・・・・・・・・・ 153
分散成分 ・・・・・・・・・・・・・・・・・・・・・・ 181
分散の安定化 ・・・・・・・・・・・・・・・・・・ 181
分散比 ・・・・・・・・・・・・・・ 143, 294, 313
分散分析 ・・・・・・・・・・・・・・・・・・・・・・ 174
分散分析表
　　・・・ 180, 188, 206, 214, 229
分割区配置 ・・・・・・・・・・・・・・・・・・・・ 209
分布によらない検定 ・・・・・・・・・・・・・・ 262
部分集合 ・・・・・・・・・・・・・・・・・・・・・・ 27
分散 ・・・・・・・・・・・・・・・・・・・・・・・・・・ 17
分布 ・・・・・・・・・・・・・・・・・・・・・・ 5, 241

へ

平均 ・・・・・・・・・・・・・・・・・・・・・・・・・・ 12
平均平方 ・・・・・・・・・・・・・・・・ 176, 296
ベイズの定理 ・・・・・・・・・・・・・・・・・・ 36

平方根変換 ・・・・・・・・・・・・・・・・・・・・・182	
平方和 ・・・・・・・・・・・・・・・ 16, 109, 174	
平方和の分割 ・・・・・・・・・・・・・・・・・・176	
ベルヌーイ ・・・・・・・・・・・・・・・・・・・・・・ 47	
ベルヌーイ試行 ・・・・・・・・・・・・ 50, 287	
偏差 ・・・・・・・・・・・・・・・・・・・・・・・・・・・・ 16	
偏差平方和 ・・・・・・・・・・・・・・・・・・・・・ 16	
変数 ・・・・・・・・・・・・・・・・・・・・・・・・・・・・ 37	
変動係数 ・・・・・・・・・・・・・・・・・・・・・・・ 18	
変量 ・・・・・・・・・・・・・・・・・・・・・・・・・・・・ 38	
変量モデル ・・・・・・・・・・・・・・・・・・・・・172	

ほ

ポアソン ・・・・・・・・・・・・・・・・・・・・・・・ 61
ポアソン到着の待ち行列 ・・・・・・・・・・ 62
ポアソン分布 ・・・・・・ 62, 81, 285, 287
補事象 ・・・・・・・・・・・・・・・・・・・・・ 31, 42
母集団 ・・・・・・・・・・・・・ 89, 112, 172
補集合 ・・・・・・・・・・・・・・・・・・・・・・・・・ 27
圃場試験 ・・・・・・・・・・・・・・・・・・・・・・167
母数 ・・・・・・・・・・・・・・・・ 51, 91, 222
母数モデル ・・・・・・・・・・・・・・・・・・・・・172
母相関係数 ・・・・・・・・・・・・・・・・・・・・・240
母相関係数の信頼区間 ・・・・・・ 240, 347
母分散 ・・・・・・・・・・・・・・・・・・・・ 91, 109
母平均 ・・・・・・・・・・・・・・・・・・・・・ 91, 99
ボルトキェヴィッチ ・・・・・・・・・・・・・・・ 63
棒グラフ ・・・・・・・・・・・・・・・・・・・・・・・・ 8

ま

増山元三郎 ・・・・・・・・・・・・・・・・・・・・・167
マン・ホイットニー検定 ・・・・・・・・・・266

み

右片側検定 ・・・・・・・・・・・・・・・・・・・・・123
箕作麟祥 ・・・・・・・・・・・・・・・・・・・・・・・・ 1
ミッド・レンジ ・・・・・・・・・・・・・・・・・・ 16

む

無限母集団 ・・・・・・・・・・・・・・・・・・・・・ 90
無限集合 ・・・・・・・・・・・・・・・・・・・・・・・ 26
無作為 ・・・・・・・・・・・・・・・・・・・・・・・・・ 89
無作為化 ・・・・・・・・・・・・・・・・・・・・・・・169
無作為抽出 ・・・・・・・・・・・・・・・・・・・・・ 90
無作為標本 ・・・・・・・・・・・・・・・・・・・・・ 90
無作為わりつけ ・・・・・・・・・・・・・・・・・170
無記憶性 ・・・・・・・・・・・・・・・・・・・・・・・ 87
無相関 ・・・・・・・・・・・・・・・・・・・・・・・・・241

め

名義尺度 ・・・・・・・・・・・・・・・・・・・・・・・・ 4

も

モデル不適合 ・・・・・・・・・・・・・・・・・・・230
モーメント法 ・・・・・・・・・・・・・・・・・・・ 92
森鴎外 ・・・・・・・・・・・・・・・・・・・・・・・・・・ 1
モンモル ・・・・・・・・・・・・・・・・・・・・・・・ 60

ゆ

有意水準 ・・・・・・・・・・・・・・・・・・・・・・・117
有意点 ・・・・・・・・・・・・・・・・・・・・・・・・・119
有意である ・・・・・・・・・・・・・・・・・・・・・118
有意でない ・・・・・・・・・・・・・・・・・・・・・118
有限母集団 ・・・・・・・・・・・・・・・・・・・・・ 90
有限集合 ・・・・・・・・・・・・・・・・・・・・・・・ 26

有効桁数 ·················· 22	理論分布 ············ 40, 47
有効推定量 ················ 98	臨界値 ·················· 119
有効数字 ·················· 22	
有効性 ···················· 98	**る**
ゆがみ ···················· 20	累積カイ二乗法 ········ 155
ユール ·················· 220	累積相対度数 ············· 8
	累積度数 ··················· 8
よ	ルジャンドル ············ 223
要因実験 ················ 198	**れ**
要素 ················ 26, 89	
余事象 ···················· 31	列 ······················· 266
予測値 ·················· 226	連 ······················· 266
	連検定 ·················· 266
ら	連続型 ···················· 39
ラプラス ·················· 31	連続修正 ·················· 80
乱塊法 ······ 173, 202, 296	連続的確率変数 ····· 38, 71
乱数表 ·················· 170	連続分布 ············ 39, 72
り	**わ**
離散型 ···················· 39	歪度 ······················ 20
離散的確率変数 ····· 38, 50	和事象 ···················· 31
離散分布 ············ 39, 47	和集合 ···················· 28
両側仮説の検定 ········ 144	割合 ······················ 51
両側検定 ················ 117	ワルド ·················· 266
量的交互作用 ··········· 202	ワルド・ウォルフォヴィッツの連検定
理論度数 ················ 146	················· 266, 330

著者略歴

1937年生まれ，東京大学大学院農学系研究科博士課程修了．農博．
1979－86年　農林水産省農業技術研究所放射線育種場室長
1986－91年　農林水産省農業環境技術研究所室長
1991－98年　東京大学大学院農学生命科学研究科教授
現在、研究および著述に専念

主要著書

「植物改良の原理」(上・下)(共著，1984年，培風館)
「改良される植物」(共著，1985年，培風館)
「世界を変えた作物」(共著，1985年，培風館)
「ゲノムレベルの遺伝解析」(2000年，東京大学出版会)
「量的形質の遺伝解析」(2002年，医学出版)
「植物育種学－交雑から遺伝子組換えまで」(2003年，東京大学出版会)
「植物改良への挑戦－メンデルの法則から遺伝子組換えまで」(2005年，培風館)
「植物における放射線の表と裏」(2007年，培風館)

JCOPY <(社)出版者著作権管理機構　委託出版物>

2010　　2010年2月15日　　第1版発行

統計学への開かれた門

著者との申し合せにより検印省略

©著作権所有

定価4410円
(本体4200円)
(税 5%)

著作者　鵜飼 保雄（うかい やすお）

発行者　株式会社 養賢堂
　　　　代表者　及川 清

印刷者　株式会社 三秀舎
　　　　責任者　山岸 真純

〒113-0033 東京都文京区本郷5丁目30番15号
発行所　株式会社 養賢堂
TEL 東京(03)3814-0911　振替00120
FAX 東京(03)3812-2615　7-25700
URL http://www.yokendo.co.jp/
ISBN978-4-8425-0463-6　C3053

PRINTED IN JAPAN　製本所　株式会社三水舎
本書の無断複写は著作権法上での例外を除き禁じられています。
複写される場合は、そのつど事前に、(社)出版者著作権管理機構
(電話 03-3513-6969，FAX 03-3513-6979，e-mail:info@jcopy.or.jp)
の許諾を得てください。